電気学会大学講座

電力工学総論

石井　彰三
原　　築志

電　気　学　会

序言

電気学会は，1888 年に創立された学者，技術者および電気関係法人の会員組織であり，そのおもな目的は「電気に関する研究と進歩とその成果の普及を図り，もって学術の発展と文化の向上に寄与する」ことにある．

電気学会は上記の目的を出版を通して達成するために，大学講座シリーズをはじめとする図書出版を企画し，その多くが大学，高専等の教科書として使用されている．また，これらの図書は教材として多様な職場の社会人に読まれており，電気主任技術者，エネルギー管理士または情報処理技術者等の資格を取得するのに役立てられ，技術者の養成に預かっている．

一方，科学技術の進歩に伴い，新しい技術分野が次々に生まれ，また従来分野を横断した学術的知識が技術者に要求されるようになっている．これを反映して，大学工学部の講義科目とその内容，時間配分は，多様化の傾向にある．

電気学会では，技術の進歩と教育方法の改編に対処することを編修方針の一つとしており，例えば，全国の大学の電気工学および関連学科の講義科目，内容，時間数を分析し，さらに当会発行図書について実際に抗議に使用されている先生方のご意見を拝聴するなどして，今日の講義科目に適した教科書の制作，または改訂を行っている．

さらに，産業界からの要望に応えて，現場技術者，研究者にすぐ役立つような内容の専門技術書を時宜を得て発行することにも努力している．

電気工学，さらには電子工学の成果は，今日あらゆる産業，技術に取り入れられ，その発展に寄与しているといっても過言ではなかろう．したがって，電気・電子工学の知識の学習と更新は，それを専攻する学生および技術者のみならず，他の各種技術分野に携わる人達にとっても不可欠である．一方，電気・電子技術者にとっては関連技術分野の知識の学習がますます必要とされてきている．

すでに電気学会の教科書，図書で学んだ人達の数は数百万人におよんでおり，当時の学生で今日，各界の指導者として活躍されておられる方も多く，一つの伝統を生むに至っている．

以上のような目的と背景のもと，組織的に制作された叡知の所産である本書の内容が，読書にいかんなく吸収されて能力養成の一助となり，ひいては，我が国技術の発展に一段と資することを願って止まらない次第である．

終りに，数々の貴重なご意見，資料のご提供を賜った大学および高専等の先生をはじめ，関係者各位に厚く御礼申しあげると共に，編修制作の推進に当たられた役員，関係委員，執筆者諸氏に深謝の意を表するものである．また，実務に携わって努力されてきた職員諸氏の労を多とし，合わせて感謝の意を表すものである．

2023 年 5 月

一般社団法人　電　気　学　会
出版事業委員会

凡例

1. 学術用語は，文部科学省制定の学術用語集，電気学会電気専門用語集および日本産業規格に採用されている用語によった.

2. 単位は，国際単位系(MKS-SI)によるのを原則とした.

3. 重要と思われる用語は，その用語が主として説明されている箇所，あるいは初出の際に，特に太字をもって示した.

4. 本文の記述中の補足的説明を要するものは，脚注でこれを行った.

5. 図，表および式の番号は，本文中では，各章において通し番号として，引用の便を図った.

6. 図，表を文中で最初に引用する際には，その図番，表番を太字をもって示した.

7. 図記号は，原則として日本産業規格「JIS C 0617 シリーズ電気用図記号」に従った.

8. 単位記号，量記号は，原則として日本産業規格「JIS Z 8202 シリーズ量及び単位」に従い，量記号は V，I，$\varPhi$，v，i のように斜体文字，単位記号は V，A，Wb のように立体文字を用いた.

また，空間ベクトルは $\boldsymbol{E}$，$\boldsymbol{F}$，$\boldsymbol{s}$ のように太文字斜体をもって示した.

9. 量記号の後に単位記号を付す場合は，両者の区別を明確にするため，単位記号を括弧内に示した.

(例) V[V]，I[A]

10. 点，線，素子，物を英文字を使って指示する場合は，立体文字を用いた.

(例) 点 P，コイル C，電圧計 V

ただし，慣例として抵抗 R，コンデンサ C のように，これらの素子を持つ電気的量で素子を示す場合は，この限りでない.

11. 演算記号は，日本産業規格「JIS Z 8201 数学記号」に従って，原則とし

て立体文字で表した.

（**例**） sin, d, Σ, ln, log, ただし, $\mathit{\Delta}$ は, 量の意味の場合は斜体とした.

12. 自然対数は ln, 常用対数は log で示した.

13. 自然対数の底 e＝2.71828……, および虚数単位 $\sqrt{-1}$ を表す j は, 日本産業規格 JIS Z 8201 に従って, 立体文字を用いた.

14. 指数関数は, 指数（exponent : x）が簡単な記号で表されるときには e^{x} の形で, 複雑な記号で表されるときには $\exp(x)$ の形で表した.

15. その他の図記号, 略字については, 本文中において必要に応じ明示した.

はじめに

電力工学は，電力・エネルギーを電気・電子工学の視点から理解するための重要な領域であり，発電，送変電，電力系統，地球環境など広範な分野を扱う学術体系である．一方，再生可能エネルギーが発電に，モータや蓄電池が自動車の駆動に使われるとともに，電力自由化や情報・通信技術の進展に伴い，電力の発生・流通・利用など電力工学の分野には新しい変化が起こりつつある．このような電力・エネルギーにかかわる新たな展開に対応するためには，電力技術に関わる基礎的かつ幅広い知識と理解が重要となっている．

本書では，電力工学の全体像が把握できるように，電力・エネルギーを取り巻く新しい変化，電力にかかわる機器・設備，ならびに電力系統の特性とその解析の概念を網羅した．各章においては，基礎的な概念・原理・応用・解析が体系的に理解できるよう，説明する内容を厳選して，わかりやすい説明に努めた．それぞれの説明は原則として，わが国の実情に即したものとしている．

また，各章は可能なかぎり独立した記述としているので，教科書として使うときには，講義科目の目的に合わせた内容の選択が可能である．さらに，電力関係の技術者・研究者や，さまざまな形で電力にかかわっている方々にも有用となるよう説明に配慮している．

これから電力工学を学ぼうとする学生，そして社会で活躍している技術者・研究者が，本書を通じて得た知識を土台とし，電力技術を通して中核的役割を担い，社会を発展させていくことを希求している．

なお，電力技術の理解を深めるためには，技術史的な視点から学ぶことも有用である．本文で説明した各技術について，その変遷に関する解説が電気学会誌に掲載されているので，タイトル等を脚注に示した．これらの解説は，電気学会のホームページで「出版物・論文」から「学会誌・論文誌電子ジャーナル版」に入れば閲覧できるので，参考にしていただきたい.

2023年5月

石井 彰三
原 築志

目　　次

第1章　電力とエネルギー

第2章　集 中 形 発 電

第3章　分 散 形 発 電

第4章　電 力 の 貯 蔵

第5章 交流送電と直流送電ならびに電力流通設備

第6章 単位法

第7章 電力系統の等価回路

第8章 電圧と無効電力ならびに位相角と有効電力

第9章 電力方程式と潮流計算

第10章 対称座標法と発電機の基本式

第11章 故 障 計 算

第12章　安　　定　　度

第13章　周波数の制御および需給バランス調整ならびに電圧の制御

第14章 異 常 電 圧

第15章 電力系統の保護

電力とエネルギー

電力は，経済・社会活動の基盤を成す重要な役割を果たしている．昨今は地球環境の保全も重要な課題となっており，再生可能エネルギー電源など分散形電源が登場している．スマートグリッドと呼ばれる新しい電力需給システムが構想され，高機能化のための検討も進んでいる．電力事業にも競争環境を導入して安価な電力を安定に供給することを志向して，電力自由化が進められている．本章では，これら電力とエネルギーを取り巻く状況と今後の展開について説明する．

1.1　電気エネルギーの特徴

電気エネルギーは，水力・化石・原子力エネルギー，太陽・風力といった再生可能エネルギーなど，自然界にある一次エネルギーから変換されて生まれる**二次エネルギー**である．**一次エネルギー**は，それぞれ得失があるので，それらを理解して賢く電気エネルギーを利用する必要がある．このため，**図 1.1** に示すように，電力工学に加えて，電気・電子・情報・機械・原子力・土木・建築・化学・材料・地球科学など広範な科学技術の分野や，政治・経済・地政学など社会科学の分野の知識もとり入れて，広い視野から電気エネルギーをとらえることが重要である．

わが国は，天然資源が乏しく**一次エネルギー自給率**が 10 % 程度と先進国の中で最低レベルである．変化が激しく予測が困難な国際情勢の中で，エネルギーの供給制約を回避することが重要となる．このような状況で戦略的に**エネルギー安全保障**を維持するためには，特定の資源や発電方式に依存することなく，多様な電源と燃料の**エネルギーミックス**による電力供給の長期的な安定性の確保が必須

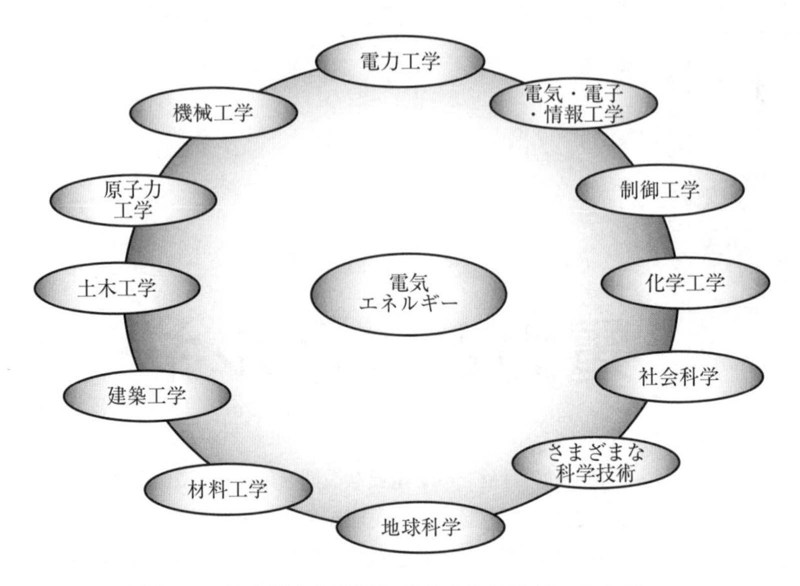

図1.1　さまざまな分野に支えられる電気エネルギー

である．周囲を海に囲まれるわが国は，周辺国から電力供給を受けることも困難である．以上から，水力を含む再生可能エネルギー・火力・原子力などの電源や使用される燃料の得失，電力貯蔵など新たな技術の進歩もふまえて，各電源の費用対効果と供給安定性も考慮して，それらをバランスよく使用することが望まれる．

1.2　エネルギーと地球環境

世界では，気温の上昇，強い台風やハリケーン，集中的な大雨，北極圏の氷や永久凍土の融解などが発生している．これらの**気候変動**は**地球温暖化**に関係するといわれており，**温室効果ガス**，特に**二酸化炭素**(CO_2)などの排出量を大幅に削減する目標が各国で発表されている．CO_2の排出量と吸収量の均衡を保つ**カーボンニュートラル**に向けて，世界中でさまざまな取組みも進められている．わが国では，**再生可能エネルギー**電源からの電力を一定期間，市場価格より高い固定価格で買い取る制度(FIT：Feed-in Tariff)や，電力の市場価格にプレミアムを上乗せする制度(FIP：Feed-in Premium)により，国民負担で再生可能エネルギーの利用拡大を進めてきた．CO_2の**排出量取引**や**炭素賦課金**など，**カーボンプライシング**に関する制度が構想されている．

一方，将来の気候変動を理解して正しく予測することはむずかしい．これは，気候とはもともと長い時間をかけて変動するものであるうえに，温室効果ガスの発生から気候変動が起きるまでの現象のメカニズムが複雑で，はっきりと確定できていないからである．そこで，不確定な部分に仮説や補正を用いたさまざまなシミュレーションによる温暖化の予測結果は，大きな幅を持っている．

電力の送配電網や機器の現象解明にあたっては，物理現象に忠実かつ精緻な模擬手法を用い，実測や実験で得られた正確なデータの入力とシミュレーション結果との照合などにより，さまざまな将来予測を慎重に進めている．このような観点に立ち，気候変動の予測に関しても，以下に例示するような内容について，より科学的な視点にたって合理的な温暖化の予測に絞り込む努力を続けるとともに，社会の中でその影響を冷静に評価することが望まれている．

・**省エネルギー**の推進，再生可能エネルギーやカーボンニュートラルのエネルギーへの転換など，最新の技術革新を反映した，将来の温室効果ガス排出量の想定
・大気中のエアロゾルや海洋と大気の相互作用，温暖化の自然変動要因と人為的起源の識別，ならびに長期にわたるさまざまな温度変化など，気候変動と関係あるといわれているが，議論が続いている現象やそのメカニズムの解明
・温室効果ガスの濃度や気温に関して，その大きさと影響の見通しについてさまざまな議論がある中で，どの程度のレベルが真に適当であるかを絞り込むための科学的知見の蓄積と合意形成
・過去に観測された気候データと温暖化モデルによる気候シミュレーション結果との整合をとるために行われる補正を前提として，将来の温暖化を予測することの物理的な妥当性検証
・**気候モデル**，**エネルギーバランスモデル**など気候変動に関する複数の温暖化モデルによるさまざまなシミュレーション結果の，過去から将来にわたる時間域での包括的な相互検証
・シミュレーション技術上の制約やコンピュータ能力の限界を克服した上で，非線形現象である自然現象に対して，より忠実なシミュレーション技術の高度化

地球環境を守ることは重要である．一方，不確定な状況にもかかわらず，確定的とする方向付けは，バランスを欠きリスクを増大させる可能性がある．持続可能な人間社会を築くためには，環境適合性や安全性を追及しつつ，経済・社会的合理性，エネルギーの供給安定性を具備したバランスのとれた施策が必要となっている．この観点に関する電力分野のかかわりは大きく，すでに取り組まれている内容あるいは今後取り組むべき内容について，具体例をあげると以下のようになる．

・**化石燃料**の燃焼を利用する発電では CO_2 の排出は避けられない．このため，火力発電などの効率向上に加えて，CO_2 を出さない発電技術の開発や，排ガス中や大気中の CO_2 の回収・有効利用・貯留を行う **CCUS**(Carbon dioxide Capture, Utilization and Storage)や **DAC**(Direct Air Capture)，水素と排出された CO_2 から作る**合成燃料**，の開発が進められている．CO_2 を出さない発電技術として，**水素**や**アンモニア**など，**炭素**を含まない燃料による発電にも期待が集まっている．水素は再生可能エネルギー電源を使用した水の電気分解など CO_2 を排出しない製造，アンモニアは低温・低圧力での製造，が重要となる．以上の例に示すような**カーボンニュートラル**のエネルギー利用を促進させていくことが重要である．

・**再生可能エネルギー**は，高効率化とともに，周波数の安定化など電力系統との協調が重要となる．

・効率的にエネルギーを利用するため，産業・民生・運輸分野での**電化**の促進が望まれる．電気の利用に関しては，**電動ヒートポンプ**を用いた冷暖房・給湯・産業用機器などさまざまな省エネルギー機器の開発・普及とともに，自動車では**電気自動車**など電動化が進められている．内燃機関を使う自動車は CO_2 の排出量が多く，将来は，多くの自動車が CO_2 を排出しない発電による電気を使って走るようになることが期待される．

・電気利用の平準化および再生可能エネルギーを利用する観点から，発電，送電，利用の各段階における電力貯蔵技術は今後ますます重要となり，高効率で長寿命，安価な蓄電池の開発が必要となる．電力系統や家庭などの**蓄電装置**として，電気自動車の蓄電池の活用も検討されている．

・発電に使われる機器・設備を製造・建設・使用・廃棄するための総コスト，ならびに CO_2 排出量や削減費用の総量，を最小化することが望ましい．エネルギーの発生から利用に至るさまざまなサプライチェーンの中で，いっそうの効率化が見込まれる部分に，水素やアンモニアを適用することも考えられている．

1.3 集中形と分散形の発電

これまでわが国の電力は，主として大規模な水力・火力・原子力発電と送電線を使って供給されてきた．これらの発電は**集中形発電**として分類される．一方，比較的小さな容量の発電設備を分散して設置するものを**分散形発電**と呼んでおり，再生可能エネルギーによる中小規模の発電，ならびに**燃料電池**，電気と熱を併給する**コージェネレーション**などが含まれる．集中形発電と分散形発電がそれぞれの特徴を生かして相互に補完しつつ，電力を効率的・高品質かつ安価に供給していくことが望まれる．

分散形発電には，次のような特長がある．

- 小規模な発電容量でも，設置個所を多くして多様な制御と高機能化が可能
- 需要地の近傍に設置して地産地消するのに適しており，この場合には長距離の送電線が不要となり，送電線の建設費や送電損失の低減が可能
- 設置個所が広域に及ぶので，地震・津波などの大規模災害によるリスクの分散が可能
- 発電設備から生じる熱を利用できる場合には，総合効率を高めることも可能

一方，分散形発電を適用するには，以下に示すさまざまな配慮と施策が必要である．

- 出力変化が大きい分散形電源を電力系統に連系するためには，蓄電池を併設するなど自らの出力の安定化を図るとともに，集中形発電などにより電力系統の周波数や電圧の変化を抑制したり，需給バランスを調整する方策が必要である．
- 分散形電源は，個々の発電電力が小さく出力変化の大きい場合が多い．そこで，複数の電源をまとめて一つの発電所として扱う**仮想発電所**（VPP：Virtual Power Plant）や，蓄電池，制御できる電力需要などを，IoT（Internet of Things）や AI（Artificial Intelligence）を使って束ねる事業者の育成が重要

となってくる．これは**アグリゲータ**と呼ばれ，分散形電源自らが電力の安定供給を担うことも期待される．

・大規模な再生可能エネルギー電源のように適地が偏在している分散形電源の電力を有効に使用するには，周辺の地域で電力需要を先行的に開拓して地産地消を促進することが望ましい．蓄電池，水素製造装置，CCUS，DAC などの併設も有効である．

・集中形発電と分散形発電いずれからの電力も，**送電線アクセス権**，**託送料金**，**市場取引**などの点で公平・公正に運用されなければならない．

以上のような施策を講じることにより，分散形発電の出力変化を抑えて，電力品質の確保や電力系統の効率的な運用が期待される．

1.4　再生可能エネルギー

石炭・天然ガスなどの化石エネルギーは，可採埋蔵量に限りがあり，CO_2 の排出抑制も課題である．一方，再生可能エネルギーは枯渇することなく，繰り返し使えるエネルギーであり，発電に関わる CO_2 の排出がない．

再生可能エネルギーを利用する発電には，主なものとして，**太陽光発電**，**風力発電**，**水力発電**，**地熱発電**，**バイオマス発電**，**海洋エネルギーを利用する発電**がある．このうち世界的に普及しているのは，太陽のエネルギーを起源とする太陽光発電と風力発電である．これらは，燃料費が零のため可変費が少なく，発電設備など固定費が下がってくると集中形発電に比較して発電コストの優位性が高くなり，さらに普及が進み一次エネルギー自給率も増加する．地熱発電では，海洋プレートの移動やマントルによって生じるマグマの熱を利用する．

太陽光発電と風力発電などは，時刻，季節，気象条件などにより出力が変化するため，**変動性再生可能エネルギー**電源と呼ばれ，電力系統との円滑な接続を図る施策が必要となる．また，これらの設備は海外製が多く，エネルギー安全保証面の課題がある．

1.5　スマートグリッド

わが国では，集中形発電と変電所，送電線とで構成された大規模の電力系統で，信頼性の高い運用が行われてきた．一方，普及が進む分散形電源，蓄電池と，電気自動車，**ヒートポンプ給湯器**などさまざまな需要側の機器を融合して，新たな電力需給システムを構築する動きが出てきた．これらは既存の電力系統と連系すると，相乗効果が得られることが多い．この電力需給システムは，電気の流れを情報・通信ネットワークおよびコンピュータや**スマートメータ**から構成されるディジタルシステムを用い，賢く最適に制御して効率性や環境性能の向上を目標とするので，**スマートグリッド**と呼ばれている．ここでは，電力の高機能な供給とともに，環境適合性や経済合理性を追求するために，IoT，AI を駆使した**エネルギーマネジメントシステム**(EMS：Energy Management System)が用いられる．EMS には，家庭内を対象とする HEMS(Home Energy Management System)，ビル内を対象とする BEMS(Building Energy Management System)，工場内を対象とする FEMS(Factory Energy Management System)などがある．

なお，都市街区内や島しょ部など一定の区域において，必ずしも既存の電力系統と連系することなく負荷と分散形電源が小規模な電力系統を構成するものは，**マイクログリッド**と呼ばれる．

1.6 電 力 自 由 化

電力の安定供給，価格の抑制，競争環境の整備を目的として，1990 年代に国が主導して始まった**電力自由化**は，発電部門の自由化を最初として段階的に拡大し，2016 年に，これまで一般電気事業者と呼ばれる大手の電力会社が全国の電力供給を担っていた電力小売の全面的な自由化が行われた．これにより**需要家**が，電気料金をはじめとしたさまざまなサービスを比較して，新電力と呼ばれる新規参入した事業者を含む電力会社を選択できるようになった．固定費負担を回避するため自社電源を持たず，電力を市場取引で調達する小売事業者も許容されることとなった．

これまでは，発電・送電・小売事業が垂直統合された一般電気事業者が，事業費用に報酬を加味した**総括原価方式**のもとで供給責任を担ってきた．これからは，供給力の確保は小売事業者の義務となり，これに過不足が生じると**送配電網**を扱う一般送配電事業者が，需給を調整する制度となった．それでも供給力が確保できない場合は，国の責務として対処する．競争的な事業環境を構築する中で，需

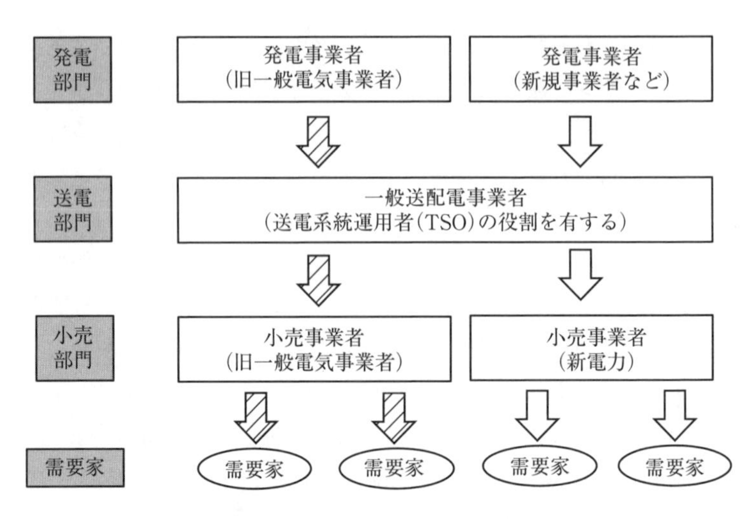

(注)1. 矢印は電気の流れを示す.
2. 一般送配電事業者は,持株会社から法的に分離(分社化)されている.需要家が小売事業者から供給を受けられない非常時の最終保障供給も担っている.
3. 旧一般電気事業者の発電部門と小売部門は,持株会社と別法人の場合(東京電力,中部電力)と,持株会社内の部門(上記2社以外)の二通りがある(沖縄電力は対象外).
4. 送電部門には,一般送配電事業者に加え,特定の送電事業を行う,送電事業者,特定送電事業者がある.
5. 新電力は,新規に参入した小売事業者である.
6. 電力量などの売買は,相対取引,長期契約,市場取引により行われる.

図1.2　わが国における電力自由化の仕組み

給状況によらず公共財である電力・電力量の供給力や価格を安定に維持していく制度となった.

2020年から,電力の**託送供給**をおこなう**一般送配電事業者**は,送配電線利用の中立性を確保するため,分社化され別法人となった.**図1.2**にわが国における電力自由化の仕組みを示す.

電力自由化が進む中,新たな組織が以下のように設立された.まず,2003年に,**日本卸電力取引所**(JEPX)が設立された.卸電力取引とは,**発電事業者**などと**小売事業者**の市場での電力量(kWh)の取引である.電力量は自社電源,**相対取引**や**長期契約**に加えて,JEPXの**一日前市場**(**スポット市場**)や**当日市場**(**時間前市場**)などで取引することになった.

次に，2015年に**電力広域的運営推進機関**(OCCTO)が設立された．従来は，大手の**電力会社**がそれぞれの域内の電力運用の監視と制御を行っていた．発電部門に再生可能エネルギー電源や新規事業者などが加わったため，比較的小容量で発電電力の変化が大きい電源を含む電力系統を全国規模で広域的に運用し，電力の安定な供給力を確保することが計画された．このため，広域機関が各種施策・計画の策定，送配電設備の公平・中立・効率的利用の推進を担うこととなった．

これまでの間，**送配電網**の位置付けや役割は，再生可能エネルギー電源の利用拡大という国による方向付けも加わり，下記に示すようにこれまでになく大きく変化した．

- 一般送配電事業者については地域独占が許容され，**小売事業者**などが同じ託送料金で送電線を利用することになった．託送料金の算定は，総括原価方式から，収入上限を設定して経営効率化インセンティブを追求する**レベニューキャップ方式**に変更された．
- 一般送配電事業者の電力系統間をつなぐ連系線を含めた**基幹送電線**などは，これまでの先着優先に代えて，追加的な発電コスト(**限界コスト**)の低い電源から並べた**メリットオーダ**と呼ばれる順序に従って利用する，経済性に立脚した考え方を基本とすることとなった．これにより，追加的コストが比較的低い再生可能エネルギー電源の送電線の利用機会が増えることになった．
- 広域的なメリットオーダの具体的方策として，JEPXにおける一日前市場において，連系線をまたぐ取引の入札価格が低い電源順に，連系線を利用できるようになった．これは**間接オークション**と呼ばれる．
- 再生可能エネルギー電源から既設送電線への接続機会を拡大するため，系統事故時には接続遮断する，あるいは混雑時には出力制御する条件のもとで，送電線を最大限開放するルールが適用されている．これらはそれぞれ**N-1電源制限**，**ノンファーム形接続**と呼ばれる．さらに，メリットオーダで混雑する送配電系統に接続する電源の電力を一部抑制して，他系統に接続する電源からの電力を増加させる**再給電方式**など，新たな方策が適用される．以上のような系統への接続ルールは，**コネクト アンド マネージ**と総称される．

また，JEPXの**卸電力市場**に加えて，需給調整市場，容量市場，**先物市場**など新しい市場の深化が図られる．

需給調整市場では，一般送配電事業者が，周波数変化の抑制や需給バランス確保のために必要な電力の調達と運用を広域的に行い，短期での安定的な供給を確保することが期待されている．この電力は**調整力**(ΔkW)と呼ばれる．

容量市場は，**容量メカニズム**を実現する手法のひとつである．卸電力市場やメリットオーダーは，燃料費など可変費をもとにした限界コストを基本としているので，発電設備などの固定費回収のために，発電能力を保有していることを価値として認めようというのが容量メカニズムである．容量メカニズムは，競争環境の中で中長期的に固定費を確保していくための重要な施策である．容量市場では，供給力を確保する義務のある小売事業者などからの拠出金をもとに，広域機関がオークションで将来の発電能力[kW]の価格[円/kW]を約定し，火力などの発電事業者やデマンドレスポンスなどに容量確保契約金として支払う．これにより，発電事業者などが発電設備の投資回収の予見性を十分に高め，電力需要と**予備力**に対する発電設備などを確保して，中長期での安定的な供給が期待されている．容量メカニズムを実現する手法には，ほかにも**戦略的予備力**，**容量支払**などがあり，どのような手法で発電能力の種類・量・価値を適正な水準に設定できるかを見極め，安定的に供給力を確保していくことが重要となる．

わが国における主な電力取引市場について，**表1.1**にまとめた．

1.7 電力事業に関わる新たな展開

これまで見てきた通り，これからの**電力事業**は下記のように，大きく変化し発展していくと考えられる．この要件と具体例をあげると下記のようになる．

・低価格で安定に供給される電力は，経済・社会の基盤であり，国力の源である．持続可能な経済・社会の構築に向けて，気候変動への対処のみならず，経済合理性や，世界情勢の変化に対して即応性のある供給安定性を含めて，適切な施策をとることがますます重要となる．

・カーボンニュートラルに向けて，**再生可能エネルギー**を利用した太陽光発電や風力発電などの電源が，電力系統に多数接続される．これに伴い，電力系

表 1.1　わが国における主な電力取引市場

市場	特徴	取引される価値	売り手	買い手	市場運営
一日前市場	スポット市場とも呼ばれ，翌日受け渡しの取引を行う．	kWh	発電事業者など	小売事業者	卸電力取引所（JEPX）
当日市場	時間前市場とも呼ばれ，最短1時間後に受け渡しの取引を行う．	kWh	発電事業者など	小売事業者	
先物市場	電力価格の変動リスクをヘッジするための先物取引を行う．	kWh	電気事業者，金融機関，海外企業など		**東京商品取引所**（TOCOM）
需給調整市場	周波数変化の抑制や需給バランス確保のために必要な調整力（ΔkW）の調達・運用を行う．	調整力（ΔkW）（運用時の清算は kWh）	発電事業者，調整力提供事業者（VPP，DR など）	一般送配電事業者（**送電系統運用者**：TSO）	一般送配電事業者（**電力需給調整力取引所**：EPRX）
容量市場	発電設備の投資回収の予見性を高めるために将来の発電能力の売買を行う．	kW	発電事業者など	小売事業者（拠出金に基づくオークション）	電力広域的運用推進機関（OCCTO）

（注）1．発電事業者，小売事業者は，持株会社とは別会社の場合と，持株会社内の部門の場合がある．
2．市場取引とは別に，自社電源利用や，発電事業者・小売事業者間の相対取引・長期契約もある．
3．上記市場以外に，ベースロード市場，先渡市場，非化石価値取引市場（再エネ価値取引市場は，その一部），分散型・グリーン売電市場，エリア間のスポット価格の値差を清算する間接送電権市場などがある．

統は，これまでにない大きさの周波数変化，需給インバランス，停電などのリスクへの対処が必要となる．これらのためのコストを含めた再生可能エネルギー電源の総コストは，経済合理性が成立する範囲内におさめる必要がある．

・再生可能エネルギー電源が増加するにしたがって，一次エネルギー自給率も向上する．一方で，稼働率低下や老朽化で競争力が下がった火力発電，ならびに石炭・石油など化石燃料を縮減する場合には，電力量・電力の価格や需給の安定に齟齬が生じることのないようにする必要がある．また，燃料の価格面での安定化のみならず，その供給制約を回避することが重要となる．電力の供給力確保や CO_2 排出削減に鑑みて，福島第一原子力発電所の事故の反省に立ち安全確保を前提とした原子力発電の利用が望まれている．

・需給調整市場や容量市場など安定供給にかかわるさまざまな電力自由化の制度を，より合理的な方向に高度化する必要がある．特に，再生可能エネルギー電源が増加する中で，短期的には，電力量・調整力の調達・運用をより柔軟に行うなどにより，商品としての電力量と電力の流動性を高める必要がある．また，中長期的には，新規の集中形電源・送配電網の建設や既存電源・送配電網の更新・改修など，発電設備・電力流通設備への投資を回収できるようにする必要がある．これら自由化の諸制度により，需給状況によらず供給力を確保し価格を抑制できることを確認することが重要である．これが担保されない場合には，低廉であること・価格変動や停電が少ないことなど電力の公共財としての価値，電力供給の事業としての成立性，本書で説明するような電力の技術的特性に鑑みて，本質的かつ機動的な見直しが望まれる．これら見直しは，規制を強化する方向ではなく，民間活力や変革の力を引き出し発展させるものでなくてはならない．そして，大規模な**停電**や**計画停電**は回避しなければならない．

・**仮想発電所**(VPP)の拡大，蓄電池や電気自動車などの電力貯蔵能力を持つ装置の活用，需要家側の電力を調整する**デマンドレスポンス**(DR)の拡大，これらを束ねる**アグリゲータ**，再生可能エネルギーに関する事業者が発電電力を需要家に直接供給する**電力購入契約**(PPA)，**生産消費者**(prosumer)同士による時々刻々に変化する**P2P 取引**を支える新しい決済システムなど，これまでにない概念の電力にかかわる事業や取引形態が現われる．これらは情報・ネットワーク技術を前提とするので，**サイバーセキュリティ**対策を確実にすることが重要である．なお，需要家側において VPP や DR などが保有する需給調整能力は，**デマンドサイドフレキシビリティ**(DSF)と呼ばれる．

・蓄電池をはじめとする電力貯蔵能力を持つ装置については，蓄電性能の向上やコストダウンはもとより，電力系統や需要家における多様な用途やコスト負担について十分検討し，有効活用していく必要がある.

・充放電効率が高く劣化しにくい蓄電池，出力変化の少ない再生可能エネルギー電源，CO_2 排出や放射能の問題を解決した火力・原子力発電，センサーや IoT を活用し電力設備を監視・保守・運用して安定に電力を効率よく供給する電力システム，など未来に向けた技術開発の課題は山積している．たゆみのない技術革新の努力によりこれらの課題を解決して，経済合理性に合致した技術に仕上げていく必要がある.

・電力事業は，電力の供給や販売だけでなく，ガスなど他のエネルギー産業や，情報・通信，交通・金融・保険などさまざまな産業との融合が進む．さらに，各産業の現実空間が，IoT や AI などから構成されるサイバー空間と高度に融合した新社会システムのなかで，新たなサービスや価値が生まれる.

・発電，送変電，電力系統，配電，需要家側の設備など電力工学の広範な分野は，これからの新しい電力事業に関わる多くの産業分野の発展の基礎を支える重要な技術基盤となる.

集中形発電

これまで電力は，水力発電所・火力発電所・原子力発電所といった大規模の発電所から供給されてきた．これらは大容量の発電機で電力を集中して発生することから**集中形発電**と呼ぶ．集中形発電では大容量のエネルギーを扱うため，エネルギー資源の確保，環境へ与える影響などに配慮して運転されている．これらの電力により産業と社会の多くが支えられている．集中形発電は，再生可能エネルギー電源の増加に伴って，第13章で述べる周波数制御と需給バランス調整のための**調整力**や，電力系統の慣性を確保する重要な役割も担うようになった．

本章では，大容量の発電機として使われている同期発電機[注1,2,3)]，および水力・火力・原子力を用いた発電について説明する．

2.1 同期発電機

2.1.1 同期発電機の原理と構造

1. 原理と構造

同期発電機では，回転の運動エネルギーから磁気エネルギーを介して電気エネルギーに変換している．電流や磁気エネルギーの密度には上限値があるので，発電機の体積を大きくすることにより大出力を得ている．

図2.1に集中形発電で使用される**回転界磁形**の**同期発電機**の概念を示す．同期

注1）長野，阿曽；「大容量発電機の技術変遷」電気学会誌，127巻，1号，pp.32(2007)

2）野原，平山；「発電機の励磁技術の変遷」電気学会誌，120巻，11号，pp.697(2000)

3）長倉；「タービン発電機の冷却方式とその技術動向」電気学会誌，130巻，5号，pp.285(2010)

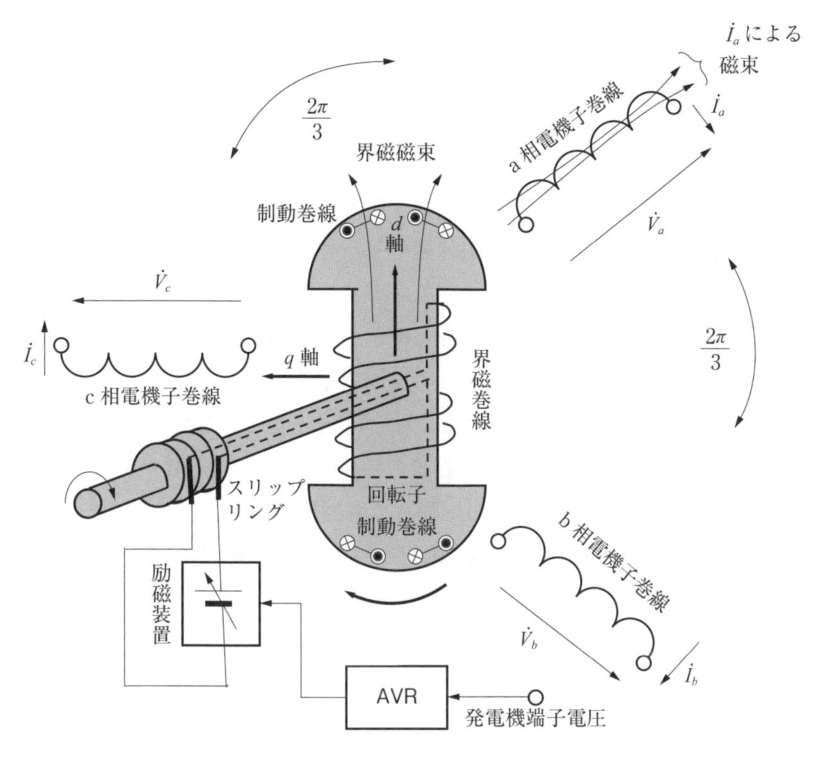

図 2.1　同期発電機の概念

発電機は，直流の界磁磁束を発生させる**回転子**と，**電機子巻線**が巻かれている**固定子**とで構成される．電機子巻線には，界磁磁束の回転による**電磁誘導**作用で三相の交流電圧が発生する．回転子上の座標は，**界磁巻線**の軸方向を ***d* 軸**，軸と直角方向を ***q* 軸**という．発電の原理は以下のとおりである．

（1）　回転子には界磁巻線が巻かれており，外部に設置した励磁装置と呼ばれる電圧が可変の直流電源から，**スリップリング**などを介して励磁電流が供給され，直流の界磁磁束を発生する．界磁磁束の大きさは，発電機の端子電圧を入力とする**自動電圧調整装置**（AVR：Automatic Voltage Regulator）の指令により，励磁装置を介して制御される．

（2）　界磁磁束の回転による時間変化に伴い，固定子の電機子巻線には正弦波状の磁束が鎖交して交流起電力が発生する．電機子巻線は 2π/3 rad（120°）間隔で a 相，b 相，c 相の 3 相分が巻かれており，正弦波状の**対称三相交**

流電圧 $\dot{V}_a$, $\dot{V}_b$, $\dot{V}_c$ が得られる．対称三相交流とは，各相の振幅が等しく，位相がそれぞれ $2\pi/3$ rad 異なる正弦波交流のことである．ここで，$\dot{V}_a$ などの表記は複素数であることを示す．

（3） 発電機に負荷が接続され，電機子巻線に対称三相交流の電機子電流 $\dot{I}_a$, $\dot{I}_b$, $\dot{I}_c$ が流れると，この電流により電機子巻線には磁束が発生し，界磁磁束に影響を及ぼす．この現象は**電機子反作用**と呼ばれる．

（4） 水力用の発電機などでは，回転子の磁極表面に短絡された**制動巻線**などが設置されている．回転が動揺したときに電機子反作用により制動巻線などの鎖交磁束が変化して，動揺の抑制効果を生じさせる．

直流磁界を発生する代表的な回転子の断面構造を**図2.2**に示す．**図(a)**は**円筒形**と呼ばれ，回転子に巻かれた界磁巻線の磁極NとSの**極対数**が1(**極数**は2)の構成である．**図(b)**は磁極が突き出た形状で**突極形**と呼ばれ，NとSの極対数が2(極数は4)の構成である．なお，***d*** **軸**は磁極の方向，***q*** **軸**は隣り合う磁極の中間の方向となる．極対数が1の円筒形では，*q* 軸は *d* 軸と直交する方向となる．

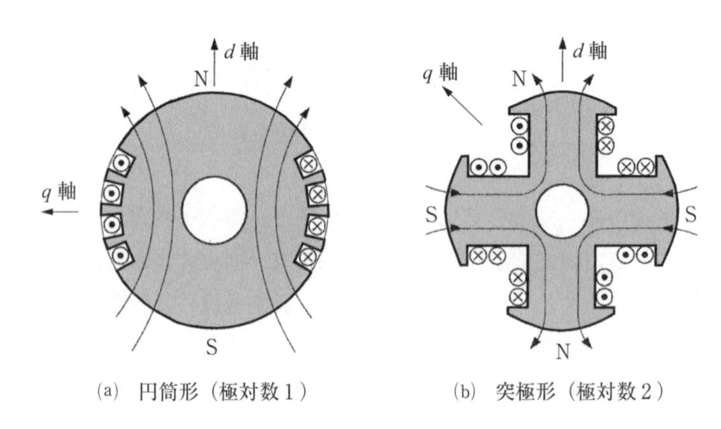

(a) 円筒形（極対数1） (b) 突極形（極対数2）

図2.2 同期発電機の回転子の断面図例

高速で回転する火力用あるいは原子力用のタービン発電機では，円筒形が用いられる．一方，低速回転の水車発電機では突極形が用いられる．

2. 機械角と電気角

回転子の界磁が電機子の中を1周すると角度は 2π rad となる．これを基準とする角度を**機械角** θ_m[rad]と呼ぶ．一方，**電気角** θ[rad]は回転子が回転することにより電機子で発生した交流電圧の1周期を基準としている．回転子が1回転すると電機子巻線の誘起起電力の位相は，回転子が極対数1の場合には1周期 2π rad 変化する．極対数が2であれば2周期 4π rad 変化する．したがって，回転子の極対数を p(極数は $2p$) とすると，電気角 θ と機械角 θ_m の間には，次の関係がある．

$$\theta = p\theta_m \tag{2.1}$$

電機子巻線に誘起される交流電圧の角周波数を ω[rad/s]とすると，電気角は $\theta=\omega t$ であるから，式(2.1)の両辺を時間微分すると，

$$\frac{d\theta}{dt} = p\,\frac{d\theta_m}{dt} = \omega \quad [\mathrm{rad/s}] \tag{2.2}$$

これを交流電圧の周波数 f[Hz]で表すと，

$$\frac{2\pi f}{p} = \frac{d\theta_m}{dt} \tag{2.3}$$

である．回転子の回転速度を n[rpm]とすると，$d\theta_m/dt=2\pi n/60$ なので，

$$f = p \cdot \frac{n}{60} \quad [\mathrm{Hz}] \tag{2.4}$$

となる．交流電圧の周波数と式(2.4)で示される関係にある回転速度 n が**同期速度**であり，この速度で運転されるのが**同期発電機**である．

3. 励磁装置

回転子の直流界磁を発生するための外部電源が励磁装置である．**励磁装置**は，発電機の大形化，電力系統の安定化要件，半導体技術の進歩などにより，さまざまな方式が開発・適用されてきたが，現在ではサイリスタ励磁方式とブラシレス励磁方式が主流になっている．

サイリスタ励磁方式では，同期発電機の出力を励磁用変圧器とサイリスタ電力変換器で直流電流とし，スリップリングを介して界磁巻線に供給する．この方式は，界磁に印加する最高電圧(**頂上電圧**)や励磁速応度を高めることにより**超速応励磁**が可能なため，系統の**過渡安定度**向上に有利であり多用されている．

ブラシレス励磁方式は，同期発電機と同じ回転軸に回転電機子形の同期発電機を設置し，その交流出力を回転軸上に設けた回転整流器で直流に変換することに

より，界磁巻線に直流電流を供給する．このためスリップリングが不要となるので，信頼性や保守面で有利である．

4. 同期発電機の冷却

固定子と回転子それぞれの巻線には大電流が流れる．電流による巻線の温度上昇のため，固定子と回転子を冷却する必要がある．水力用の発電機では，通風冷却方式か水冷却方式である．火力や原子力用の中大型のタービン発電機では，絶縁物の外から水素で導体を間接冷却する方式や，水素や純水で導体を直接冷却する方式を用いており，発電機の大容量化に寄与している．

2.1.2 大容量の同期発電機

発電所の種類により発電機の回転速度が異なるので，各発電所には次のような同期発電機が設置されている．

（1） **水力発電所の場合**　水力発電は，水量・水圧により水車を回転させて発電する．水車は水量と落差により最適な回転速度が決まり，火力や原子力で使用される蒸気タービンに比べて回転速度は低い．そこで，極対数が大きい突極形の同期発電機を用いて系統周波数が得られるようにしている．回転軸の方向は，垂直な立軸形が主流である．回転子の回転速度は，おおむね 100～1 000 rpm（50 Hz），120～1 200 rpm（60 Hz）で，極対数は 3～30 である．

（2） **火力発電所の場合**　ボイラからの高温・高圧の**過熱蒸気**でタービンを高速に回転させるので，突起部の無い円筒形の同期発電機が適している．回転軸は長尺のタービン軸に直結され，水平に配置した横軸形である．回転子の回転速度は 3 000 rpm（50 Hz），3 600 rpm（60 Hz）で，極対数は 1 である．

（3） **原子力発電所の場合**　軽水炉からの高温・高圧の**飽和蒸気**でタービンを高速に回転させるので，円筒形の同期発電機が適している．回転軸の方向は火力発電と同様に横軸形である．蒸気温度・圧力は火力より低く，回転子の回転速度は 1 500 rpm（50 Hz），1 800 rpm（60 Hz）で，極対数は 2 である．

2.1.3 同期発電機の出力

1. 端 子 電 圧

電機子巻線に誘起される電圧について，界磁磁束と**電機子電流**が作る磁束との関係から説明する．ここでは，極対数1の同期発電機について考え，d 軸方向の電機子電流が流れるとして扱う．

電機子巻線に鎖交する磁束 φ は，**図2.3**のように回転子が作る界磁磁束 φ_r と電機子電流が作る磁束 φ_a とが合成され，$\varphi=\varphi_r+\varphi_a$ である．電機子巻線の抵抗を r，電機子電流を I とおくと，電機子の端子電圧 V は，

$$V=-\frac{d\varphi}{dt}-rI \tag{2.5}$$

実際の発電機では正弦波電圧が誘起されるよう，電機子の構造が適正に設計されている．そこで交流理論を適用すると，端子電圧は次式に置き替えられる．

$$\dot{V}=-j\omega(\varphi_r+\varphi_a)-r\dot{I} \tag{2.6}$$

このとき，電機子電流が作る磁束 φ_a は，界磁巻線に鎖交する磁束 φ_{ar} と鎖交しない磁束 φ_l との二つの成分に分けられる．

$$\varphi_a=\varphi_{ar}+\varphi_l \tag{2.7}$$

電機子電流は磁束 φ_{ar} を介して界磁磁束に影響を与える．これが**電機子反作用**である．

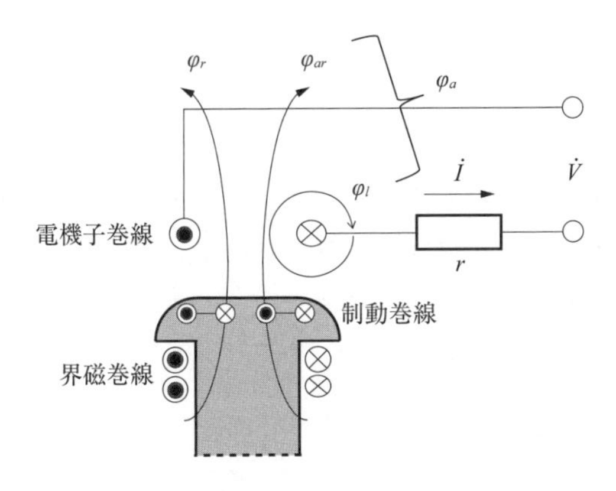

図2.3 界磁と電機子が作る磁束

一方，界磁巻線に鎖交しない磁束 φ_l による作用を**電機子漏れリアクタンス**と

いう．それぞれの磁束に対応するインダクタンスをL_{ar}およびL_lとおくと，電機子電流Iが作る磁束φ_aは次式で表される．

$$\varphi_a = L_{ar}I + L_lI \tag{2.8}$$

以上から電機子の端子電圧は，

$$\dot{V} = -j\omega\varphi_r - (r + j\omega L_{ar} + j\omega L_l)\dot{I} \tag{2.9}$$

電機子巻線に鎖交する界磁磁束φ_rの時間変化で誘起される電圧を，$\dot{E}_a = -j\omega\varphi_r$とおく．電圧$\dot{E}_a$は**内部誘起電圧**である．また，$X_d \equiv \omega(L_{ar} + L_l)$は$d$軸**同期リアクタンス**で，$(r + jX_d)$が同期発電機の**同期インピーダンス**である．これらから式(2.9)は，

$$\dot{V} = \dot{E}_a - (r + jX_d)\dot{I} \tag{2.10}$$

となる．上記のX_dは定常時の値であり，系統事故など過渡時には，この値より小さな値となる．発電機の三相が短絡する事故の場合に，事故発生から制動巻線などの抵抗分により電流が急減する数サイクルまでを**初期過渡リアクタンス**X_d''，界磁巻線の抵抗分により電流の減衰が一定となる数サイクルから数秒程度までを**過渡リアクタンス**X_d'と呼び，一般に$X_d'' < X_d' \ll X_d$となる．

さて，実際の発電機で詳細に扱う場合には，q軸方向も考慮する必要がある．この場合，q軸の扱いはd軸の扱いと同様であり，電機子電流はd軸電流とq軸電流のベクトル和，$\dot{I} = I_d + jI_q$となる．一般に定常時の同期リアクタンスでは，q軸リアクタンスはd軸リアクタンスより小さくなる．この差は突極機の場合，d軸方向とq軸方向で回転子と固定子の間の空隙の差が顕著なため，大きくなる．

2. 出　　　力

同期発電機が出力する有効電力と無効電力を考える．式(2.10)について，電機子巻線の抵抗はリアクタンスに比べて小さいので，これを無視してフェーザ図で表すと**図 2.4** のようになる．

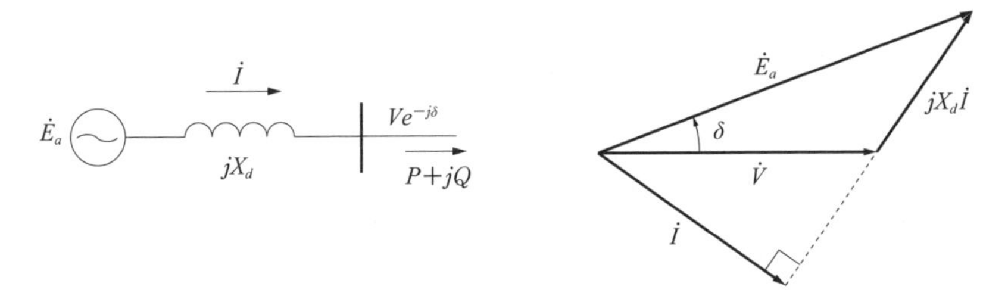

図 2.4　内部誘起電圧と端子電圧

電圧 $\dot{E}_a$ と端子電圧 $\dot{V}$ との**位相角**は δ である（位相角 δ は**相差角**とも呼ばれる）．**有効電力** P と**無効電力** Q は $\bar{I}$ を $\dot{I}$ の複素共役とすると，第 6 章で後述するように $P+jQ=\dot{V}\cdot\bar{I}$ であるので，$\dot{E}_a$ を基準にとれば，

$$P+jQ=Ve^{-j\delta}\cdot\frac{j(E_a-Ve^{j\delta})}{X_d}$$

から，次式が得られる．

$$P+jQ=\frac{jE_aV(\cos\delta-j\sin\delta)-jV^2}{\mathrm{X}_d} \tag{2.11}$$

上式の実部と虚部から，有効電力 P と無効電力 Q はそれぞれ以下のようになる．

$$P=\frac{E_aV\sin\delta}{X_d} \tag{2.12}$$

$$Q=\frac{E_aV\cos\delta-V^2}{X_d} \tag{2.13}$$

式(2.12)をグラフに表した**図 2.5** は**電力相差角曲線**と呼ばれ，δ が $\pi/2$ rad のとき最大電力 $P_{\max}=E_aV/X_d$ となる．

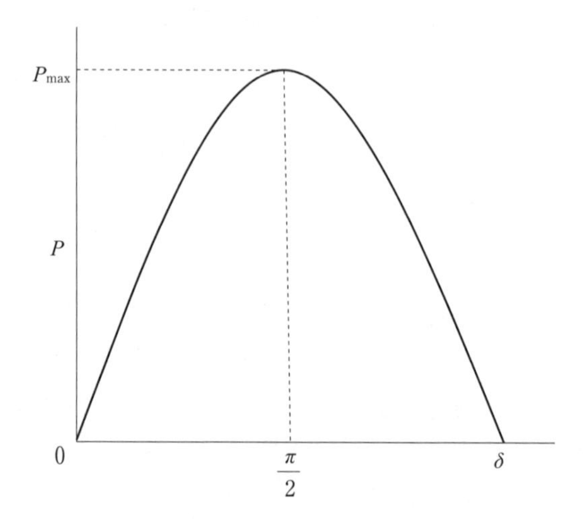

図 2.5 電力相差角曲線

2.2 水 力 発 電

河川の水を利用する水力発電は，水車により発電機を回転させて発電する．**水力発電**は，起動から系統に接続できるまでの時間が3分程度で，出力の調整も高速で行える特長がある．水力発電は再生可能エネルギーを使う発電であり，中小規模の水力発電は分散形電源として位置づけられている．

2.2.1 水のエネルギーと発電

図 2.6 のような管路を考え，水の密度 ρ[kg/m^3]，流速 v[m/s]，圧力 p[Pa]，基準の位置からの高さ h[m] とする．

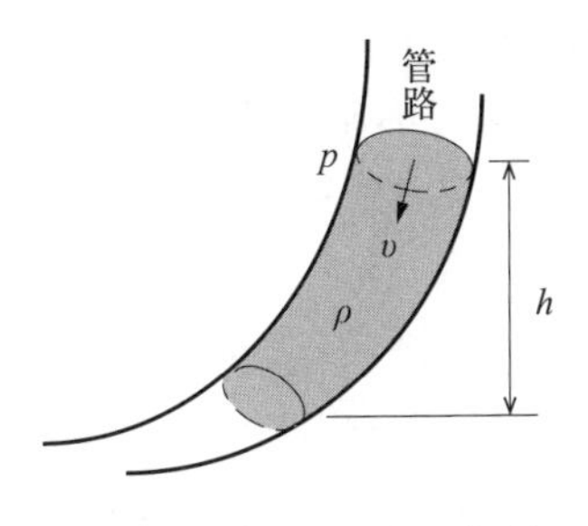

図 2.6 ベルヌーイの定理

管路中の水流に伴う水の運動エネルギー，圧力エネルギー，位置エネルギーの和は一定で，**ベルヌーイの定理**によれば，

$$\frac{1}{2}\rho v^2 + p + \rho g h = 一定 \tag{2.14}$$

である．ここで，g は重力加速度で 9.8 m/s^2 である．高い場所にある水の位置エネルギーは運動エネルギーや圧力エネルギーに変換できる．上式は，

$$\frac{v^2}{2g} + \frac{p}{\rho g} + h = 一定 \tag{2.15}$$

となり，左辺は流速と圧力を，高さとの関係として表したものとみることができる．位置 h は**位置水頭**と呼ばれ，二つの位置の差すなわち落差である．$v^2/2g$ を**速度水頭**，$p/\rho g$ を**圧力水頭**という．

落差は水力発電所の立地条件によるが，5〜800 m 程度である．水の取り入れ口と水車を回転させた後の放水口との高さの差が**総落差**となる．実際には水流に伴う損失落差があり，これを総落差から差し引いたものが**有効落差** H[m] である．水車に対する有効落差と水量 Q[m^3/s] から発生できる電力 P は，位置エネルギーの保存則から，

$$P = 9.8QH[\mathrm{kW}] \tag{2.16}$$

となり，これを**理論水力**という．

2.2.2 水 力 発 電 所

水力発電所は，大きな落差と，一定で十分な水量をいかにして得るかが重要であり，河川の地形的条件により，取水設備の構造が異なる．

流域の地形により落差が得られる場所があれば，**図2.7**のように河川から直接取り入れた水を導水路で水槽まで導き，**水圧管路**を介して水を落下させて発電する．これは**水路式**と呼ばれる．**ダム式**では，河川をダムでせき止め，発電所はダム直下に置く．ダムにより貯水高さを高くして，落差として利用する．これら二つの方式を合わせたのが，**ダム水路式**である．発電所をダム直下より下流に置き，水圧管路によりダムの水を落下させることにより，ダムの貯水高さ以上の落差を得ることができる．なお，いずれの構造においても，取水設備から水力発電所までの河川流量が減るので，流域などの関係各所との調整が必要である．

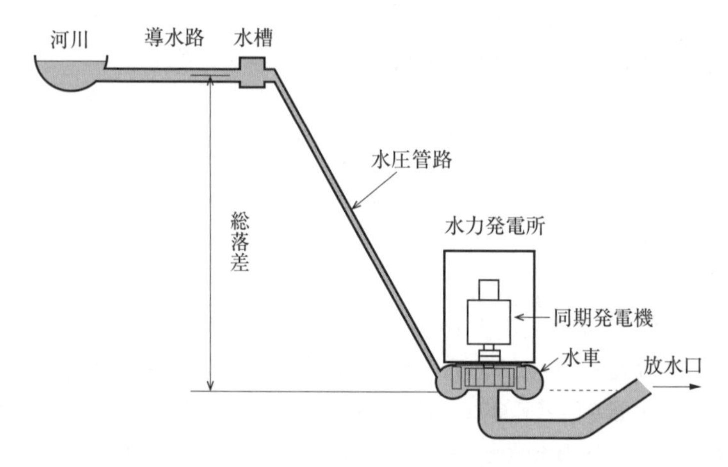

図2.7　水路式発電所の概念図

以上で述べた構造の違いにより，水の運用方式は次のようになる．

（1）　**流れ込み式**　　河川からの取水を貯めずに発電所に送る方式で，取水量を超える発電はできない．一方，豊水期には，河川水が余り発電に使えない水が生じることがある．水路式は，一般にこの運用方式となり，規模の小さな発電所となる．

（2）　**調整池式**　　調整池に水を貯め，日あるいは週単位で水の運用を調整する．調整能力は，貯水池式より小さい．水路式の導水路途中または河川の取水口付近に調整池を付加した構造により可能な運用方式であり，取水量以上の発電が可能である．

（3）　**貯水池式**　　調整池より大きな貯水池により，月間あるいは年間を通じて水の運用を調整する．急に増加した電力需要にも対応できる調整能力がある．ダム式の構造により可能となる運用方式であり，規模の大きな発電所である．

（4） **揚水式**　これまで説明した運用方式では，水車を回し発電に使われた水は河川に放流される．**揚水式**は，標高差のある二か所に貯水池を設け，夜間など電力需要が低いときや昼間の太陽光発電の発電電力が大きいときに，下部の貯水池から上部の貯水池に水をくみ上げておき，電力需要が多いときに発電する運用方式である．このため，電力需要の平準化に寄与できる．

2.2.3 ダ　　ム

河川の流量は年間を通じて，梅雨，台風，大雨などの気象条件により左右される．このため**ダム**を使って河川水を貯水しておくと，発電のための流量を調節することができる．地形的に十分な落差がない場合でも，ダムにより発電に必要な落差と流量が得られる．河川をせき止め貯水するためのダムは，発電だけでなく，上水道，工業用水，かんがい用水など，さまざまな目的に使われる場合がある．

アースダムは，土や粘土と砂れきにより建設されるもので，かんがい用水のための池にも使われている．**ロックフィルダム**は，岩石を主材料としており，山間部で岩石が容易に得られる場所で建設される．**重力ダム**は，水圧をダム自身の重量で支えるもので，コンクリートで建設され，発電用のダムとして多く使われている構造である．**アーチダム**は河川の両側に岩盤がある場合に，形状をアーチ状にして水圧を両側の岩盤で支えるコンクリート構造として築かれる．重力ダムに比較しコンクリートの厚さを薄くできる．

2.2.4 水 車 の 種 類

発電機に直結された水車は，水の持つ位置エネルギーを回転の運動エネルギーに変換する．水の圧力にかかわる圧力水頭を利用するものと，水の流速にかかわる速度水頭を利用するものとに分けられる．前者を**反動水車**，後者を**衝動水車**と呼び，水量や落差により最適な構造の水車が使われる．

1. 反 動 水 車

流速が緩やかになれば水の圧力の効果が優勢になる．この場合，水の圧力が水車の羽に加わり，その反動で水車が回る．

フランシス水車は図 2.8(a)に示すような構造をしており，わが国の容量の大きな水力発電所で使われている．ケーシングを介して半径方向から回転軸に直角に流入する水の力で**ランナ**と呼ばれる羽根車が回転し，その後，軸方向に水が流れ出る．ランナの周囲には**ガイドベーン**と呼ばれる案内羽根があり，羽根の開度を調節して流入する水量を調整し，発電出力の制御ができるようになっている．

斜流水車は，ランナに流入する水流が回転軸に対して斜め方向となっている．ランナの羽根の角度が発電電力などの変化に対応して自動で調整できるようになっており，**デリア水車**とも呼ばれる．

プロペラ水車は，周囲から流入する水流を回転軸方向に変え，軸流としてプロペラ形のランナを回転させる構造のものである．羽根の角度を調整可能としたものが**カプラン水車**である．

2. 衝 動 水 車

水の流速を高くして大きな運動量を持つ水を用いるので，100 m 以上の高落差の発電に適している．**図 2.8(b)**のようにノズル先端にあるニードル弁を長手方向に操作することにより流出させた高い流速の水を，回転軸の接線方向に射出して，お椀の形をしたバケットに衝突させる．バケットはディスク上に円周方向へ配置されランナを構成する．このような水車は，**ペルトン水車**と呼ばれている．

3. キャビテーション

キャビテーションはランナやバケットの構造・材質や，水流の状況などにより，水流中のある点における圧力が飽和蒸気圧以下となったとき微細な気泡が生じる現象である．これにより，ランナやバケットの摩耗・破壊(壊食と呼ばれる)，水車の振動・騒音，発電機出力の低下が起こる．このため，キャビテーションを発生させない設計・運転や，発生した後の的確な保守が必要である．

2.2.5 比 速 度

水力発電の場合，設置する地点ごとに落差や流量が異なるので，**比速度**という

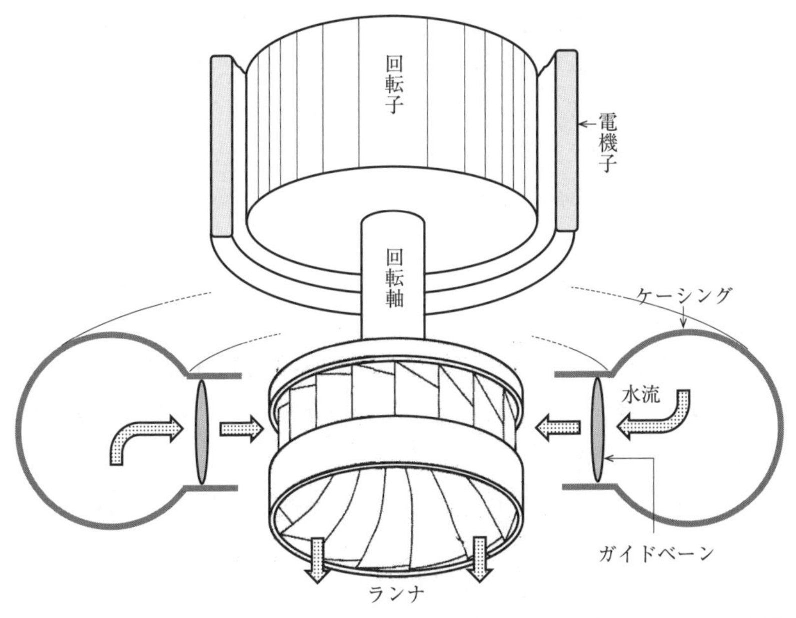

(注) ケーシングは，ランナを囲うように渦巻き状に設置される．上図は，ケーシングの断面形状を表したものである

(a) フランシス水車の概念図

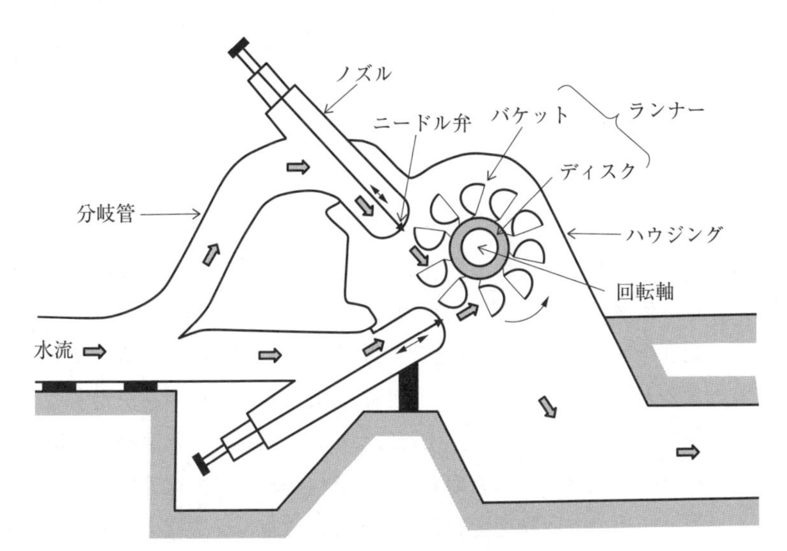

(b) ペルトン水車の概念図

図 2.8 代表的な水車

概念を用いて，その地点に適した水車や回転速度，発電機の極対数を選ぶ．

水車は幾何学的に相似形である場合，大きさに関係なく以下の関係が成り立つ．なお，幾何学的に相似形とは，同じ種類(たとえばフランシス水車など)の同じ形状の水車，という意味である．

- 流速 V[m/s] は，有効落差 H[m] の平方根に比例する．
- ランナの周速度 v[m/s] は，流速 V[m/s] に比例する．
- 流量 Q[m/s] は，流速 V[m/s] と，ランナの直径 D[m] の 2 乗に比例する流入面積の積に比例する．
- 水車出力 P[kW] は，流量 Q[m/s] と，有効落差 H[m] の積に比例する．
- 水車の回転速度 N[rpm] は，ランナの周速度 v[m/s] に比例し，ランナの直径 D[m] に反比例する．

これらの関係を用いると，幾何学的に相似形の水車について N と $P^{-1/2}H^{5/4}$ は比例し，その比例定数を n_s とおくと，

$$N = n_s P^{-1/2} H^{5/4} \tag{2.17}$$

となる．n_s[m･kW] は，有効落差 H が 1 m，水車出力 P が 1 kW のときの回転速度であり，比速度と呼ばれる．比速度は，フランシス水車ではランナ 1 台当たりの値であるが，ペルトン水車のように複数のノズルがある場合にはノズル 1 個当たりの値となる．幾何学的に相似形の水車の比速度は，大きさが異なっても同じ値となる．

式(2.17)から，比速度が大きい形状の水車ほど回転速度は大きくなるので，水車や発電機が小さくなり経済的である．しかし，回転速度が大きすぎると，機械強度の強化，振動・騒音への対応，キャビテーション対策が必要となる．つまり，比速度には上限値があり，フランシス水車では有効落差 200 m で 130 程度，ペルトン水車では有効落差 300 m で 22 程度が上限値となっている．

次に，比速度をもとに水車と発電機の諸元の設定手順を説明する．まず，地点により有効落差と流量が決まるので，これに適した水車の種類を決定する．高落差の地点や流量が小さい地点では，比速度が小さいペルトン水車などを用いて，回転速度を抑える．低落差の地点や流量が大きい地点では，比速度の大きいフランシス水車などを用いて回転速度を大きくとり，水車や発電機の大きさを抑える．比速度の値は，水車の効率や種々の設計要素を考慮して設定される．

このあと，設置地点の有効落差 H，流量 Q，および水車の効率 η から，式

(2.16)を用いて水車出力 $P=9.8\,QH\eta$ を求め，先に求めた n_s とともに式(2.17)を使えば回転速度 N が決定される．回転速度と周波数の関係式(2.4)より発電機の極対数を決めることができ，水車と発電機の大きさが決まる．発電機の効率を η_g とすれば，発電電力 $P_g=P\eta_g$ となる．

また，比速度を用いれば，大形の水車を設計するときに，比速度が同じ小形のモデル水車を使って特性を確認したり，形状と比速度が同じ水車のデータを活用することが可能となる．

2.2.6 揚水発電所

落差を持たせて**図 2.9** のように上部と下部とに二つのダムを設けておき，電力需要の少ないときにポンプで上部ダムに水をくみ上げ，電力需要が増えたときに発電するのが**揚水発電所**である[注1,2]．発電機は電動機として，また発電用水車はポンプ水車として，両方向に使われる．発電時には発電電力を増減することにより周波数制御・需給バランス調整が可能であるが，回転速度は変わらないため揚水時にはこの機能はない．太陽光発電が増加した現在では，その余剰電力で昼間に揚水運転する場合もある．揚水発電所は電力貯蔵装置の一つと考えられる．発電電力量と揚水動力量とで評価した効率は 70 % 程度である．下部の貯水池として海をそのまま使う**海水揚水発電**もある．この場合，海水を用いるので管路や機器が腐食しないよう，配慮が必要である．

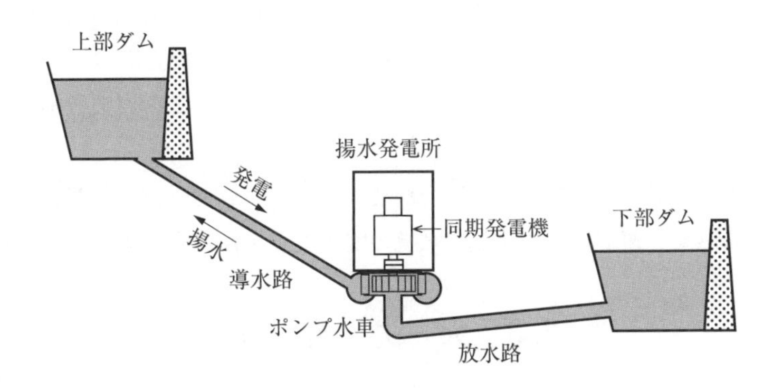

図 2.9 揚水発電所の概念図

注 1） 渡辺，松本「ポンプ水車の技術変遷」電気学会誌，128 巻，1 号，pp. 36(2008)
2） 西，八坂「Ⅳ. 揚水発電所を高度化する」電気学会誌，113 巻，2 号，pp. 97(1993)

電力の需給状況に応じて揚水発電所の**発電電動機**の回転速度を変化させ，発電時に加えて，揚水時にも揚水動力を増減することにより**周波数制御・需給バランス**調整の機能を付加したのが**可変速揚水発電**である．

可変速揚水発電所の発電電動機では，励磁電流を低周波の交流とする．このため回転子巻線を三相分布巻の構造とし，周波数変換装置の出力である周波数 f_e の三相交流電流で励磁する．このとき，回転子には f_e の回転磁界が発生する．回転子の回転速度を f_m とすると，固定子から見れば回転速度 f_m+f_e の回転磁界となるので，系統周波数を f とすると，常に，

$$f_m+f_e=f \tag{2.18}$$

が成立する．つまり，回転子の交流励磁の周波数 f_e を変化させれば，上式から回転子を回転速度 $f_m=f-f_e$ で回転させることができる．回転速度 f_m の変化幅は定格の±5〜8％程度であるが，ポンプ水車への入力は回転速度の3乗に比例するので，揚水動力を20〜30％変化させることができる．なお，回転子の形状は通常の水車発電機のような突極形ではなく，円筒形である．

可変速揚水発電所では，揚水運転時に系統周波数 f が定格値 f_0 より上昇したとすると，励磁周波数を $f_e<0$ とすれば $f_m>f$ となり，回転速度が上昇して，系統の負荷である揚水動力を増加させることができるので，系統周波数を定格値に戻すことが可能となる．この動作は，需要が減少したときや供給力が過剰になったときに有効である．発電運転中でも，回転速度を増減して発電機の電気出力を増減できる．このように，可変速揚水は発電時でも揚水時でも，周波数制御や需給バランスを調整するための**負荷周波数制御**（LFC）として活用することができる．これにより，相対的にコストの高い火力発電における負荷周波数制御のための焚（た）き増しを削減できる．

可変速揚水発電では，発電電力に合わせて効率のよい回転速度で運転できることと，回転磁界を速応的に変化して系統の安定度向上が見込める利点もある．

2.3　火　力　発　電

化石燃料などを使って発生した高温・高圧の蒸気やガスによりタービンを回し，同期発電機で発電するのが火力発電である[注)]．電力の消費量は昼夜ならびに季節によって変化し，再生可能エネルギー電源の発電電力は天候に左右される．この

ような変化に対して，**火力発電所**が出力調整により対応する．特に，一日のうちに起動・停止する運用をDSS（Daily Start and Stop）運転という．火力発電では高効率化ならびに環境保全への対策とともに，燃焼に伴うCO_2の発生に対する配慮が必要である．

2.3.1 火力発電の種類

火力発電所の発電方式は以下のように大別される．

（1） **汽力発電**　燃料である**石炭**・LNG（**液化天然ガス**：Liquefied Natural Gas）・**石油**（**重原油**）などを，ボイラで燃焼させて発生した高温・高圧の蒸気でタービンを回転させる．

（2） **ガスタービン発電**　燃料を圧縮空気とともに燃焼させ，発生した高温・高圧のガスでタービンを回転させる．燃料にはLNGや**軽油**などが用いられる．

（3） **コンバインドサイクル発電**　ガスタービン発電では，タービンから排気されるガスが高温である．このガスの熱を使って発生した蒸気を用いた汽力発電を併用し，さらに効率を高める発電方式である．燃料には，主としてLNGが用いられる．LNGや石油より安価で供給安定性の高い石炭をガス化しコンバインドサイクル発電の燃料として用いる**石炭ガス化複合発電**（IGCC：Integrated coal Gasification Combined Cycle）では，汽力発電による石炭火力発電に比べて高効率化と環境性能の向上を図ることが可能となる．IGCCは，CCUSなどと組み合わせて，石炭火力のカーボンニュートラルを進展させることが期待されている．

（4） **地熱発電**　地下にある熱源により発生した蒸気でタービンを回して発電する．

（5） **内燃力発電**　内燃機関を用いて，ピストンの往復運動から回転運動に変換して発電機を回転させる．内燃機関として効率の良いディーゼルエンジンやガスエンジンが，多く使われる．

注） 大地；「火力発電の変遷」電気学会誌，121巻，4号，pp.262（2001）

2.3.2 汽力発電所

汽力発電所の構成は**図2.10**に示すように，ボイラで燃料を燃焼させて発生した高温・高圧の蒸気でタービンを回転させ発電する．蒸気のエネルギーを有効に使うため，異なる温度・圧力に対応する複数のタービンを使用し，これらを発電機に接続して回転させる．タービンから出た蒸気は**復水器**で水に戻され，ふたたびボイラで使われる．このような汽力発電所の熱サイクルは**ランキンサイクル**(Rankine cycle)と呼ばれる．わが国では，復水器での冷却には海水が使われている．

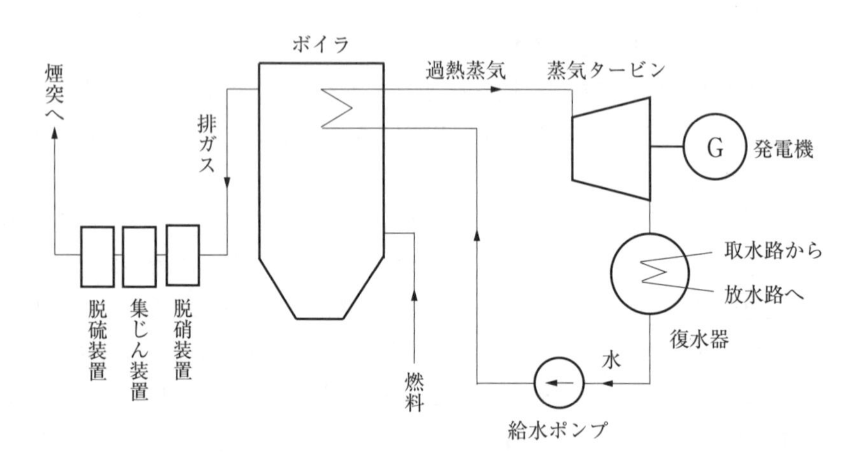

図2.10　火力発電所の概念図

1. ボ　イ　ラ

不純物が含まれていない水を燃焼熱で蒸気に変える装置で，燃焼のための**火炉**の中に，水が通る水管が何万本と配置されている．火炉における燃料の燃焼温度は1 400～1 600℃である．熱効率を上げるために，ボイラに導入する空気を燃焼した排ガスによる空気予熱器に導いて予熱する．ボイラは全体の高さが40～50 mの大形の建造物である．熱による膨張・収縮があるのでボイラ本体を，建屋の上部で支持し吊り下げる構造となっている．

ボイラは，循環式と貫流式に大別される．**循環式ボイラ**は，比較的低い蒸気圧のボイラに用いられる．このボイラでは，加熱された水管内は水と蒸気の両方が存在するので，ボイラの上部に配置した**ドラム**と呼ばれるタンクの中で，熱水と蒸気を分離する．分離した蒸気は**過熱器**でさらに過熱して，タービン側に送る．蒸気はタービンを出た後には水となり，**節炭器**で排ガスにより暖められた後に，ボイラで再び蒸気となる．ドラムで分離された水は水管側に戻されボイラ内で循環し，再び蒸気となる．水と蒸気の比重差でドラムから下方に水を流す自然循環ボイラと，蒸気圧が高くなると比重差が減少するため途中にポンプを設けて水流を促進する強制循環ボイラとがある．

さらに蒸気条件を高くして臨界圧力 22.1 MPa，臨界温度 374℃ を超えると，ボイラ内に配置された水管の中ですべてが蒸気となって，過熱器で過熱された後にタービンに導かれる．このため，ドラムは不要である．これを**貫流式ボイラ**と呼び，大容量の石炭火力発電所などで使われている．臨界圧力・温度以上の蒸気条件とするものを**超臨界圧**汽力発電，さらに蒸気条件を高めたものを**超々臨界圧**汽力発電と呼び，高効率化に活用されている．

2. 燃　　料

LNG は主成分をメタンとする，－162℃ に冷却した無色・無臭の液体である．石炭や石油と比較すると，硫黄酸化物はほとんど発生せず，窒素酸化物の発生量も低く，CO_2 の発生量は 55～75 % 程度である．海外では，LNG より安価な**天然ガス**のまま液化せずにパイプラインで運び，燃料として使用することが多い．世界に分布しており可採埋蔵量も多い石炭は，細かく粉砕した微粉炭にして火炉内で燃焼させる．燃焼後の灰の処理・有効活用が必要である．なお，石油依存度を低減する観点から，石油の割合は減っている．

CO_2 発生量を大幅に削減する観点から，燃料として**水素**を利用することも可能である．また，水素原子を含む**アンモニア**の専焼や石炭との混焼，木質バイオマスの石炭との混焼も開発が進められている．これらの方法では，燃焼・安全・環境対応の技術課題の解決とともに，発電コストが現実的なものとなる必要がある．

3. 蒸気タービンと発電機

蒸気タービンと発電機の構成は，**図 2.11** のように発電機と蒸気タービンを同一軸上に配置したタンデムコンパウンド形と，**図 2.12** のように発電機とタービンを二組に分けて配置したクロスコンパウンド形とがある．

タンデムコンパウンド形では，ボイラからの高温・高圧の蒸気は，まず高圧タ

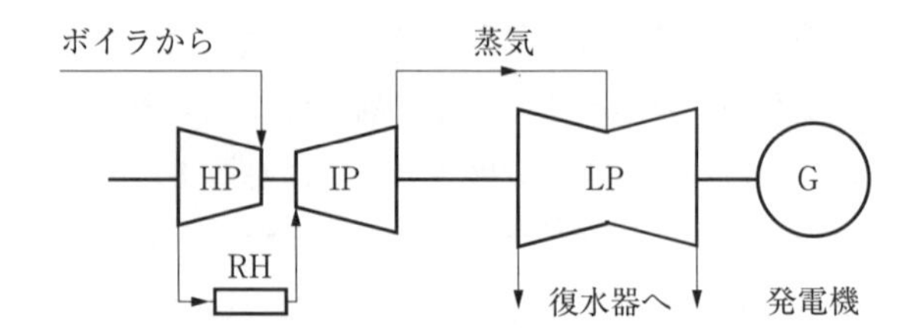

HP：高圧タービン，IP：中圧タービン，
LP：低圧タービン，RH：再熱器

図 2.11　タンデムコンパウンド形タービン発電機の構成例

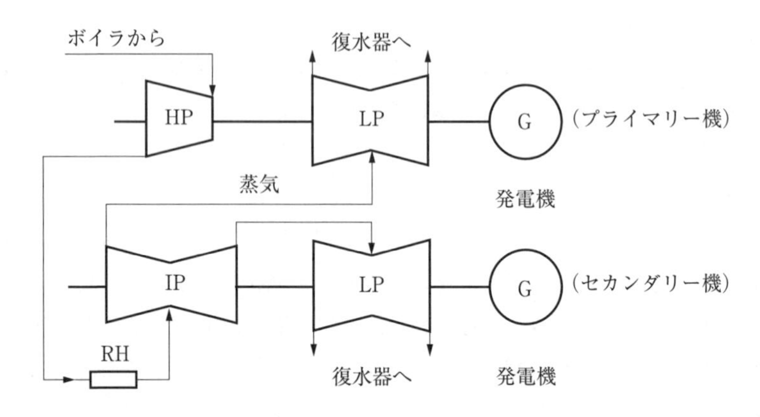

図 2.12　クロスコンパウンド形タービン発電機の構成例

ービンに送られ，その後中圧タービン，低圧タービンに送られる．熱効率を上げるため，高圧タービンから出た蒸気を**再熱器**で再加熱して中・低圧タービンに導入する(**再熱サイクル**と呼ぶ)．また蒸気の一部はタービンから**抽気**され**給水加熱器**に導かれ，ボイラに導入する水の予熱に使われる(**再生サイクル**と呼ぶ)．各タービンの中で膨張過程を繰り返しながら，回転軸の方向に沿って流れていく．圧力が低下した蒸気は復水器で水に戻される．

クロスコンパウンド形では，プライマリー機とセカンダリー機とが並列に配置される．大容量の発電では回転速度を変えて，プライマリー機は高速機，セカンダリー機は低速機となっている．タンデムコンパウンド形と同様に，再熱・再生サイクルが用いられる．プライマリー機の同期発電機の回転子は2極，回転速度

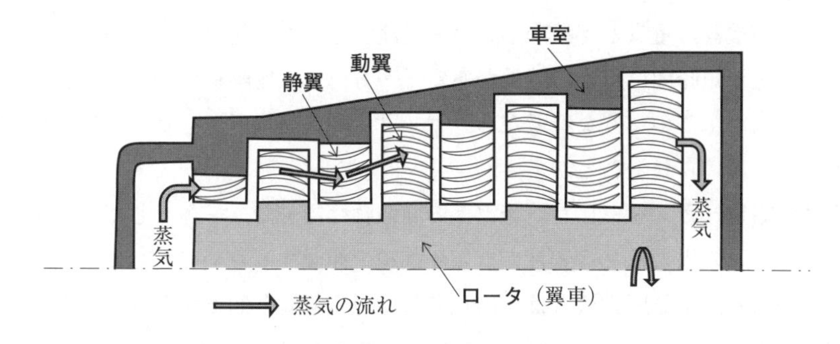

図 2.13 蒸気タービンの概念図

が遅いセカンダリー機では 4 極となっている．クロスコンパウンド形は，タンデムコンパウンド形に比べて大容量化・高効率化が可能であるが，建設コストが高く運用が複雑になる傾向にある．

各蒸気タービンの**ロータ**(翼車)は，数十枚の**動翼**が放射状に固定されており，大きな動翼の例では直径が約 3.5 m である．**図 2.13** のように動翼と，蒸気を吹き出して動翼に当てるための**静翼**が，交互に何枚も取り付けられた構造をしている．高圧タービンは高温・高圧の蒸気が駆動するので動翼の直径は比較的小さく，圧力と温度が低下する中圧タービン，低圧タービンでは直径が大きくなり大形となっていく．

高圧の蒸気は膨張すると圧力が低下し，蒸気の速度は増加する．これを利用して，ノズル状の静翼部で蒸気を膨張させると動翼に向かって噴出した高速の蒸気が動翼に衝突し，その衝動力でタービンが回転する．この形式を**衝動タービン**という．静翼から噴出した蒸気が動翼に衝突したあと，動翼部でさらに膨張させると速度が増加した蒸気が噴出するが，その反動力でタービンが回転する．この形式を**反動タービン**という．これらの形式を組み合わせながら各部における蒸気の速度変化と膨張過程を考慮して，実際のタービンが設計されている．蒸気条件は，タンデムコンパウンド形，クロスコンパウンド形とも，高圧タービンで 600℃，25 MPa 程度である．

2.3.3 ガスタービン発電所

ガスタービン発電所の基本的構成は**図 2.14** のように，空気圧縮機，燃焼器，ガスタービン，発電機である．ガスタービン発電所は汽力発電所に比べ，単位出力当たりの機器の重量と容積が小さい．建設費も安く，建設工期も短い．さらに，起動と停止が短時間に行える特長がある．一方，空気圧縮機の動力が大きいため，熱効率が低い．このような特徴から，ガスタービン発電所は，ピーク負荷供給用や非常用に用いられることが多い．

空気圧縮機，**ガスタービン**，発電機の回転軸は同一で，一体として回転する．ガスタービンの出力は2/3程度が空気圧縮機を駆動するために使われ，残りが発電に使われる．空気圧縮機では，固定されている静翼と回転する動翼の間を空気が回転軸方向に流れながら圧縮されていく．**燃焼器**は円筒状の管形であり，安定した燃焼と高い効率が得られるように設計されている．ガスタービンの主要な構成は静翼と動翼であり，高温の燃焼ガスの膨張過程により回転の駆動力が生じる．ガスタービン入口の燃焼ガス温度が高いほど，熱効率は高くなる．燃焼ガス温度は1 000～1 650℃程度で運転される．燃焼ガス温度が1 500℃程度であると，発電機としての熱効率は，**高位発熱量**（HHV：Higher Heating Value）基準で約39％，**低位発熱量**（LHV：Lower Heating Value）基準では約41％である．HHVとは，燃料が燃焼中に発生した水蒸気の蒸発潜熱を投入エネルギーに含む場合の発熱量である．LHVはこれを含まない場合の発熱量であり，LHV基準の熱効率はHHV基準の熱効率より高い値となる．

空気圧縮機では空気が断熱圧縮され，燃焼器で空気と燃料により等圧加熱が生じ，タービンで高温ガスが断熱膨張し回転運動を駆動する．ガスタービンにおける熱サイクルは**ブレイトンサイクル**である．空気圧縮機に流入する空気の大気温度が高いと，空気の密度が減少するため，ガスタービンの出力は低下する．

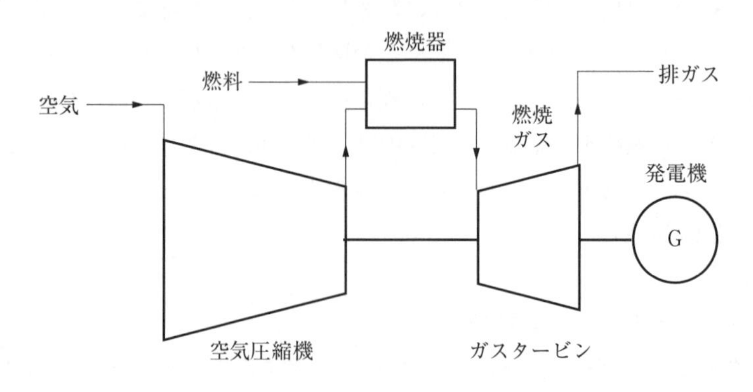

図2.14　ガスタービン発電所の概念図

水素を燃料とするガスタービンについては，水素と空気を別々あるいは予混合して燃焼器に噴射する方式や，LNG と水素を予混合して燃焼器に噴射する方式が開発されている．燃焼器の火炎が燃料を伝わり逆流する**フラッシュバック**を防止することが課題であり，発電コストの低減や水素の大量製造も必要である．**アンモニア**を使用するガスタービンは，アンモニアから抽出した水素を燃焼する方式や，液化や気化したアンモニアを燃焼する方式の開発が進められている．

2.3.4 コンバインドサイクル発電所

ガスタービンから排気されるガス温度は500～600℃である．この熱を用いた**排熱回収ボイラ**で蒸気を発生させる汽力発電を加えて，熱効率を高めているのが**コンバインドサイクル**方式の発電所である．その構成には，ガスタービンと同じ軸に蒸気タービンが設置された**図 2.15** に示す一軸形と，ガスタービン系と蒸気タービン系の発電機が別になっている多軸形とがある．いずれも大容量の発電設備とするため，小容量の発電機，ガスタービン，蒸気タービンを複数組み合わせて大容量の発電設備とする．汽力発電所に比べて温排水が少なく，起動・停止が容易で需要の変化に迅速に対応できる．ガスタービンは，前節で述べたガスタービン単体を用いたガスタービン発電所での用途よりも，**コンバインドサイクル発電所**で蒸気タービンと組み合わせた大容量発電としての用途が主流となっている．

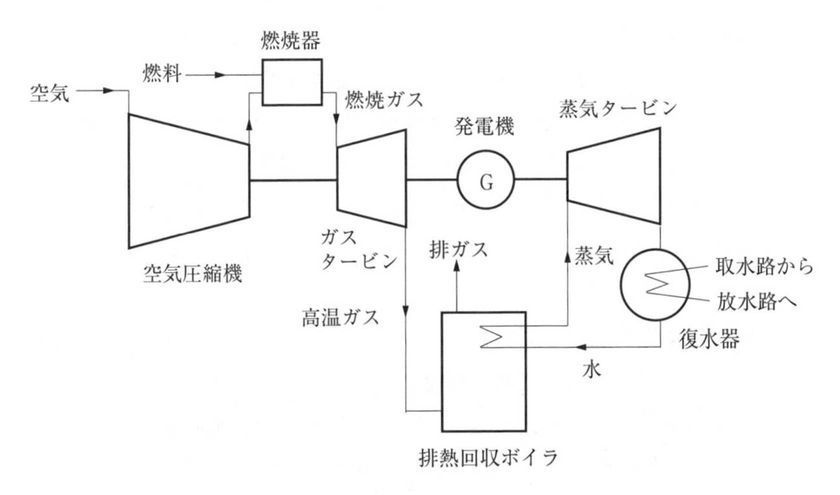

図 2.15 コンバインドサイクル発電所の概念図

排熱回収ボイラは，高温ガスの流れに従って生じる温度の低下により，高圧蒸気系統，中圧蒸気系統，低圧蒸気系統の三つが設置されている．各蒸気系統は，過熱器，節炭器，ドラムなどから構成される．

熱効率を高めるため耐熱性能のよい金属を開発し，ガスタービン入口の燃焼ガス温度を1 300℃以上としたものを**改良形コンバインドサイクル**方式（ACC：Advanced Combined Cycle）という．さらに温度を高めて1 600℃とした，HHV基準の熱効率が約55％，LHV基準では約61％の**MACC II**方式（More Advanced Combined Cycle II）も使用されている．温度1 650℃，熱効率63％（LHV基準）など，さらなる高性能化も進められている．

2.3.5 地熱発電所

地熱発電所は，地熱により生じた高温の熱水と蒸気という再生可能エネルギーを用いる．蒸気により蒸気タービンを回転させるので，火力発電の一種として分類される．再生可能エネルギーを利用しているが，気象・昼夜にかかわりなく連続的に発電できる特徴がある．地熱の発生に大きくかかわるマグマは，海洋プレートの沈み込みやマントルから生じると考えられている．マグマと地中にしみ込んだ雨水などとが触れてできた熱水と蒸気を含む地熱貯留層が，深さ1 000～4 000 mのところに形成される．温度は地域により異なるが120～350℃程度である．わが国は四つの海洋プレートの上にあり，世界第三位の地熱資源に恵まれているが，地熱発電の普及を促進させるためには，建設・補修費用の削減とともに，立地面でのさまざまな規制の緩和や地域との合意形成が必要である．

地熱発電では，熱水や蒸気を深さ1 000～3 000 mに掘削した井戸から取り出して地上の発電設備に供給する．汽力発電のボイラで発生する蒸気とは異なり温度が低いので，蒸気の発生に工夫がこらされている．役割を終えた蒸気と熱水は冷却され，再び地中に戻される．代表的な地熱発電の方式は，次の二種類に分けられる．

（1） **熱水と蒸気が混合している場合**　多くの場所では，熱水と蒸気が混合した状態で得られる．**気水分離器**で分離した蒸気をタービンに送るのが，**シングルフラッシュ方式**である．分離したあとの熱水温度がまだ高い状態であれば，気圧を下げて沸点を低下させた低圧気水分離器（フラッシャ）に熱水を送って蒸気をつくり，分離していた蒸気とあわせてタービンに送るのが**ダブルフラッシュ方式**である.

（2） **熱水の温度が低い場合**　温度が水の沸点以下である熱水の場合には，熱交換器を介して沸点の低い炭化水素系の液体媒質を気化させ，得られた蒸気をタービンに送るのが**バイナリー方式**である．今後，立地，コスト，環境負荷などで有利なバイナリー方式の適用拡大が予想される.

2.3.6　環境保全への対策

火力発電所では，化石燃料の燃焼に伴い粒子状の物質，硫黄酸化物(SO_x)，窒素酸化物(NO_x)が発生し，排ガスの中に含まれる．これらが大気中に放出され環境への負荷とならないように，**図2.10**に示している各装置により十分な対策が図られている[注)].

（1） **粒子状の物質**　**集じん装置**では，**粒子状物質**である煤じんを帯電させ，静電気力により捕集する電気集じん器を用いて除去する.

（2） **硫黄酸化物**　**脱硫**装置では，石灰を粘度の高い流動体であるスラリとし，これに SO_x を吸収させて除去する．この方法は，湿式石灰石膏法による排煙脱硫プロセスと呼ばれる.

（3） **窒素酸化物**　**脱硝**装置では，排ガスに**アンモニア**を加え，触媒の作用により NO_x を窒素 N_2 と水 H_2O に分解し除去する．この方法は，アンモニア接触還元法と呼ばれる.

2.4　原 子 力 発 電

原子力発電は，**核分裂反応**によって生じた熱エネルギーで蒸気を発生させ，蒸気タービンで発電機を運転して発電する．蒸気タービンを用いて発電する点では火力発電と類似している．すなわち，火力発電では化石燃料を燃焼させボイラで蒸気を作るが，原子力発電では原子炉で発生した熱で蒸気を作っている．このため，運転中に CO_2 をほとんど発生せず，CO_2 を排出しない水素製造法としても期待される．一方，原子力発電は，福島第一原子力発電所の事故をふまえた放射能の安全な管理，地域をはじめとしたステークホルダの信頼回復，放射性廃棄物

注)　衡田，幸村：「排煙脱硫装置と排煙脱硝装置の変遷」電気学会誌，126巻，7号，pp.443 (2006)

の処理，民間が行う原子力発電の投資回収の予見性の確保や事業リスクの回避，の課題がある．運転が終了した原子炉施設は30年程度かけて，核燃料の取り出し，放射性物質の除去，施設の解体を安全に行う**廃止措置**(廃炉)が必要となる．

ここでは，わが国で運転されている**沸騰水形原子炉**(BWR)と，**加圧水形原子炉**(PWR)による，二種類の原子力発電を中心に説明する[注)]．

2.4.1 核分裂反応

^{235}U(ウラン235)や^{239}Pu(プルトニウム239)の原子核は中性子を吸収すると不安定となり分裂し，**核分裂生成物**となる．この核分裂反応の前後において質量が減少し，エネルギーが放出される．この質量が減少する変化は**質量欠損**と呼ばれ，その質量m[kg]は次式に従ってエネルギーE[J]に変換される．

$$E = mc^2 \quad [\mathrm{J}] \tag{2.17}$$

ここで，cは真空中での光の速度で，$c = 3 \times 10^8$ m/sである．

核分裂が発生するとき，中性子も2〜3個生じる．これらの中性子は平均エネルギーが2 Mev程度で，一方向に速度を持つ**高速中性子**と呼ばれる．発生した高速中性子は^{235}Uに衝突して核分裂反応を発生させる確率が低い．一方，周辺の媒質との衝突で減速され熱運動をするような**熱中性子**になると，エネルギーが低下し^{235}Uに吸収される確率が増えて，次なる核分裂を生じさせる．このように核分裂で生じた中性子1個が，次の原子核に吸収され核分裂を起こし新たな中性子を発生させて，核分裂反応が連続的に持続されるようになることを**連鎖反応**と呼ぶ．実際の原子炉で最初に起動するときの中性子は，自然に核分裂する自発核分裂物質^{252}Cf(カリホルニウム252)を用いた起動用中性子源により発生させる．

連鎖反応によれば中性子の数が増える一方のように思えるが，原子炉では中性子の発生と消滅が釣り合っており，核分裂数は一定に維持されている．これを**臨界状態**と呼ぶ．

原子炉は停止した後でも核分裂生成物の中の放射性物質が崩壊して熱を発生する．この熱は**崩壊熱**と呼ばれ，原子炉は停止した後も冷却が必要である．

注) 池本；「我が国の商業用原子炉の変遷」電気学会誌，120巻，3号，pp.156(2000)

2.4.2 原　　子　　炉

高温・高圧の蒸気を発生するための原子炉は，以下のような要素から構成されている．なお，本文中で大きさ等を示す数値は，理解を深めるために示す代表的なもので，原子炉の種類により異なる．

1. 核　　燃　　料

核燃料には，核分裂する ^{235}U，^{239}Pu のように核分裂性物質が使われる．天然ウランは ^{235}U を 0.7％程度しか含んでおらず，大部分が核分裂しにくい同位体の ^{238}U である．核燃料とするためには，^{235}U の濃度を 2〜4％に高めた低濃縮ウランとする．これを粉末状の二酸化ウラン（UO_2）としたものを焼結し，ペレット状のセラミックにして使われる．核燃料を原子炉に装荷するため，ペレットを金属製被覆管の中に入れて燃料棒とし，これを束ねて燃料集合体としている．

ペレット単体は長さ 10 mm 程度で，直径が BWR では約 10 mm，PWR では約 8 mm の円柱体である．これをジルコニア合金製の被覆管の中に約 360 個を充填

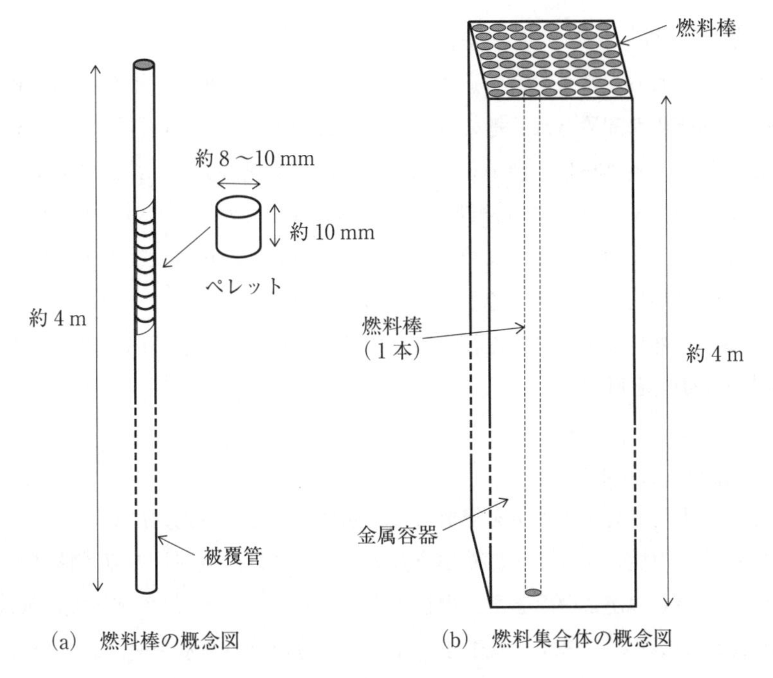

(a)　燃料棒の概念図　　(b)　燃料集合体の概念図

図 2.16　核燃料の構造

して，**図 2.16(a)**の概念図に示すような長さ約 4 m の**燃料棒**にしている．ジルコニア合金は高温でも機械的強度が高く，熱中性子の吸収が少ないなどの特徴がある．燃料棒は，BWR では約 50～80 本を，PWR では約 200～300 本を，それぞれ角柱状の金属容器の中に格納して**図 2.16(b)**のような**燃料集合体**とする．燃料集合体は原子炉の形式により異なる数と配置構造となっており，BWR では約 400～800 体が，PWR では約 100～200 体が，それぞれ原子炉の中に格納される．

ウランの同位体 ^{238}U は中性子を吸収して ^{239}Pu に変化する．このため，使用済みの核燃料には ^{239}Pu が含まれている．^{239}Pu は中性子を吸収して核分裂するので，ウランと同様に核燃料として使える．使用済みの核燃料を再処理して ^{239}Pu を取り出し，二酸化プルトニウムとしたものと二酸化ウランとを混合して焼結したものが，プルトニウム・ウラン混合酸化物燃料である．**MOX 燃料**(Mixed Oxide Fuel)とも呼ばれ，これを燃料として運転するのが**プルサーマル**(Plutonium Utilization in Thermal Reactors)である．なお，^{238}U のように中性子を吸収して核分裂物質に変化するものを**親物質**と呼ぶ．

2. 制　御　棒

核分裂で生じる中性子の数が適正となるよう反応を制御するために，燃料集合体の間に**制御棒**が配置され，その位置を上下に移動させると中性子を吸収する量が調節される．制御棒は中性子を吸収しやすい材料をステンレス鋼で被覆・固定している．中性子を吸収する材料として，ボロンカーバイド(B_4C)，ハフニウム(Hf)，銀－インジウム－カドミウム合金が使われる．制御棒による制御は，主として原子炉の起動，停止，緊急停止のために使われる．

制御棒と，燃料集合体にした核燃料とで構成され，核分裂反応と熱が発生している部分を**炉心**と呼ぶ．

3. 減速材と冷却材

核分裂で生じた高速中性子を衝突により熱中性子とするために必要なものが**減速材**である．中性子が衝突する確率を高めるためには，減速材の原子核は中性子の質量に近いものがよい．また，中性子を吸収しないことも求められる．このため BWR および PWR では，減速材として不純物のない純水が使われている．このことから，両者は**軽水炉**に分類されている．

冷却材は，炉心を循環し熱を除去するとともに，熱を外部に取り出す役割がある．材料は減速材と同様に純水が使われている．純水は中性子を炉心側に戻す反射材としても働く．

BWRでは，炉心はシュラウドと呼ばれるステンレス製の円筒状構造物で囲まれており，冷却水が炉心中では上向きに，またシュラウドの外側では下向きに円滑に循環して流れるようになっている．シュラウドの大きさは，高さが約7mで，直径が約4.5mである．

4. 原子炉圧力容器，原子炉格納容器，原子炉建屋

原子炉圧力容器は低合金鋼でできており，円筒形状である．その内部には**炉心**が設置されている．容器の大きさの例として，高さは約22m，内径は6.4m，厚さは約150mmである．

事故が起こったときに放射性物質が外部に漏れ出ないように，原子炉圧力容器などは，厚さ約30mmの鋼鉄製の**原子炉格納容器**の中に格納されている．さらに原子炉の運転に必要な各種の機器も含めて，鉄筋コンクリートの建物として放射性物質の漏えいを防ぐようにした**原子炉建屋**内に収められている．

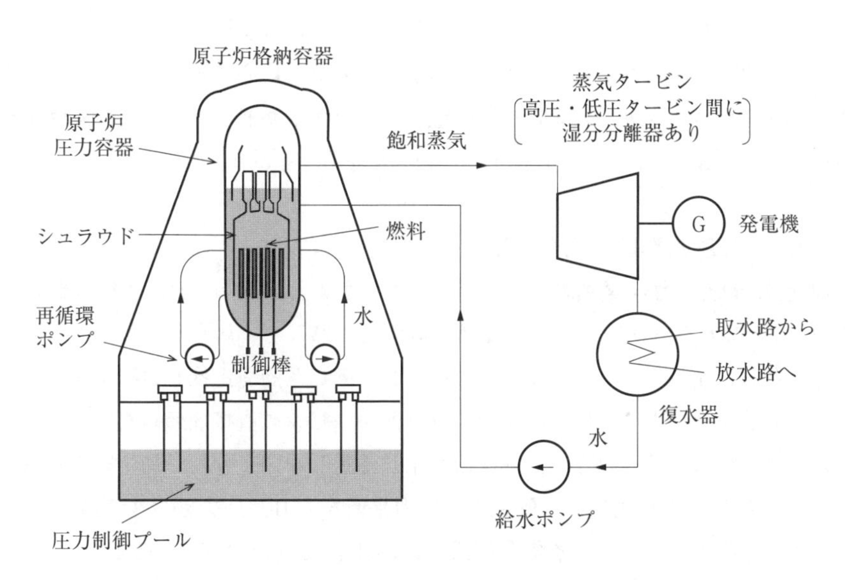

図 2.17 沸騰水型原子力発電の概念図

2.4.3 沸騰水形原子力発電所

発電プラントである**沸騰水形原子力発電所**では，**図2.17**に示すように原子炉圧力容器内で発生した蒸気を蒸気タービンに導入して発電機を運転する．原子炉格納容器とタービン・発電機は，それぞれ放射線防護を施された，原子炉建屋とタービン建屋に格納されている．

原子炉で加熱された冷却水の一部が蒸気となり，炉心の上部に設置された気水分離器で水分を分離した後，蒸気乾燥器を経てタービンに導入される．核燃料などの材料的な制約により蒸気条件は，6.7 MPa，282℃ 程度と火力発電に比べて低く，炉心で生成される蒸気は**飽和蒸気**である．このため，高圧タービンと低圧タービンの間に**湿分分離器**を設置して，蒸気中の湿分を分離している．タービンから排出された蒸気は復水器で海水により冷却されて水に戻り，ふたたび原子炉内へ循環する．

原子炉圧力容器外にある**再循環ポンプ**は炉心内の冷却水流量を変化させて，原子炉出力を制御するために使われる．冷却水にはボイド(気泡)が含まれており，再循環ポンプの回転を速くし，炉心に流れる水の流量を増やしてボイド量を少なくすると，水の密度が大きくなり熱中性子の減速効果が大きくなる．減速した熱中性子は ^{235}U に捕捉されやすくなり，原子炉の出力が増加する．原子炉の出力を低下させる場合には，再循環ポンプの回転を減速すればよい．再循環ポンプの代わりに，原子炉圧力容器内に設置した羽根車で直接，炉心に水を送る**インターナルポンプ**を用いるなど，安全性や運転性能を向上させた原子炉を**改良形沸騰水形原子炉**(ABWR：Advanced Boiling Water Reactor)という．

2.4.4 加圧水形原子力発電所

加圧水形原子力発電所では，**図2.18**に示すように原子力圧力容器から約320℃ の冷却水を一次冷却水として**蒸気発生器**に導入し，熱交換を行って二次冷却水を蒸気にする．この蒸気によりタービンを回転させ発電機を運転する．原子炉で放射能をおびた一次冷却水による蒸気がタービンに直接加わらないので，発電系に放射能は伝達されない．一次冷却水が沸騰しないように，加圧器でヒータにより過熱して飽和蒸気圧と飽和水の圧力平衡をとり，圧力が約 1.5 MPa となるように運転されている．蒸気条件は，5.9 MPa，274℃ 程度である．

蒸気発生器の容器は，上部分の外径が約 4.5 m，下部分の外径が約 3.9 m，材

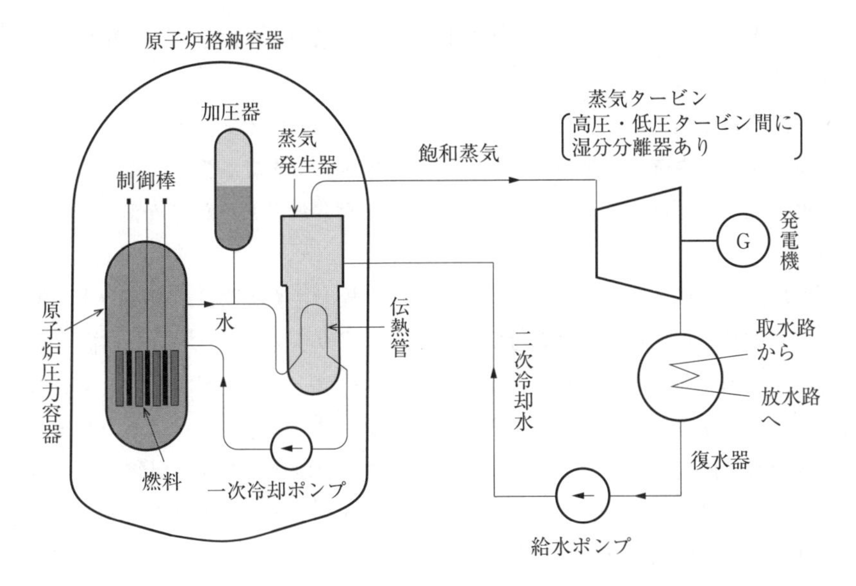

図 2.18 加圧水型原子力発電の概念図

質は低合金鋼である．その内部に一次冷却水が熱交換するための伝熱管が 3 380 本程度装備されている．全体が U 字形をしている伝熱管は，ニッケル‐クロム‐鉄合金製で外径が約 22 mm である．発生した蒸気は気水分離器を経て，蒸気発生器の上部からタービンに導入される．高圧タービンと低圧タービンの間に湿分分離器が設置されている．炉心から加圧器，蒸気発生器を流れる一次冷却水の循環ループ系統は複数あり，2〜4 ループが並列に設置されている．ループの数が多いほど発電出力は大きくなる．原子炉圧力容器，加圧器，蒸気発生器いずれも原子炉格納容器の中に設置されている．

原子炉の出力は制御棒による制御のほか，ホウ素が中性子を吸収する特性を利用し，一次冷却水にホウ酸水を添加して，ホウ素濃度を変化させて制御する．

2.4.5 放射線の防護と使用済み核燃料

原子力発電所は核燃料など放射性物質を取り扱うので，**放射線の防護**，放射性物質の漏えい防止，重大事故を未然に防ぐ安全への対策が十分図られている．

原子力発電所では**放射性廃棄物**が生じる．まず，運転や保守・点検作業に使われた作業衣などの**低レベル放射性廃棄物**がある．これは乾燥・焼却して体積を小さくし，セメントで固化してドラム缶に収容し，低レベル放射性廃棄物埋設センターに埋設される．

使用済み核燃料は，原子力発電所内の使用済み燃料貯蔵プールに一時的に保管される．次に，**中間貯蔵施設**に運ばれ，再処理されるまで保管される．その後，**再処理工場**に運ばれウランとプルトニウムが回収され，ふたたび核燃料に加工される．

再処理過程で残った処理廃液である高レベル放射性廃棄物は最終処分場で保管される．すなわち**高レベル放射性廃棄物**は，まずガラス原料と混合し溶融・固化したガラス固化体とする．ガラス固化体は厚さ約 20 cm の金属容器ステンレス容器に入れ，厚さ約 70 cm のベントナイト材で覆い，深さ約 300 m 以上の安定した岩盤内の地下施設で保管する．高レベル放射性廃棄物は安全な放射線量になるまでに 10 万年程度かかるといわれている．以上のような核燃料の再利用や廃棄物の処分の工程を**核燃料サイクル**と呼んでいる．

このように，わが国ではエネルギー資源であるウランの有効利用の観点から，使用済み核燃料の再処理を基本とした核燃料サイクルを選択している．一方，フィンランドやスウェーデンなどでは，再処理を行わず廃棄物として直接地中に埋設して最終処分する方法を選択している．この方法は，**直接処分**と呼ばれている．

2.4.6　その他の原子力発電

原子力発電の初期には，減速材に黒鉛，冷却材に炭酸ガスを使用する**ガス冷却形原子炉**(GCR：Gas-Cooled Reactor)が商用運転された．減速材・冷却材として中性子の減速性能が優れた重水，燃料として天然ウランを使用する燃料効率の良い**カナダ形重水炉**(CANDU：Canadian Deutorium Uranium)が，カナダで商用運転されている．軽水炉で生成した以上の量のプルトニウムを生成する方式として開発中の**高速増殖炉**(FBR：Fast Breeder Reactor)は，冷却材の金属ナトリウムの取り扱いが難しい．安定して冷却を行い，放射能漏れを防ぐ，より安全な軽水炉が開発されている．小形で安全性の高いさまざまな**小形モジュール炉**(SMR：Small Module Reactor)の開発が，各国で進められている．わが国では，減速材に黒鉛，冷却材に高温のヘリウムガスを使用し，水素製造も可能な**高温ガス炉**(HTGR：High Temperature Gas-cooled Reactor)の開発が行われている．

一方，水素などの軽い原子核が核融合反応を起こすときに放出されるエネルギーを利用する**核融合発電**は，海水中に存在する重水素を燃料に使え，放射性廃棄物の生成が少ないこともあり，商用核融合炉の実現に向けて研究開発が続けられている．

3 分散形発電

集中形発電と比較して小さな容量の発電設備を分散して設置するものを**分散形発電**と呼んでいる．このうち，エネルギー資源が枯渇せず，発電に関わるCO_2排出が無い，太陽光発電と風力発電に代表される再生可能エネルギーの利用が拡大している．各種の燃料電池など実用化段階の分散形発電もある．本章では，代表的な分散形発電について説明する．

3.1　分散形発電とその特徴

前章で説明した集中形発電で使われる同期発電機は，磁気エネルギーを利用するもので単位体積当りのエネルギーが大きい．このため発電機を大きくすれば，大容量の発電電力が得られ効率も向上する．また，発電機の大容量化に見合ったボイラやタービンなども製作が可能である．

一方，太陽光発電や燃料電池におけるエネルギー変換は，平板電極における反応により行われる．大容量の電源とするには電極面積を大きくせざるを得ないので，集中形発電のような一箇所での大容量化は困難である．電池パネルの積層が困難な太陽光発電では，パネルの数を増やして容量を増やすので，総面積が大きくなる．1 000 MW の同期発電機一台の発電電力とするには，およそ 60 km^2(約 8 km 四方)の面積が必要である．風力発電は，風況が良く人家から離れた場所や洋上などでの立地となるので，偏在せざるをえない．このように集中形発電に比べて容量の小さい分散形発電は，集中して配置するよりも，地産地消など利点を生かせる場所に散在して立地するのに適している場合が多い．

情報・通信技術を支えるコンピュータは，従来，大形コンピュータが主流であった．現在ではパーソナルコンピュータ，スマートフォンなど高性能なコンピュータの機能を有する機器が普及し，その台数も増加している．しかも，多くの機器が情報・通信ネットワークに接続されるようになっている．電力においても，集中形発電に加えて分散形電源の設置台数が増加してくると，情報・通信ネットワークを使ったIoT，AI技術や，**最適制御**，**予測制御**など各種制御技術を活用して，電力系統の計画や運用の高度化が期待される．**スマートグリッド**のような新しい試みも生まれている．そこでは，**仮想発電所**，**デマンドレスポンス**，系統に接続された**電気自動車**などの**蓄電装置**，**電力貯蔵**装置も含めた広義の分散形の電源が多用される．このような広義の分散形の電源は，**分散形エネルギー源**（DER：Distributed Energy Resources）と呼ばれている．

再生可能エネルギー電源の増加による電力系統への影響と対処については，3.2節および13.1節で説明する．

3.2 太陽光発電

太陽の光エネルギーを**太陽電池**により電気エネルギーに変換するのが，**太陽光発電**である．真夏において地上に到達する太陽光エネルギーは，1 m^{2}に約1 kWとされる．このうち実際に電力へ変換されるのは，太陽電池の種類にもより異なるが10～20 %台である．

再生可能エネルギーを利用した発電に対する評価指数の一つとして，**エネルギー・ペイバックタイム**がある．これは発電設備の製造や寿命まで運転する際に使われた総エネルギーと同等のエネルギーを，発電により回収できるまでの期間を示す．たとえば太陽電池の場合，2000年の時点においては約8～12年といわれていたが，技術の進展により現在では約1～2年に短縮されている．

太陽電池の基本要素はセルと呼ばれ，約10 cm^{2}の大きさである．多数のセルを直並列に接続してモジュールとし，出力を30～200 Wとする．モジュールをさらに直・並列接続したものは，アレイあるいはパネルと呼ばれる．発電電力が1 MWを超える大規模な太陽光発電は，**メガソーラ発電**と呼ばれる．現在，発電に使われているのは，主に結晶シリコン太陽電池と薄膜シリコン太陽電池である．太陽電池の技術課題は，発電の変換効率の向上と電池製造の低コスト化である．

さらに，新たな形式によるさまざまな太陽電池の技術開発と製品化も進められている．

なお，太陽電池に単位時間当り入射する太陽光エネルギー W_{sun}[W] が，電力 W_E[W] に変換される割合を**変換効率** η[%] といい，次式で表される．

$$\eta = \frac{W_E}{W_{sun}} \times 100 \quad [\%] \tag{3.1}$$

3.2.1　太陽電池の構造と種類

結晶シリコン太陽電池を例として，セルの基本的構造と動作原理を**図 3.1** に示す．n 形半導体には櫛形状の表面電極と反射防止膜が，また p 形半導体には裏面電極が，それぞれ取り付けられている．シリコン結晶の厚さは，200 μm 程度である．

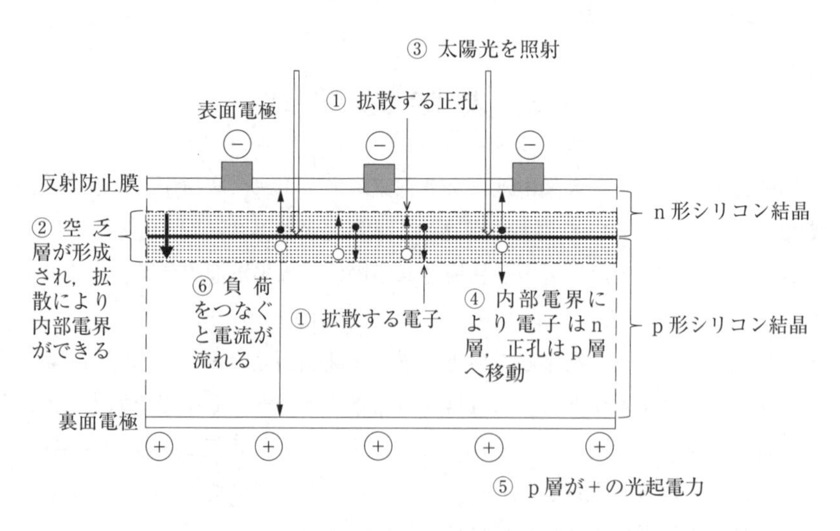

図 3.1　結晶シリコン太陽電池の構造と動作

シリコンにリンを添加した n 形半導体と，ボロンを添加した p 形半導体の二つの層を重ね合わせると，**pn 接合**が形成される．pn 接合の近傍では，p 層領域側に n 層領域の電子が，n 層領域側に p 層領域の正孔がそれぞれ拡散する．このとき再結合により，厚さ数 10 nm〜数 μm の**電気二重層**が形成される．これは**空乏層**と呼ばれ，p 層領域側では正孔が不足し，n 層領域側では電子が不足するため，その内部にはn層からp層に向かう内部電界が生じている．空乏層内では電子あるいは正孔の拡散による流れと，内部電界により移動する流れは釣り合い，最終的に平衡状態となっている．

いま，pn接合部に，あるエネルギー以上の光が照射されると，光のエネルギーにより空乏層とその近傍に，移動が可能である新たな電子と正孔の対(つい)ができ，内部電界によって電子はn層領域，正孔はp層領域にそれぞれ移動し，二つの領域間にp層を正，n層を負とする電圧が生じる．これが**光起電力効果**であり，太陽電池に負荷を接続すれば電子と正孔により電流が流れる．

結晶シリコン太陽電池単一セルの変換効率の理論値は30％程度といわれている．多接合集光形の太陽電池モジュールは，変換効率50％程度を目標としている．多接合形は，複数の異なる特性を持つ太陽電池を接合して効率を高める方式で，タンデム形とも呼ばれる．集光形とは，太陽光をレンズなどで集めて太陽電池の効率を等価的に高める方式をいう．

1. 結晶シリコン太陽電池

結晶シリコン太陽電池は太陽光発電で広く使われており，**単結晶シリコン太陽電池**と**多結晶シリコン太陽電池**に分けられる．変換効率が26％のものも得られている．単結晶シリコンを使う場合，高い変換効率が得られるが，結晶シリコンが高価なため薄形にしてシリコン使用量の削減が図られる．多結晶シリコンは，細かい単結晶領域で構成された集合体で，個々の領域における結晶の配列は種々の方向に向いている．単結晶系に比べると多結晶系は変換効率が下がるが，材料コストが低いため多く使われている．

2. 薄膜シリコン太陽電池

シリコンの使用量が少なく，製造プロセスの特徴から大量生産に適しているのが，**薄膜シリコン太陽電池**である．薄膜シリコン太陽電池は，**アモルファスシリコン太陽電池**と**微結晶シリコン太陽電池**の二つに分けられる．変換効率は結晶シリコン太陽電池に比較し低く約8〜14％である．これらの太陽電池ではガラスや耐熱性プラスチックなどの基板上に，厚さが1μm以下のシリコン薄膜が形成されている．高周波グロー放電でSiH_4(シラン)ガスを分解し，化学気相成長させるプラズマCVD(Chemical Vapor Deposition)により，シリコン薄膜が基板上に堆積される．このように製造工程が簡単で，製造に必要なエネルギーも少なくて済み，大面積化が容易である．

アモルファスシリコンはシリコン原子が不規則に配列しており，結晶構造となっていないので非晶質シリコンとも呼ばれる．この場合，結晶シリコン太陽電池のように単純な pn 接合では光起電力効果が生じない．そこで，p 層と n 層の間に不純物を含まない真性半導体である i 層を加えた pin 接合として光起電力効果を得ている．アモルファスシリコン太陽電池の低い変換効率は，微結晶シリコン太陽電池により向上した．微結晶シリコンでは多結晶シリコンよりさらに細かい微結晶相とアモルファス相が混在する状態となっている．

薄膜太陽電池は原料費ならびに製造コストを低くでき，さらには軽量で多様な形状の太陽電池が実現できる特徴がある．高性能化，低コスト化を目指して，次のような薄膜太陽電池も製品化され，結晶シリコン太陽電池に競合できるような性能が得られている．

3.　化合物半導体太陽電池

化合物半導体太陽電池は，Ⅱ－Ⅵ族やⅢ－Ⅴ族化合物半導体を用いた太陽電池である．CIGS 太陽電池は，銅 Cu，インジウム In，ガリウム Ga，セレン Se の四種類の元素から構成される化合物半導体を用いた薄膜太陽電池である．変換効率は約 13～19 % で，経年劣化が小さい．三種類の元素 Cu，In，Se から構成される化合物半導体を用いた CIS 太陽電池もある．

CdTe 太陽電池は，カドミウム Cd とテルル Te から構成される化合物半導体を用いた薄膜太陽電池である．変換効率は約 14 % で，高温時にも発電能力が低下しない．構成材料が環境に影響を与えないよう，パネルを廃棄するときには Cd と Te の回収が必要である．

これらの太陽電池には**レアメタル**が多用されており，資源確保や代替材料の探索などが重要である．

4.　その他の太陽電池

異なる吸収波長域を持つ太陽電池を積層して変換効率を高めた**タンデム形太陽電池**がある．さらに高変換効率・高性能化を目指して，有機材料を用いて光起電力を得る有機系太陽電池の開発も進んでいる．代表的なものとして**色素増感太陽**

電池と**有機薄膜太陽電池**がある．これらは常温・常圧での製造プロセスが可能で，製造コストを低減できる．

色素増感太陽電池から発展した**ペロブスカイト太陽電池**がある．この太陽電池は，光を吸収する色素の代わりにペロブスカイト結晶の材料を使い，フレキシブルで軽量，低価格，かつ結晶シリコン太陽電池に匹敵する高い変換効率が期待されている．

高効率を目指した太陽電池として，**量子ドット太陽電池**がある．これは，バンドギャップに中間エネルギー準位を構築して，本来は吸収できなかった赤外域の波長の光も吸収するもので，効率が 40 % 以上まで高まると期待されている．

3.2.2 太陽光発電の送配電線への接続

太陽光発電システムの概要を**図 3.2** に示す．太陽電池の出力は直流であるので交流に変換する必要がある．太陽光発電システムは，日射などが変化した場合でも発電電力を最大化する機能を持つ**交直変換装置**を介して，小規模な場合は配電線に，大容量の発電では送電線に接続される．この装置を**系統連系インバータ**あるいは**パワーコンディショナ**という．その際，発電電力の変化や配電線への逆潮流が発生するので，配電線の**自動電圧調整器**，配電用変電所の**負荷時タップ切替装置**や，**蓄電装置**を用いるなどにより，供給安定性や電圧などに支障が生じないよう対策が必要である．

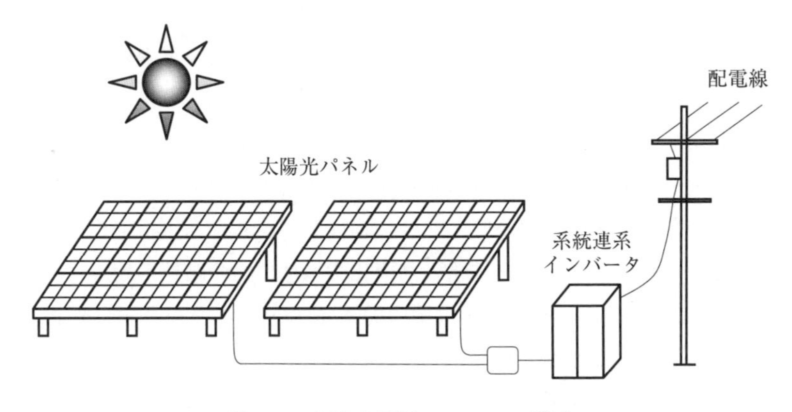

図 3.2 太陽光発電システムの構成

送配電線の事故時の対策も必要となる．事故時に送配電線が電力系統から切り離されても，太陽光発電システムが送配電線と切り離されない場合には，太陽光発電側が電源となり送配電線に電圧が生じる**単独運転**状態が起こる．安全上や機器損傷防止の観点から，太陽光発電システムには，送配電線の事故を検出すると自動停止する単独運転防止機能が義務づけられている．また，事故時に太陽光発電システムが一斉に解列して電力系統に大きなじょう乱を発生させないように運転継続機能も付加されている．この機能は，Fault Ride Through(FRT)と呼ばれている．単独運転防止機能やFRT機能は，太陽光発電システムのみならず系統に接続される分散形電源などに必要な要件である．また，FRT要件のように，系統に接続される電源・機器などが守るべきルールは**グリッドコード**と呼ばれ，再生可能エネルギー電源では発電電力の変化・制御・予測誤差，電圧，周波数，安定度などが該当項目である．このような項目を積極的に安定化する機能を持つ系統連系インバータは，**スマートインバータ**と呼ばれている．

大規模な太陽光発電の発電コストが，電力会社の電気料金と同等となる状態を**グリッドパリティ**と呼ぶ．この状態では，事業者が需要家の敷地内外に太陽光発電装置を設置して，発電電力を需要家に有償で長期にわたって供給するなどの新しい取引形態も増えてくる．これは**電力購入契約**(PPA)と呼ばれ，送配電線に接続される場合とされない場合がある．需要家は設備投資せずに太陽光発電からの電力を安く購入して，CO_2排出を削減できるなどの利点がある．事業者は，市場価格の変動リスクを抑えることができ，長期間の借り入れも可能となるなどの利点がある．

太陽光発電をはじめとした再生可能エネルギー電源の発電電力は，さまざまなエネルギー変換・利用の方法がある．電気分解を用いてCO_2を排出せずに水素を製造し，利用・貯蔵・輸送・発電することができる．このシステムは迅速な制御ができるので，系統の周波数制御に利用することも可能である．このように，再生可能エネルギー電源や電力系統と，今後進展していく水素ネットワークを連携させていくことが，エネルギー供給の効率化や地球環境の維持の観点から重要となる．また，再生可能エネルギー電源の発電電力を熱エネルギーに変換し，利用・蓄熱・発電することもできる．

なお，近年，各地に大規模なメガソーラ発電が導入されるに従い，景観の阻害，森林の伐採，自然災害の誘発が顕在化しており，立地の選択や周辺地域への配慮についての対応が必要となっている．事業所や家庭の屋根など，適地への導入の誘導も必要である．また，太陽光パネルには有害物質が含まれている場合があるので，廃棄時に環境汚染の防止対策や材料のリサイクルが必要である．

3.3 風 力 発 電

風車とともに発電機を風の力で回転させ，交流電力を発生するのが**風力発電**である．風力発電は，太陽光発電と並んで再生可能エネルギーを利用する発電として世界各国で運転されている．風力発電所の適地は，年平均 6 m/s 以上の風が安定して吹いている場所であり，わが国では，北海道・東北・九州地区などがあげられる．

3.3.1 風車と風力エネルギー

風車は，その回転軸が風の向きに対して水平な**水平軸形風車**と，垂直な**垂直軸形風車**の二種類に分けられる．水平軸形風車の代表がプロペラ形で，三枚翼が広く使われている．垂直軸形風車にはダリウス形，サボニウス形などがある．

プロペラ形風力発電について概略を図 3.3 に示す．風車は 3 枚のブレード(翼)をもつ回転翼，**ナセル**，タワーから構成される．風車の大きさはさまざまであるが，回転翼の直径が約 80～100 m，タワーの高さが 100～150 m の大形構造物である．翼にはガラス繊維強化プラスチックが使われているが，材料強度が強く翼の厚さを薄くできる炭素繊維強化プラスチックも使われる．

回転翼の後方にあるナセルの内部に発電機などが設置されている．回転翼とナセルを一体として，回転軸が風の方向に一致するようにするのが**ヨー制御**である．**ピッチ角制御**は，回転面に対するブレードの角度であるピッチ角を風速に対応して制御するものである．風速 3～5 m/s の**カットイン風速**で発電を開始する．強風となった場合には，ブレードを風に平行となるようにして異常な回転速度とならないようにする．風速が 25 m/s 以上の**カットアウト風速**になると，回転を停止させる．

回転翼の直径を d[m]，空気の密度を ρ[kg/m^3] とすると，風速が v[m/s] のとき，回転翼面を通過する単位時間あたりの空気の質量は $\rho\pi(d/2)^2 v$ である．これから，空気の運動エネルギーは $\frac{1}{2}\rho\pi(d/2)^2 v \cdot v^2$ となる．実際に風車の出力 P [W] として得られるのは，これに出力係数 C_p をかけたものとなり，

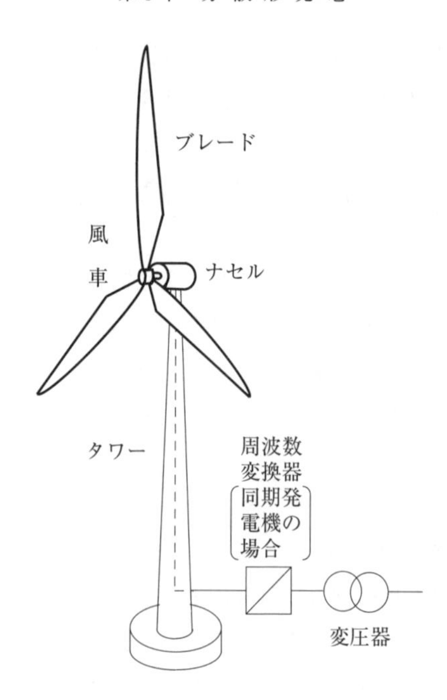

図 3.3　風力発電の構成概念図

$$P = \frac{1}{8} C_p \rho \pi d^2 v^3 \quad [\mathrm{W}] \tag{3.2}$$

である．C_p は風車の形状により異なり，プロペラ形に対する値が最も大きく，$C_p = 0.45$ である．上式から出力は風車直径 d の2乗と風速 v の3乗にそれぞれ比例する．このため大容量の風力発電には直径の大きな回転翼が使われる．

風車とタワーは大形構造物であるので，設置による景観への影響に加えて，鳥類等のブレードへの衝突，風車の回転により発生する騒音や低周波音のような環境に対する影響へも配慮が必要である．

3.3.2　風 車 発 電 機

風車発電機は回転翼と同じ軸上にあり，風速など風の特性，発電機出力の大きさ，運転特性などにより，**同期発電機**あるいは**誘導発電機**が使われている．

同期発電機の場合，発電機出力は周波数変換器を介して交流－直流－交流変換などにより系統に接続する．以下に，同期発電機の場合の発電方式を例示する．

（1） **直流励磁同期発電機**　増速機を使わずに，発電機の回転子の極数を数10〜100程度に多極化して直流励磁し発電する．発電機出力は，周波数変換器を使って交流電力とする．

（2） **永久磁石式同期発電機**　回転子に界磁巻線を用いず，永久磁石を多極に埋め込み，回転界磁を発生させる．界磁電流を供給する設備が不要であり，効率を向上できる．発電機出力は，周波数変換器を使って交流電力とする．

（3） **可変速励磁同期発電機**　回転子の界磁巻線に加える交流電流の周波数を風車の回転速度に合わせて調整し，固定子の誘起電圧が系統の周波数で発生する．励磁電流を制御するパワーエレクトロニクス機器が必要である．

誘導発電機の場合，所定の回転速度を得るため増速機を回転翼と発電機の間に設置する．増速機は歯車で構成されている．このため，風車を大形化すると回転速度が低下するので，増速機は大形となり重量が増える．

3.3.3 洋上風力発電

風力発電所を建設するとき，風況や風車の騒音・景観の観点から陸上では適する場所が限られること，山間部では建設資材の運搬にかかる費用が大きくなること，などの理由から，**洋上風力発電**が考えられる．これには，**図3.4**に示すように着床式と浮体式の二種類がある．**着床式**は海底に基礎工事を施し，その上にタワーを建設する．**浮体式**は風車全体を海上に浮標（ブイ）のような浮体に設置し，係留・固定する．水深が50 m以下であれば着床式が，50〜200 mでは浮体式が，それぞれ採用される．

海上では風が強く，風の流れにも乱れが少ない利点がある．一方，海水などによる機器への塩分対策も必要であり，わが国では台風，地震，落雷，波高の高い波など自然環境が厳しいので，これらへの対応も十分に図る必要がある．

今後，洋上風力発電の立地を拡大していくには，大規模化によるコストメリットの追求とともに，立地面での法整備や漁業者，観光業者との協調が必須となる．また，大規模な洋上風力発電所からの電力を周辺地域で消費する地産地消，大形蓄電池や水素製造・貯蔵装置などの併設を，先行的に進めることが重要である。

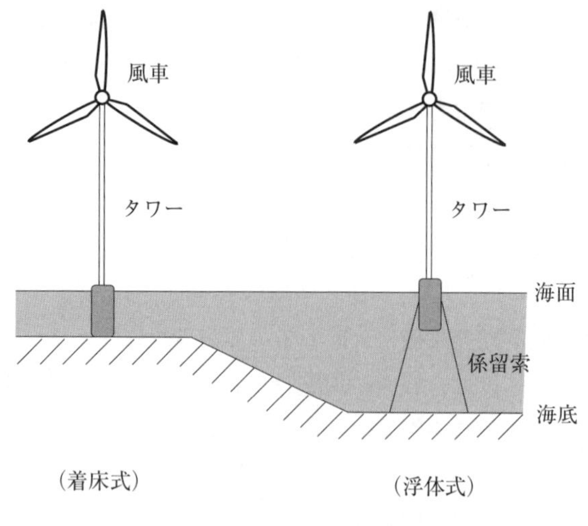

図 3.4　洋上風力発電

3.4　燃料電池発電

燃料電池発電は空気中の酸素と，水素や炭化水素を燃料とした電気化学的反応により発電するシステムである．分散形電源としての位置づけに加えて，家庭用の電源，自動車や鉄道の動力源としても活用できる．

3.4.1　燃料電池の動作原理

燃料電池の動作原理は**図 3.5** のように，平板電極二枚の間に電解質が挟まれている状態で進展する反応を利用するものである．電解質の中でイオンが電極間を移動することにより直流起電力が発生する．電極では電子が外部回路に出入りする．各種の電池では通常は正極・負極と呼ばれるが，燃料電池では，その動作から正極を**空気極**，負極を**燃料極**と呼ぶことが多い．燃料極には，水素を直接用いる場合を除き，天然ガスなどの炭化水素から改質器により取りだされた水素が供給される．空気極には通常の空気が供給される．

実用化がもっとも進んでいる**リン酸形燃料電池**を例として動作原理を説明する．燃料極，空気極ともに炭素をベースにした多孔質の固体で，触媒となる白金層がある．電解質はリン酸水溶液を含んだ多孔質の炭化ケイ素である．水素 H_2 が燃

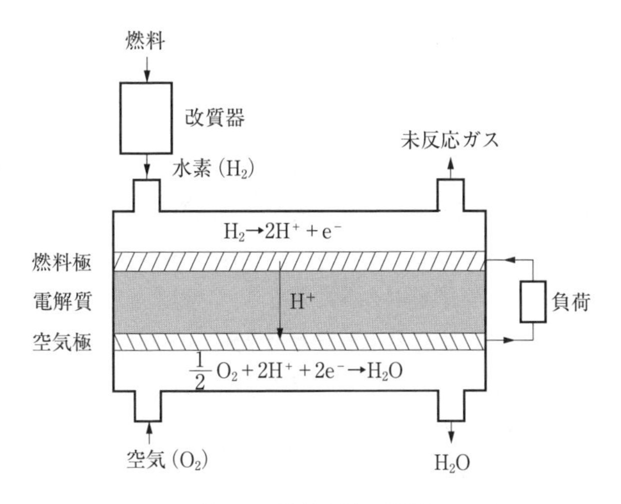

図 3.5 燃料電池の原理

料極側に供給されると，電極および電解質の界面で触媒の作用により，水素イオン H^+ と電子 e^- に電離する．電子は電流となって外部回路に流出し，水素イオンは電解質中を拡散し空気極側に移動する．空気極から供給された空気中の酸素 O_2 は触媒の働きにより，水素イオンと外部回路を介して空気極に到達した電子と結合して水 H_2O になり，電池の外部に排出される．なお，空気中に含まれる一酸化炭素は白金触媒に悪影響を与え，触媒の劣化をもたらすので，注意が必要である．

電解質を平板電極 2 枚ではさんだものはセルと呼ばれ，代表的な構造を**図 3.6** に示す．両電極には気体の水素と酸素がそれぞれ流れる溝が設けられている．セル単体の出力電圧は 1 V 程度である．そこで電源として必要な電圧を得るために

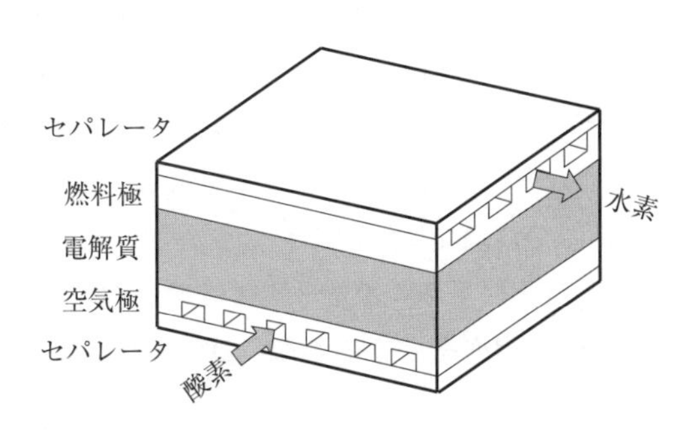

図 3.6 燃料電池セルの構造

は，セルを何層にも重ねる必要がある．実際には，セルの間に導電性のある黒鉛板をセパレータとして置いて重ねた**スタック**と呼ばれる構造にする．

3.4.2 燃料電池の種類

分散電源用としての燃料電池は，電解質，発電出力，発電効率，作動温度の違い，および触媒の有無などにより，リン酸形，溶融炭酸塩形，固体酸化物形，固体高分子形の四種類に大きく分けられる．いずれも燃料には主に天然ガスが使われている．各形式では，電解質中を移動するイオン種が異なっており，燃料極と空気極それぞれにおける，電極と電解質との界面での気体と電子との化学反応も異なっている．電極に用いられるのは，気体と電解質との反応が促進されるように多孔質の材料である．電極と電解質には，各燃料電池における反応に適した物質が使われる．

燃料電池は作動温度が高いので，温水などの排熱も利用すると総合効率が最大80％程度に高められる．

1. リン酸形燃料電池

リン酸形燃料電池（PAFC：Phosphoric Acid Electrolyte Fuel Cell）は，発電出力が100～約数百kW，発電効率は35～42％である．作動温度は約200℃と比較的低い．

2. 溶融炭酸塩形燃料電池

溶融炭酸塩形燃料電池（MCFC：Molten Carbonate Fuel Cell）では，アルカリ炭酸塩からなる電解質中を炭酸イオンCO_3^{2-}が空気極側から燃料極側に移動する．燃料極側に水素H_2と一酸化炭素COを供給すると電解質中の炭酸イオンと反応し，生じた電子は外部回路に流れ，水と二酸化炭素は外部に排出される．空気極側に酸素O_2および二酸化炭素CO_2を供給すると，外部回路から流入した電子と反応し炭酸イオンとなり，燃料極に向かって電解質中を移動する．

作動温度が650～700℃で高温であるので，貴金属触媒を必要としない．燃料極側では水性ガスシフト反応により，水と一酸化炭素から水素と二酸化炭素が発生する．発電出力は数MW程度まで想定されており，発電効率は高く45～60％である．

3. 固体酸化物形燃料電池

固体酸化物形燃料電池(SOFC：Solid Oxide Fuel Cell)では，酸素イオンO^{2-}が固体電解質中を移動する．固体電解質は，ジルコニアZ_rO_2にイットリアY_2O_3を固溶したイットリウム安定化ジルコニア YSZ で，約600℃以上でイオン導電特性を示す．

燃料は水素と一酸化炭素いずれもが使え，燃料極で，電解質中を移動してきた酸素イオンと反応して電子を放出するとともに，水と二酸化炭素になる．空気極に酸素を供給すると外部回路から電子を受け取り酸素イオンとなって，燃料極側に移動する．

セルは平板形だけでなく円筒形のものもある．作動温度は600～1 000℃と高いので，コンバインドサイクルと組み合わせて高効率化を図ることが検討されている．溶融炭酸塩形燃料電池と同様に貴金属触媒を必要としない．発電出力は10 kW～数十 MW 程度まで想定されており，発電効率は高く45～60 %である．

4. 固体高分子形燃料電池

以上までに説明した燃料電池は電源として大容量であり，装置は大形である．自動車や家庭用として，小形・軽量で扱いやすい**固体高分子形燃料電池**(PEFC：Polymer Electrolyte Fuel Cell)がある．

固体高分子形燃料電池では，電解質である高分子膜中を水素イオンH^+が移動する．高分子膜はパーフルオロスルホン酸膜で厚さが20～100 μm，その両側に厚さ10～20 μmの触媒を含む電極層が形成され，膜電極接合体と呼ばれている．触媒には燃料極側に白金・ルテニウム微粒子が，空気極側に白金微粒子がそれぞれ使われている．動作はリン酸形燃料電池と同様に燃料極側に水素を，空気極側に酸素をそれぞれ供給する．電解質である固体高分子膜中を水素イオンが移動できるように，高分子膜の水分の管理が必要である．

作動温度が80～90℃なので運転の起動・停止は容易である．出力密度が高く，発電出力は1～100 kW 程度で想定されている．発電効率は30～40 %である．

3.5 その他の発電

3.5.1 中小水力発電

第2章で説明した水力発電に比べて規模が小さく，一定の落差と流量があれば水車と発電機で発電できるものが**中小水力発電**である．このうち，出力が1 000 kW以下のものを小水力，1 000～30 000 kW程度のものを中水力と呼んでいる．中小水力発電はダムを使わず，河川などの流量をそのまま発電に使用する流れ込み式である．設置できる場所が限られるという短所はあるが，発電機器ならびに施設に必要な面積は小さくて済む．

発電に利用できる水流として，山間部の谷川，農業用水，上下水道などがある．たとえば上水系は，水源から浄水場や，浄水場から各利用者までの間の落差を利用して，水車発電機を設置する．下水系では，下水処理施設から河川や海に排水を流すまでの間の落差を利用する．

3.5.2 海洋エネルギーを利用する発電

わが国は海に囲まれているので，波浪，潮力，海流，海洋温度差などの**海洋エネルギーを利用する発電**が検討されている．

波力発電は，波浪により海面が上下運動する過程のポンプ作用で生じる空気の流れを利用してタービンを回し発電する．波の大きさが季節や時刻による変化が大きいこと，台風，大波など自然現象への対応が必要なこと，など課題も多い．

潮力による発電には，潮の流れを利用した**潮流発電**，潮の干満を利用した**潮汐発電**がある．海流を利用した**海流発電**もある．

海洋温度差発電は，海面付近と深海の水温の差を利用して発電する．沸点の低いアンモニア蒸気によりタービンを回転させ，その後，温度が低く一定である深海水により冷却し，液体のアンモニアに戻す熱サイクルを利用する．

3.5.3 バイオマスエネルギーを利用する発電

バイオマスは，木材，農作物，各種の植物，生ごみ，畜産廃棄物など多岐にわたる．**バイオマスエネルギー**として利用するためには，

・直接燃焼による蒸気タービン発電

・ガス化・液化などの熱化学的変換によるガスタービン発電など
・メタン発酵などの生物化学的変換によるガスタービン発電など

の，いずれかの方式を用いる．バイオマスエネルギーの利用にあたっては，森林などの生態系保持や食料利用との競合回避などにも配慮が必要である．

3.5.4 ごみ焼却発電

廃棄物は一般廃棄物と産業廃棄物に分けられる．家庭等から出される一般廃棄物は燃焼処理されるが，このときの熱を利用して発電するのが，**ごみ焼却発電**である．火力発電と同様に，ごみ焼却時の熱でボイラにより飽和蒸気を発生し，蒸気タービンを回して発電する．

ごみ焼却発電は，ボイラが化学的に活性なガスにより腐食されるため，蒸気温度を低めで運転する必要があった．そこで，都市ガスを燃料とするガスタービン発電機を設置し，高温排熱を用いて蒸気を再加熱し蒸気温度を400℃程度まで上昇させて発電を行う方式が，スーパーごみ発電である．この方式により蒸気タービンの発電効率は，従来の10％程度から25％程度まで向上する．

分別ごみの対象である廃プラスチックの処理として，熱で溶かして別な製品とするマテリアルリサイクルや，分解して再資源化するケミカルリサイクルもあるが，わが国では，廃プラスチックを燃料として燃焼させた熱を使って発電するサーマルリサイクルが多い．

3.5.5 コージェネレーション

コージェネレーションは，灯油，重油，軽油，ガスなどの一次エネルギーから，電気と熱という二つのエネルギーを取り出すシステムである[注)]．原動機を発電機に接続して発電し，原動機から発生する排熱を冷暖房，給湯，蒸気，産業用プロセスなどに使用する．原動機としては，ディーゼルエンジン，ガスエンジン，ガスタービン，蒸気タービンが使用され，排熱温度は450～600℃程度である．コージェネレーションは熱需要の多い工場や大形ビルで使用されることが多い．家庭用の燃料電池の排熱を給湯に使うコージェネレーションもある．この場合，系統との連系が必要となる．熱需要が多いと総合効率は高くなる．

注）　中根；「コージェネレーション技術の変遷」電気学会誌，126巻，3号，pp.160(2006)

なお，系統電力と**電動ヒートポンプ**を組み合せたシステムの総合効率は，コージェネレーションと同様に高い．コージェネレーションは，**熱電併給**とも呼ばれる．海外では，CHP(Combined Heat and Power)と呼ばれている．

電力の貯蔵

人類は大電力を貯蔵する技術を長い間，切望してきた．安価でエネルギー密度の高い電力貯蔵技術ができれば，時間帯や季節によらず電力需要の平準化が図られる．気象条件などにより発電電力の変化が大きい太陽光発電や風力発電では，電力の貯蔵により変化を抑制することができる．また，電力貯蔵技術と分散形電源などとを組み合わせると，機能性の高い新しい電力システムの構築ができる．

4.1 電力貯蔵が生み出す可能性

電力貯蔵装置の主なものには蓄電池，電気二重層キャパシタ，フライホイール，蓄熱システム，圧縮空気貯蔵を用いた発電などがある．第2章で説明した揚水発電所も大規模な電力貯蔵装置と考えられる．電力貯蔵装置には，電力需要の平準化を図る効果がある．それぞれの電力貯蔵装置には特徴があり，その利点を活かすように用いられる．

電力系統に電力貯蔵装置を適用するにあたっては，上記のような電力貯蔵装置単体での効果に加えて，分散形電源と組み合せると，さまざまな効果が得られる．特に，再生可能エネルギー電源に電力貯蔵装置を併設すると，電源としての発電出力の安定化を図ることが可能である．夜間や太陽光発電などで系統に生じる余剰電力を貯蔵すると，電力の負荷率改善や再生可能エネルギーの有効利用が可能となる．電力貯蔵装置や分散形電源，およびデマンドレスポンスなどそれらと同等の機能を総称して**分散形エネルギー源**(DER)と呼ばれている．

電力貯蔵装置が電力を大容量で高速に出し入れできる場合には，周波数制御や需給バランス調整にも使うことができる．電力貯蔵装置とパワーエレクトロニクス技術とを組み合せると，有効電力と無効電力を制御できる．これらにより，電力系統の設備形成を柔軟で効率的に行える可能性が高くなる．

また，IoT や AI を駆使して多数の電力貯蔵装置を再生可能エネルギー電源と組み合わせて効率的に制御することにより，新しい機能を生み出すことができる．**スマートグリッド**に適用し，エネルギーの利用を最適化することが可能となる．**仮想発電所**や**デマンドレスポンス**の機能をつくり出すこともできる．電気自動車に搭載されている多数の蓄電池を系統に接続して協調的に制御すると，これらの機能を促進させる効果がある．

電力貯蔵装置は，需要家側においてもさまざまな効果をもたらす．たとえば，停電や電圧低下への対策などに使い，電力品質を向上させることができる．エネルギーマネジメントシステムの手段として使うと，エネルギーコストの低減に役立つ．

以上のように，電力貯蔵装置は，これまでにないさまざまな効果を生み出せる可能性を有しているが，これらの効果を実現するには，電力貯蔵により得られる便益が，設備費用を含めた充放電に関わるコストに比べて大きくなることが必要である．このため，蓄電池をはじめとした電力貯蔵装置の貯蔵エネルギー量やエネルギー密度などの性能向上，製造・建設・運転におけるコストの低減，ならびに規格化がきわめて重要となる．また，各電力市場において電力貯蔵装置を電源として位置づけ，電力系統の中で機動的に活用できる仕組みも重要となる．

4.2 蓄　電　池

一度だけ放電できる電池は**一次電池**と呼ばれるが，電力システムに使われるのは，化学物質の可逆的反応で化学エネルギーを利用する，充放電が可能な**二次電池**である．これは電気を蓄積できることから**蓄電池**と呼ばれる．代表的な蓄電池には，リチウムイオン二次電池，ナトリウム－硫黄電池，レドックスフロー電池，鉛蓄電池がある．これらの電池の動作を支配する基本原理は，電極間におけるイオンの移動である．リチウムイオン電池ではリチウムイオンが，ナトリウム－硫黄電池ではナトリウムイオンが，レドックスフロー電池では水素イオンが，それぞれ移動することにより充放電が行われる．電池単体の電圧は1～3 V 程度なので，実際の蓄電池では直並列に接続し，所定の電圧と電流容量を得られるようにしている．蓄電池は，資源の安定調達・有効利用，環境汚染の防止，CO_2 排出量の低減，それぞれの観点から，車載形を定置形に転用する**リユース**や，使用済みの蓄電池の**リサイクル**に関する取り組みが重要である．なお，蓄電池を使用した電力貯蔵のシステムを**蓄電装置**と呼ぶことがある．

電力系統では，蓄電池は大形の定置形として使われる．このための蓄電池に期待される能力としては，

・**エネルギー密度**が高いこと
・**出力密度**が高いこと
・充放電効率が高いこと
・充放電が高速であること
・自己放電が少ないこと
・建設および運転コストが低いこと
・耐久性があること
・安全性が高いこと

などがあげられる．一般に蓄電池で実測されるエネルギー密度は，イオンの流れを促進させるさまざまな充填物質や筐体などの重量，電池の内部抵抗による発熱などにより，理論値より大幅に小さくなる．

なお，**鉛蓄電池**は，充放電の効率やエネルギー密度が低く，大形の定置形蓄電池としては重量や大きさ，劣化の点で劣っている．しかし，成熟した技術であり他の蓄電池に比べて安価であることから，無停電電源装置，自動車などに広く利用されている．**空気電池**は，正極に酸素を用いるため小型・軽量でエネルギー密度を高くできる可能性がある．

4.2.1　リチウムイオン二次電池

スマートフォンや電気自動車で身近な二次電池である**リチウムイオン二次電池**は，その特徴を生かした用途により電力用にも使われている．リチウムイオン二次電池は**リチウムイオン電池**とも呼ばれるので，以後ではリチウムイオン電池と記すことにする．

1. 構造と原理

リチウムイオン電池は，正極，負極，セパレータが電解質の中に配置されている．正極には $Li_{1-x}CoO_2$ などのリチウム酸化物などが，負極には Li_xC_6 などのグラファイト系化合物などが，使われることが多い．いずれも層状構造をした分子から構成される**層間化合物**で，各層の間にリチウムイオンが含まれている．リチウムは水と反応するので，$LiPF_6$ を溶解したエチレンカーボネートなどの有機溶媒が電解質として使われる．長期間使用すると，負極から樹枝状のリチウム結晶などが成長する場合があるので，電極間が短絡されないよう，リチウムイオンが通過できて絶縁性のある多孔質膜の**セパレータ**などの対策が必要である．

リチウムイオン電池内の反応を**図4.1**に示す．放電時には，負極で電子を放出して生じたリチウムイオン Li^+ が正極に向かって電解質内を移動し，正極で電子と再結合しリチウム酸化物に戻り層間化合物となる．このとき電子により外部回路に電流が流れる．充電時には，充電電流により正極からリチウムイオンが放出される．リチウムイオンは放電とは逆の向きに負極側へ電解質中を移動し，グラファイト系化合物に戻る．以上の過程を反応式で表すと，

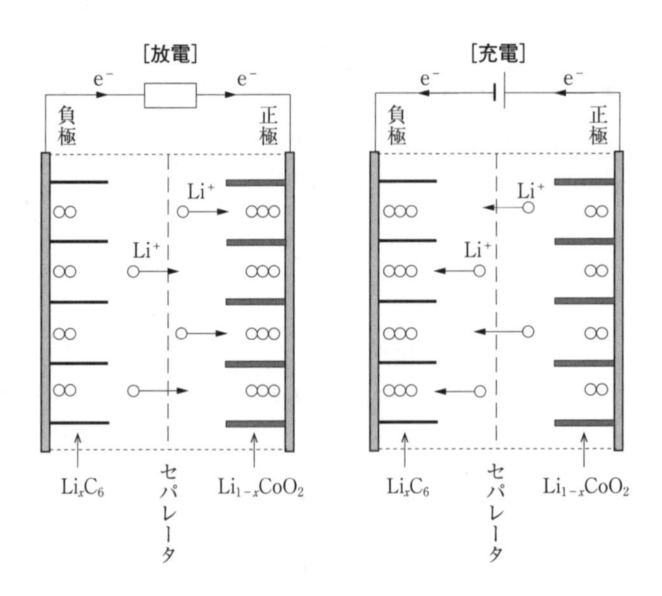

図4.1 リチウムイオン電池内の反応

負　極；$Li_xC_6 \leftrightarrow C_6 + xLi^+ + xe^-$

正　極；$Li_{1-x}CoO_2 + xLi^+ + xe^- \leftrightarrow LiCoO_2$

全　体；$Li_{1-x}CoO_2 + Li_xC_6 \leftrightarrow LiCoO_2 + C_6$

となる．→の方向が放電反応，←の方向が充電反応である．

電池の高性能化に対して重要な要素技術である正極，負極，電解質，の材料について各所で研究・開発が進められている．電解質に有機溶媒でなく固体を用いた全固体リチウムイオン電池には，リチウムイオン伝導性の高い**固体電解質**が必要である．全固体リチウムイオン電池は有機溶媒を使わないので，発火や液漏れする恐れがなく，安全性が高く，劣化しにくいという特長がある．リチウムイオン電池と同じくリチウムイオンにより充放電が行われる**リチウム硫黄電池**は，エネルギー密度を飛躍的に向上できる可能性を有している．

2. 特　　徴

リチウムイオン電池の特徴は，

- 平均動作電圧が 3.7 V と高い
- エネルギー密度が，理論値 380～580 Wh/kg，実測例 200 Wh/kg 程度と高い
- 出力密度が高い
- 充放電のサイクル寿命が長い
- 常温での使用が可能
- 急速充電が可能
- 自己放電率が低い

などである．なお，電解質と電極物質との化学反応で起電力が時間とともに低下することを**自己放電**という．一方，過充放電に弱いので充放電制御回路が必要なこと，リチウムやコバルトは世界的に偏在しており，これらの価格によりコストが高くなること，などの問題がある．

4.2.2 ナトリウム－硫黄電池

ナトリウム－硫黄電池は大容量化が可能で，産業用・電力用として実用化されている．

1. 構造と原理

ナトリウム－硫黄電池の単体は円筒形で，中心部に負極となるナトリウム Na があり，その周囲を電解質としてのベータアルミナと，正極となる硫黄 S が取り囲む構造をしている．ベータアルミナはセラミックスで，ナトリウムイオンのみを通す特性がある．常温で固体であるナトリウムと硫黄を溶融状態に保つために，電池の温度は 300～350℃ で運転される．単体の動作電圧は約 2 V である．

図 4.2 に示すように放電時には，負極で電子を放出して生じたナトリウムイオン Na^+ はベータアルミナを介して移動し，正極で電子と硫黄とで反応して多硫化ナトリウム Na_2S_x となる．このとき外部回路に電流が流れる．充電時には，正極で多硫化ナトリウムが硫黄，ナトリウムイオン，電子に電離し，生じたナトリウ

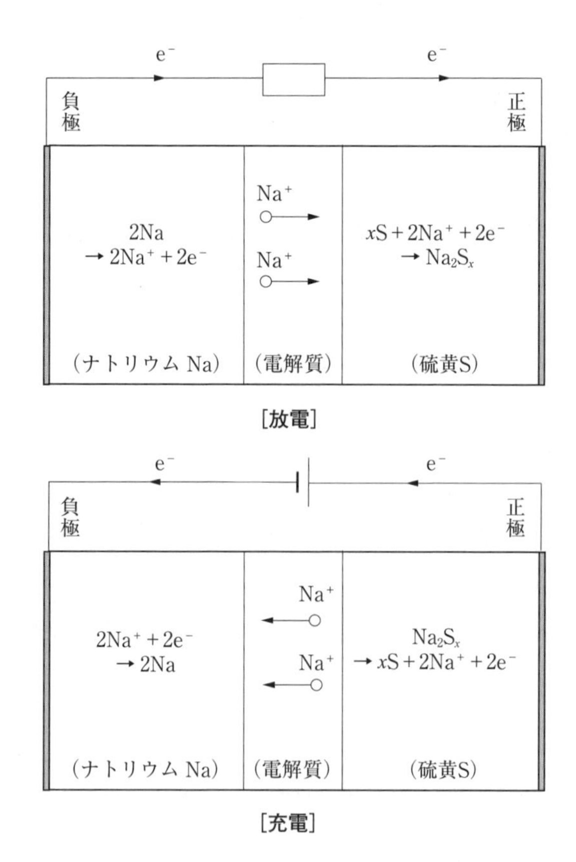

図 4.2 ナトリウム－硫黄電池内の反応

ムイオンが負極側に移動する．負極では電子と再結合しナトリウムに戻る．この過程を反応式で表すと，

負　極；　$2Na \leftrightarrow 2Na^{+} + 2e^{-}$

正　極；$xS + 2Na^{+} + 2e^{-} \leftrightarrow Na_2S_x$

全　体；$xS + 2Na \leftrightarrow Na_2S_x$

となる．→の方向が放電反応，←の方向が充電反応である．

2. 特　　　徴

ナトリウム硫黄電池の特徴は，

・エネルギー密度が，理論値 780 Wh/kg，実測例 130 Wh/kg 程度と高い

・充放電のサイクル寿命が 2 500 サイクル以上と長い

・自己放電がほとんどない

・大容量化が可能である

・硫黄，ナトリウムともに資源として豊富に存在する

ことである．一方，高温で動作させるので補機として加熱装置が必要となる．また，ナトリウムを含む電池の発火防止・消火対策も必要である．

4.2.3 レドックスフロー電池

レドックスフロー電池は，動作にかかわる物質を溶媒に溶解させた電解液を用い，酸化・還元反応によるイオン価数の変化を利用する電池で，これまでに説明した二種類の電池とは原理が異なっている．

1. 構造と原理

常温で運転でき，大容量化も容易であるレドックスフロー電池の構造を**図 4.3** に示す．電解質に硫酸バナジウムを含む希硫酸水溶液を用いており，正極と負極の間は，水素イオンのみが透過できる隔膜であるイオン交換膜によって分離されている．電池単体の動作電圧は約 1.4 V である．両極の電解質は電池外部に置かれた異なる電解液タンクから，ポンプにより電池内を独立して循環するようになっている．

正極側の電解質には酸化バナジウムイオン VO^{2+} と二酸化バナジウムイオン VO_2^{+} が含まれ，負極側は 2 価のバナジウムイオン V^{2+} と 3 価のバナジウムイオ

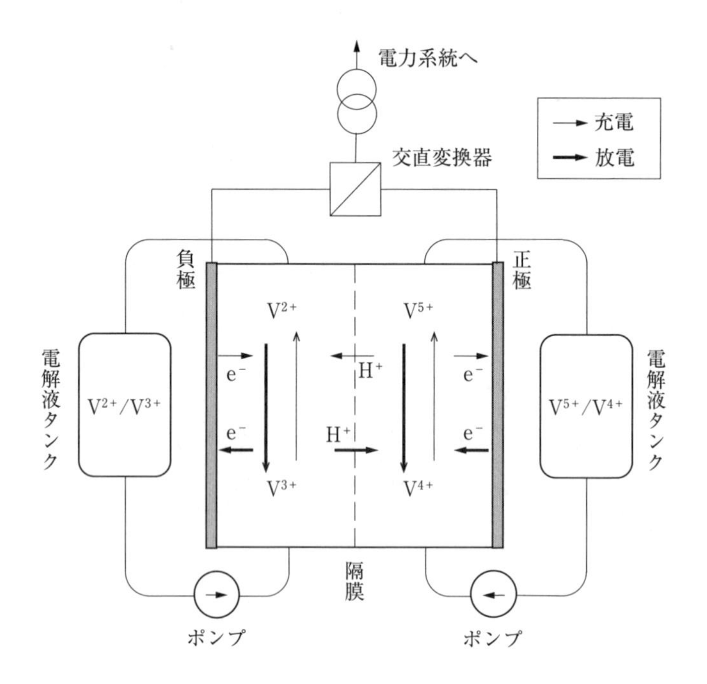

図 4.3　レドックスフロー電池内の反応

ン V^{3+} が含まれている．電解質内におけるバナジウムイオンの価数の還元・酸化反応(redox)による変化と，溶液の流れ(flow)により起電力を生じることから，レドックスフロー電池(redox flow battery)と呼ばれる．

充放電に伴う各バナジウムイオンの反応は次のようになる．放電時は，正極側では5価のバナジウムイオンを含む VO_2^+ が，電子と水素イオンとの反応で4価のバナジウムを含む VO_2^+ に還元される．負極側では2価の V^{2+} が電子を放出し3価の V^{3+} に酸化される．このとき，外部回路の負荷に電流が流れる．充電時には，これと逆の方向に反応が進む．以上の過程を反応式で表すと，

負　極；$V^{2+} \leftrightarrow V^{3+} + e^-$

正　極；$VO_2^+ + 2H^+ + e^- \leftrightarrow VO^{2+} + H_2O$

全　体；$VO_2^+ + V^{2+} + 2H^+ \leftrightarrow VO^{2+} + V^{3+} + H_2O$

となる．→の方向が放電反応，←の方向が充電反応である．

2. 特　　　徴

レドックスフロー電池の特徴は

- 高速充放電が可能で応答性が良い
- 充放電のサイクル寿命の制限がほとんどない
- 常温で使用が可能である
- 大容量化が可能である
- 運転コストが低い
- 安全性が高い

ことである．一方，電解液を循環させるためのポンプが補機として必要である．また，エネルギー密度は，理論値 100 Wh/kg，実測例 30 Wh/kg 程度と，リチウムイオン電池などと比べて一桁低い．充電できるエネルギー量（kWh）を増やすには電解液タンクの容量を大きくし，出力を増やすには電池容量を大きくする必要がある．そこで，小形化・低コスト化に向けて，バナジウムの代わりに安価な金属を用いた電解液の開発や，有機物質を用いた**有機レドックスフロー電池**（organic redox flow battery）の研究が進められている．

4.3　その他の主な電力貯蔵技術

4.3.1　電気二重層キャパシタ

電気二重層キャパシタは，多孔質の導体である活性炭の電極表面と電解液との界面において，正と負の電荷により形成される電気二重層を利用する．電気二重層には静電容量があり，その容量は層の厚さに反比例し，対向する面積に比例する．電気二重層の厚さは nm のオーダーであるので，100 F 以上の大きな静電容量が得られる．充放電はイオンの移動により行われ，劣化が少なく長寿命である．

蓄電池と異なり，出力密度が高く数秒程度の急速な充放電が可能で，短時間ではあるが大出力の電力を供給できる．この特徴を生かして，瞬時電圧低下補償装置，風力発電のブレードのピッチ角の制御のための駆動電力，電気自動車などで回生エネルギー回収装置や加速時に大出力が要求される電源回路に使われていく．

4.3.2　フライホイール

フライホイール（はずみ車）による電力貯蔵では，慣性定数の大きなフライホイールと，同じ軸上に設置した発電電動機，および電力変換装置から構成される．電動機でフライホイールを所定の回転速度まで上昇させ，回転エネルギーを蓄える．慣性の大きなフライホイールが回転を続ける間，発電して外部に電力を供給できる．

フライホイールの回転損失を低減するため，軸受部を超電導磁気浮上とする方式が検討されている．これは回転する軸に**高温超電導バルク**を取り付け，軸受の固定子側の超電導コイルとの間で浮上させて，軸受での摩擦損失をなくしている．信頼性の高い高速回転に向けてフライホイールの材料開発も進められている．

4.3.3 蓄熱システム

蓄熱システムは，熱の供給側と需要側の間で，熱エネルギーを貯蔵または放出する技術である．蓄熱は，温水・溶融塩・砕石のような顕熱，氷などの潜熱，Ca材料の分解反応など化学反応，を利用している．熱エネルギーは，電気エネルギーのように遠方に送るには適していないが，熱の供給地点，需要地点，貯蔵地点が近くにあるときには，効率よく使うことができる．電力分野においては，例えば，空調機器において夜間に作った氷や冷水を，冷房負荷が大きいときに用いて熱負荷をシフトする蓄熱システムを使うと，冷房電力を軽減できるので電力需要の平準化を図ることが可能となる．排熱があるような装置や設備の場合には，その熱エネルギーを利用する場所と時間帯で有効に使うために，蓄熱システムを使うこともある．

再生可能エネルギー電源の発電電力を熱エネルギーに変換して，溶融塩や砕石を使った蓄熱システムに貯蔵し，この熱の蒸気を用いて発電する**蓄熱発電**の開発も進められている．蓄電池を使うより大型化に適しており，蓄電コストが抑えられる利点がある．

4.3.4 圧縮空気貯蔵

圧縮空気貯蔵（CAES：Compressed Air Energy Storage）は，電力需要の少ないときに電力を使用して圧縮空気を製造・貯蔵し，需要が大きくなったときにガスタービンの燃焼器用空気として使う技術である．圧縮空気の貯蔵には，岩盤層，岩塩層，帯水層などで，大きな空間があり地盤の耐圧性能が良好な場所が選ばれる．圧縮空気の圧力は7～8 MPa程度である．通常のガスタービンでは，出力の

2/3 程度が空気の圧縮機用動力として使用される．貯蔵した圧縮空気をこの動力に使えばガスタービン出力を増やせるので，発電電力を増加できる．なお，風力発電の電力を CAES に貯蔵して，膨張機(発電機)を使った発電に使う方式などもある．

5 交流送電と直流送電ならびに電力流通設備

発電所で発電された電力は，送電線，変電所，配電線で構成される**電力系統**を通じて，家庭，オフィス，工場，商業施設などに供給される．電力系統はほとんどが交流送電であるが，直流送電もその特徴を生かして一部で使われている[注)]．これまで，わが国では大手の電力会社(旧一般電気事業者)が**送電**，**変電**，**配電**にかかわる電力の流通設備(送配電網)を運用してきたが，電力自由化後は**一般送配電事業者**が運用している．

5.1 交流送電と直流送電

わが国の電力系統の概要を**図 5.1** に示す．わが国では，各地域は**交流送電**で構成される電力系統となっており，地域間は**連系線**と呼ばれる送電線で接続されている．一部の連系線は，周波数変換などのために直流送電による接続となっている．

再生可能エネルギー電源の拡大などにともなう広域的な需給バランスを確保する観点から，地域間の連系線は増強計画がある．たとえば，東北・東京間の南向きの連系線容量は，交流で約 600 kW であるが，約 1 030 万 kW に増強される．

5.1.1 交 流 送 電

電力事業のの黎(れい)明期には，まず直流を使った発電と送電が考えられた．しかし，変圧器により電圧を自由に昇降できる利点から**交流**が**長距離送電**に採用されるよ

注) 田中，専田；「直流送電技術の変遷」電気学会誌，119 巻，1 号，pp. 32(1999)

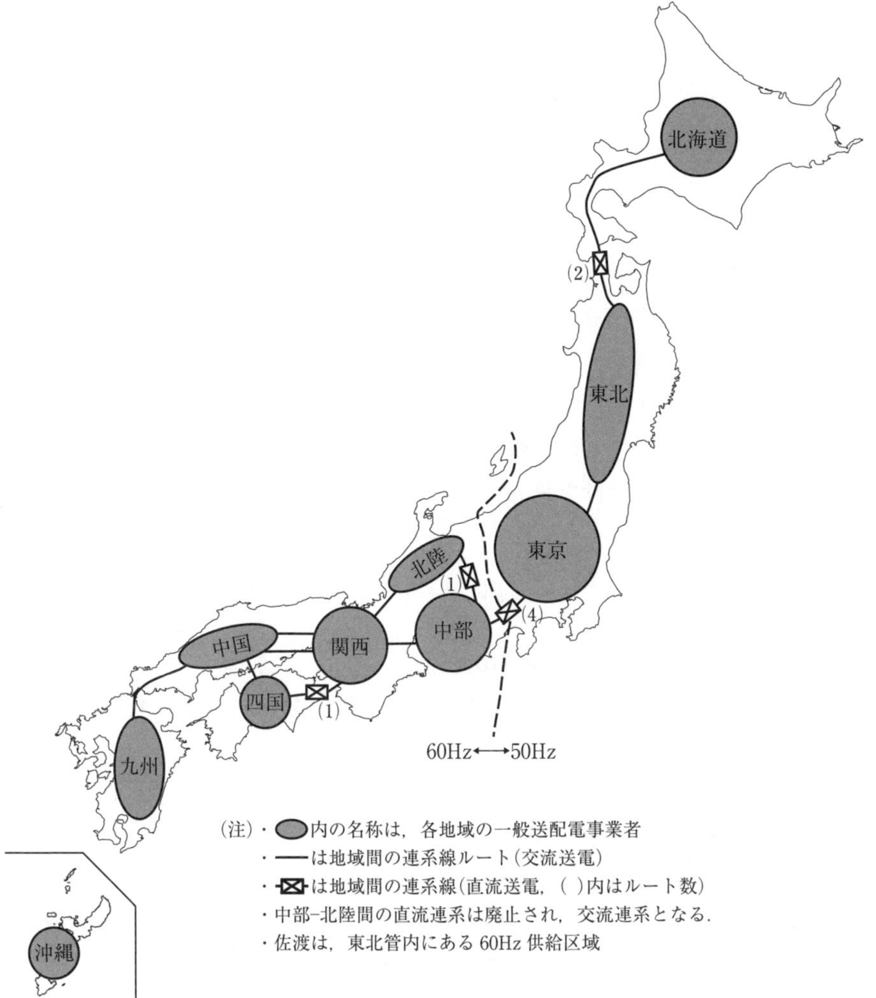

図 5.1　わが国の電力系統の概要図

うになり，現在は交流を中心とした電力技術の理論と体系が構築されている[注)]．すなわち，交流であれば，発電所内の主変圧器で高電圧とし，損失の少ない長距離の大電力輸送が可能となる．需要地近傍の変電所に設置した変圧器により，高

注)　1. 山本，山口；「三相交流ができるまで」電気学会誌，120 巻，8-9 号，pp.522(2000)
2. 山本，石郷岡；「電力用交流の歴史」電気学会誌，125 巻，7 号，pp.421(2005)
3. 山本，石郷岡；「電力システムでの争い」電気学会誌，128 巻，3 号，pp.176(2008)

電圧から使用しやすいように低電圧に降圧して供給できる．また，変電所を拠点として，異なる電圧の送電線との連系が容易である．このように交流を用いることにより，信頼性が高く経済的な運用が可能な大規模の電力系統が構成できる．

わが国の交流周波数は，**図5.1**に示すように静岡県の富士川から新潟県の糸魚川付近を境に，東側では50 Hz，西側では60 Hzとなっている．これは海外の技術を導入した経緯から，関東ではドイツの50 Hz発電機が，関西では米国の60 Hz発電機が，採用されたことによる．

発電所と変電所を結ぶ送電線は**三相交流**で運用される．家庭用は電圧が100 Vの単相交流で，配電線から3本の電線により供給されている．これは**単相三線式**と呼ばれる方式で，1本の中性線に対して2本の電線間が±100 Vとなっており，この2本の電線を接続すれば200 Vの電圧も得られる．交流電圧・電流・電力に関する詳細は，第6章以降で説明する．

5.1.2　直　流　送　電

1.　電力系統における直流送電の特徴

電力系統で**直流**を用いる特徴には次のようなものがある．まず，利点として以下があげられる．

a．線路のリアクタンスによる影響がなく，直流系統内では安定度や無効電力の発生・吸収に起因する問題がない．

b．直流電圧が交流電圧の実効値と同等であるので，絶縁強度を低くでき，鉄塔の大きさを交流に比べて小形にできる．交流では，電圧の最大値にあわせて機器の絶縁強度を確保しなければならない．

c．直流ケーブルでは，誘電損など交流に起因する損失が生じない．

d．直流電力の制御が迅速かつ容易に行えるため，電力系統の潮流制御が可能となるとともに，安定度や周波数の安定性の向上に寄与できる．

e．二つの交流系統を直流により分割できるので，短絡電流が増加しない．

次に，課題として以下のことがあげられる．

f．直流で運用される設備や機器を電力系統に導入する際には，交流から直流へ，およびその逆方向へ変換する**交直変換装置**が，送受電端にそれぞれ必要である．このため直流送電がコスト的に交流送電に比べて有利となるのは，送電線が一定の長さ以上の場合となる．

g．パワーエレクトロニクス機器である交直変換装置から**高調波**が発生するので，**高調波フィルタ**による抑制対策が必要である．

h．直流には電流が零となるときがないので，コンデンサとリアクトルを付加し振動電流を重畳して電流零点を作ったり，半導体スイッチで遮断するなど，直流大電流を遮断する特殊な技術が必要となる．

i．交流送電と同様に任意の系統構成とするためには，多端子で直流送電を行うための制御・保護方式が必要となる．

直流の代表的な用途は，

・周波数が異なる系統間で電力を融通するための周波数変換設備

・二つの系統間で電力を融通させるための系統間連系

・大容量の長距離送電

がある．

なお，近年，都市部のビル内電力供給やデータセンタでは，**直流給電**する方式の実用化が進められている．これは，多くの電気機器が直流で駆動されているので，それぞれの機器に直流電源装置が不用となる利点があるからである．

2.　周波数変換設備

系統内で電力が不足あるいは余剰になったときに，他系統と電力の融通ができれば，電力の供給を安定に維持できる．しかし，周波数が 50 Hz と 60 Hz の電力系統との間では，周波数が異なるため送電線を直接には接続できない．そこで，たとえば 50 Hz の系統側で交流から直流に変換したあと，この直流を 60 Hz の系統側に向けて交流に戻せば，周波数が異なっていても電力を送ることができる．これを行うのが**周波数変換設備**である．

周波数変換設備の概念を**図 5.2** に示す．交流系統から変換用変圧器を介して交直変換装置で直流に変換される．次に，もう一方の交直変換装置で交流に逆変換され，変換用変圧器を介して周波数の異なる他系統に接続される．ほとんどの場合，交直変換装置は，系統の交流電圧が確立されたあとに交直変換が可能となる**他励式変換方式**で，**サイリスタ**バルブを直並列に接続して構成される．

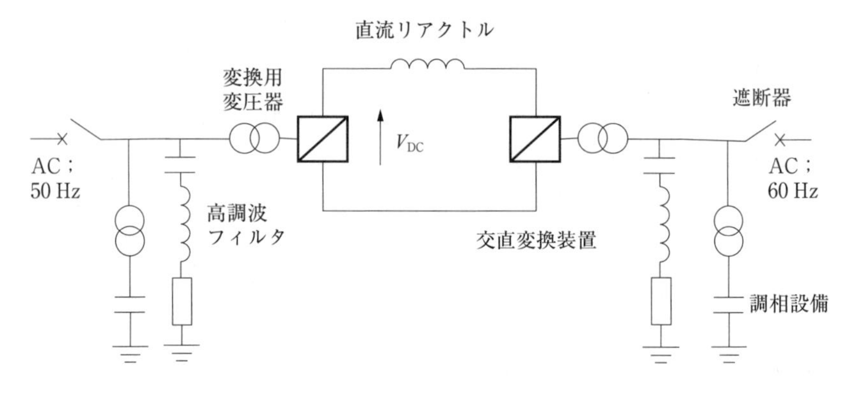

図 5.2 周波数変換設備の概念図

変換用変圧器は，サイリスタバルブが対応できる電圧に設定するために使われる．直流リアクトルは，直流電流の平滑化と直流回路の過電流抑制に使われる．他励式の交直変換装置では，変換容量の 60％程度の無効電力が吸収され，これを補償するためにコンデンサによる調相設備が設置される．高調波フィルタは，変換装置で発生する高調波を吸収するためのもので，コンデンサ，リアクトル，抵抗器で構成される．最近では，交流系統が弱い場合や事故で交流電圧が下がった場合など，交流電圧が確立されていなくても交直変換ができるように，IGBT などにより変換装置自ら交流電圧を確立する**自励式変換方式**が用いられることがある．

国内の周波数変換設備は，佐久間周波数変換所(容量 30 万 kW)，新信濃周波数変換設備(60 万 kW)，東清水周波数変換設備(30 万 kW)，飛騨信濃周波数変換設備(90 万 kW)の計 210 万 kW である．佐久間，新信濃，東清水の各周波数変換設備の直流部分は送電線ではなく母線で構成されている．これは Back-to-Back と呼ばれている．飛騨信濃の直流部分は飛騨信濃直流幹線(亘長 89 km)と呼ばれる直流送電線で結ばれている．佐久間，東清水の周波数変換設備は，それぞれ 30 万 kW，60 万 kW の自励式変換方式により増強され，周波数変換設備は，合計 300 万 kW となる．さらに周波数変換設備を増強する場合には，追加的な国民負担が必要な費用と，便益のバランスや，投資回収の予見性，を確保する必要がある．

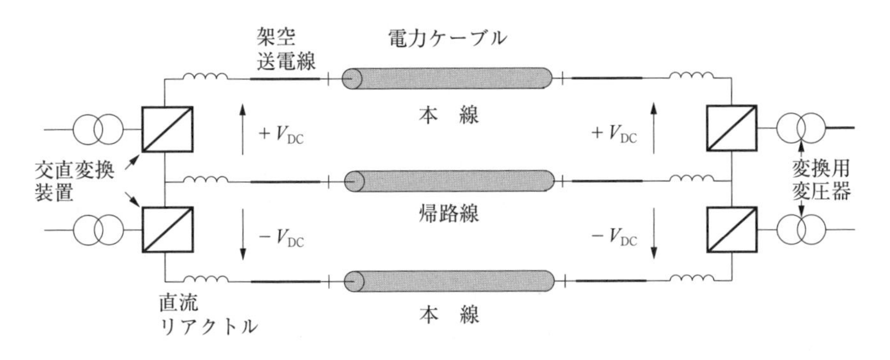

図 5.3　北海道・本州直流連系設備の概念図

3.　系統連系設備

わが国では，海を越えた**系統連系**に，送電線を介した直流送電が用いられている．直流に変換した電力を架空送電線とケーブルで送り，ふたたび交流に変換して交流系統に接続する．

まず，北海道と本州間の非同期の**直流連系**を説明する．北海道・本州間の最初の直流連系は，北海道の函館変換所と本州の上北変換所を架空送電線と海底ケーブルにより**非同期連系**する北海道・本州直流連系設備である．この連系設備の概念を**図 5.3** に示す．交直変換装置で直流としたあと，**海底ケーブル**が敷設された場所までは架空送電線で送電される．架空送電線と海底ケーブルが接続される箇所はケーブルヘッドと呼ばれる．

送電線は北本直流幹線と呼ばれ，本線と帰路線との閉ループが二組あり，それぞれの本線の電圧は +250 kV, −250 kV，容量は合計で 60 万 kW である．本線の海底ケーブル（亘長 43 km）には後述する OF ケーブルが，帰路線には CV ケーブルが使われている．海底ケーブルからふたたび送電線でもう一方の交直変換設備まで送電され，交流系統に接続される．架空送電線の亘長は，北海道側で約 27 km，本州側で約 97 km である．

その後，北海道の電力供給をより安定的なものとするために，北海道の北斗変換所と本州の今別変換所を結ぶ容量 30 万 kW の新北本連系設備が建設された．送電線は北斗今別直流幹線と呼ばれ，海峡部は青函トンネル（作業抗）にケーブルが敷設されている．交直変換装置は自励式変換方式で，北海道側の電力系統の周波数や電圧が不安定となった場合でもこの連系設備により安定化され，供給信頼性をより高めることができる．北海道・本州間の直流連系は，120万kWまで増強される．

60 Hz系統で本州と四国を，架空送電線(51 km)と海底ケーブル(49 km)で連系する紀伊水道直流連系設備(容量140万kW)がある．本州・四国間はすでに交流で連系されているが，潮流制御が容易で建設コストが低い直流による系統間連系が採用された．この設備は，火力発電所からの電源送電の役割を果たしている．

富山県にある南福光連系所(容量30万kW)は，三つの系統を，**短絡電流**を増加させることなく強固に連系するためのBack to Back交直変換設備であるが，三つの系統における送電設備の集約化と，設備の経年劣化に対応するため廃止され，交流連系となる．

5.2 送　電　線

発電所と変電所との間，変電所と変電所との間，変電所から需要地の変電所(配電用変電所など)までの間，を電気的に結ぶのが**送電線**である．送電線には，架空送電線と地中送電線がある．送電線は高電圧・大電流の電力を送るので，導体の発熱，絶縁，損失などに対して配慮がなされている．

5.2.1 架空送電線

架空送電線は，導体，架空地線，鉄塔，がいし装置で構成される．雷事故の多い架空送電線では，送電用避雷装置が使われることがある．代表的な鉄塔である四角鉄塔を用いた架空送電線の構成を**図5.4**に示す．

1. 導　体

強度を確保する鋼心より線の周りに，硬アルミより線が配置された**導体**が多く使われている[注)]．**鋼心耐熱アルミ合金より線**(TACSR：Thermo-reinforced Aluminum alloy Conductor Steel-Reinforced)は，最高許容温度150℃まで使用でき，断面積が810 mm^{2}の場合に電流容量は約2 000Aである．**鋼心アルミより線**(ACSR：Aluminum alloy Conductor Steel-Reinforced)は最高許容温度が90℃

注)　赤木；「架空送電線用電線の変遷」電気学会誌，122巻，3号，pp.172(2002)

で，TACSR と同断面積の電流容量は約 1 200A である．

大容量の電力を送る場合，2〜8 本の導体をスペーサで固定した多導体が使われる．多導体とすることにより送電電力が増大するとともに，送電線のインダクタンスが減少する．高電圧の架空送電線では導体表面に**コロナ放電**が発生する場合があり，音の発生とともに漏れ電流の原因となり**コロナ損**が発生する．多導体とすると等価的な導体直径が大きくなるので，電界の大きさが減少しコロナ放電が抑制される．導体付近の地上の電界・磁界は，人体に影響が生じるとされているレベルより大幅に小さい．

さまざまな自然環境の中に設置される架空送電線には，自然災害への対策が施される．風により導体が大きく振動する**ギャロッピング**現象が発生すると，導体が鉄塔などの支持物に接近したり，導体間が短絡したりする恐れがある．これを避けるために導体間に線間スペーサが用いられる場合がある．

雪もギャロッピング現象などを誘起する原因となる．導体の周囲に雪が厚く付着しないように，導体にリングや突起を付けるなどの難着雪対策を施す場合がある．一定の間隔で導体に取り付けられるプラスチック製の**難着雪リング**は，付着した雪が導体に沿って移動してリングのせん断力で雪を落下させる．雪の付着により導体断面の重心が移動するために導体がねじれ，雪がさらに付着することを防止する**カウンタウエイト**という錘（おもり）を導体に取りつける方法も用いられている．

2. 架　空　地　線

架空地線は導体を雷害から避けるために接地電位とした架空線で，鉄塔の最上部に設置される．これにより，雷は架空地線に落ちやすくなり，架空地線に落ちた雷電流は鉄塔を通して大地に流れ込むため，電力系統の事故を防ぐとともに，導体自体の損傷も防ぐことができる．架空地線の導体の素線は鋼線の周囲をアルミで被覆されたアルミ覆鋼線で，これをより合わせた**アルミ覆鋼より線**(aluminum coated steel conductor)などが用いられる．

中心部分に通信用の光ファイバが内蔵された**光ファイバ複合架空地線**(**OPGW**：OPtical fiber composition Ground Wire)は，発変電所間での各種のデータや制御信号，あるいは情報通信の伝送に使われている．大きな事故電流も流れる可能性があるので，光ファイバには耐熱性が要求される．

3. 鉄　　　　塔

導体を高所に設置するために**鉄塔**を用いる[注]．**図5.4**の例では導体が三相交流の2回線となっており，鉄塔の両側に三相(a相，b相，c相)の導体が1回線ずつ配置されている．500 kV送電線などでは，地上電界を低減するため各回線の相配置は**図5.4**のように逆順に配列されている．鉄塔は3回線以上の導体を支持する場合がある．500 kV送電線では鉄塔の高さが約80 mである．都市部などでは景観の点から環境調和形鉄塔が使われる場合もある．このほかに，えぼし形鉄塔，矩形鉄塔などがある．鉄塔から水平にアームが出ており，ここにがいし装置を取りつけて導体を固定・支持する．鉄塔は，コンクリート基礎で大地に固定し電気

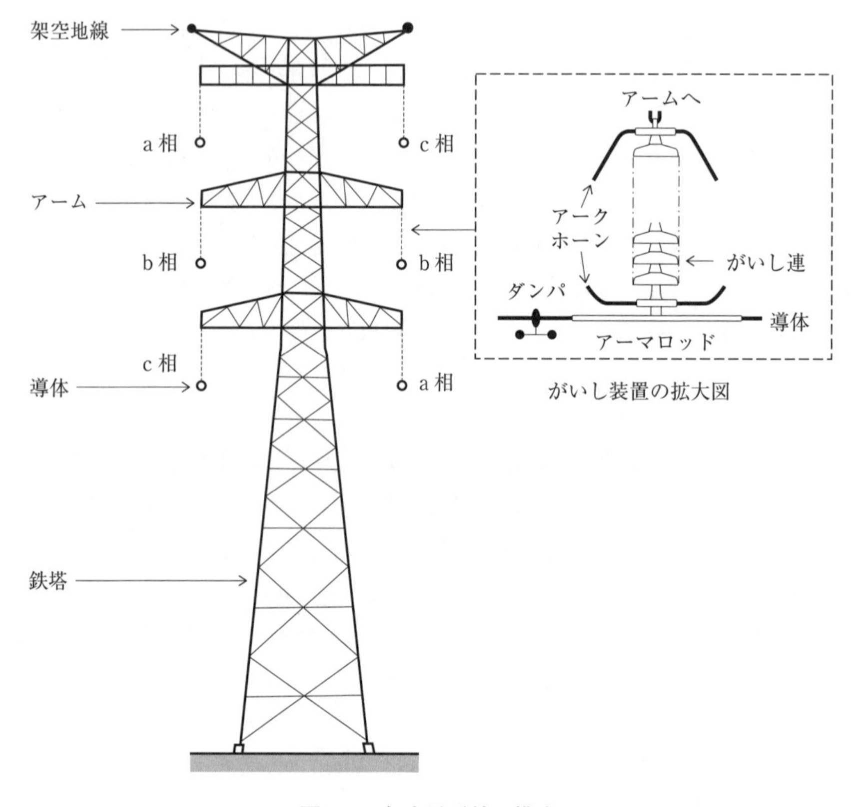

図5.4　架空送電線の構成

注）　本郷；「送電鉄塔の歴史」電気学会誌，118巻，5号，pp. 290(1998)

的には接地されており，雷電流が流れたときに鉄塔電位が上昇して電力系統の事故とならないよう，**接地抵抗**は極力小さくなるようにしている．

4. がいし装置

鉄塔に導体を固定する**がいし**装置は，磁器製の**懸垂がいし**，**長幹がいし**などで構成され注)，一部でポリマ製なども用いられている．多くの場合，多数の懸垂がいしを連結し所定の絶縁耐圧を得ている．がいしの連結数の例として，線間電圧500 kV では 28〜35 個，275 kV で 17〜24 個程度である．低い電圧階級では，線間電圧が 10 kV に対してがいし 1 個という目安で連結され，66 kV では 5〜7 個程度である．がいしの連結数は鉄塔の立地条件に関係しており，海塩や汚損物質に対する**耐汚損設計**により決まることが多い．なお，実際にがいしにかかる電圧は電線と大地間の相電圧であり，線間電圧 500 kV の場合 289 kV となる．

がいし装置の種類として，懸垂装置，V 吊懸垂装置，耐張装置がある．**図 5.4** のように鉄塔のアームから下に向かって垂直にがいし連を配置し，導体を支えるのが**懸垂装置**である．がいしを V 字形に配置しアームに取りつけて導体を支持するのが V 吊懸垂装置である．これらは導体を重力的に支えているが，導体に張力を加えて引っ張りながら支持するのが**耐張装置**である．この場合，鉄塔を境にして両側の導体はジャンパ装置で電気的に接続される．耐張装置は，送電線ルートの屈曲部や，直線ルートで懸垂装置が連続する場合に送電線の補強用に用いられる．がいしが導体を固定している支持点では，振動により電線に力が加わるので，導体の対象部分を覆って保護する**アーマロッド**や振動を抑制する**ダンパ**が装着される．

がいし装置には，その両端すなわち鉄塔と導体の間に**アークホーン**と呼ばれる金属製の電極が取りつけられている．落雷が生じたときには，がいし装置に大きな過電圧が加わる．このときがいし連の表面に沿って**アーク放電**が生じ，がいしを損傷する恐れがある．これを避けるため，アークホーンの間隔は，がいし連から離れた位置にあるアークホーン間でアークが放電する長さに設定する．また，アークホーンの間隔は，雷による過電圧では放電するが，短時間交流過電圧や開閉サージなど電力系統の内部で常時発生する過電圧では放電しない長さである必

注）入江；「送変電用がいし」電気学会誌，118 巻，4 号，pp. 230（1998）

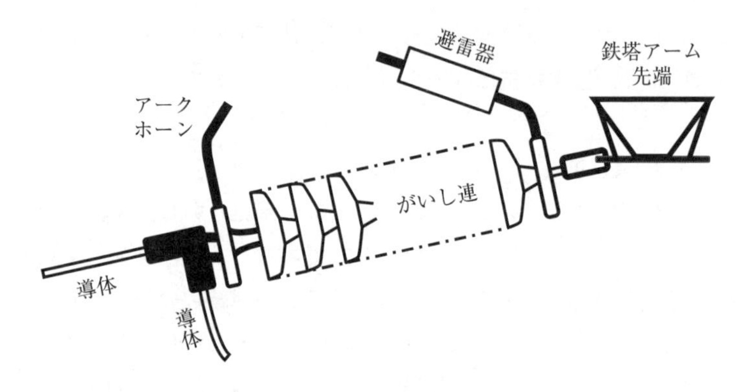

図 5.5　送電用避雷装置

要がある．以上から，アークホーンの間隔は，がいし連の長さに対して 75〜85 % 程度に設定される．アークホーンは，がいし装置近傍の電界を緩和してコロナ放電の発生を抑制する機能も具備している．

5. 送電用避雷装置

落雷によりがいし連に生じた過電圧を抑制するとともに続流を遮断して，系統事故を防止するのが**送電用避雷装置**である．**図 5.5** のように，酸化亜鉛素子の入った避雷器と，導体との間の気中直列ギャップが，がいし連に並列に構成され，装置全体を鉄塔アーム先端に接続する構造となっている．常時は直列ギャップで絶縁されているので避雷器自体には導体の電圧は加わっていない．落雷で過電圧が生じたときギャップ間にアーク放電が発生して，避雷器により過電圧を抑制するとともに，続流が遮断され放電が止まる．このようにして落雷前の状態に瞬時に復帰するので，系統事故を回避できる効果がある．

5.2.2 地 中 送 電 線

都市部の人口密集地，商業地区，高層ビル街では，架空送電線の立地は困難な場合が多い．そこで，地下に送電線を配置する**地中送電線**のネットワークが構築されている．地中送電線は架空送電線に比べて建設コストが高いものの，景観に支障がない，自然災害からの影響が少ない，感電事故の心配がない，などの特長がある．

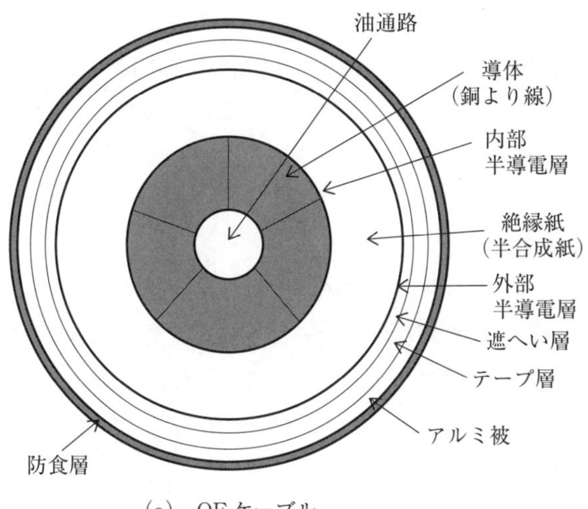

(a) OF ケーブル

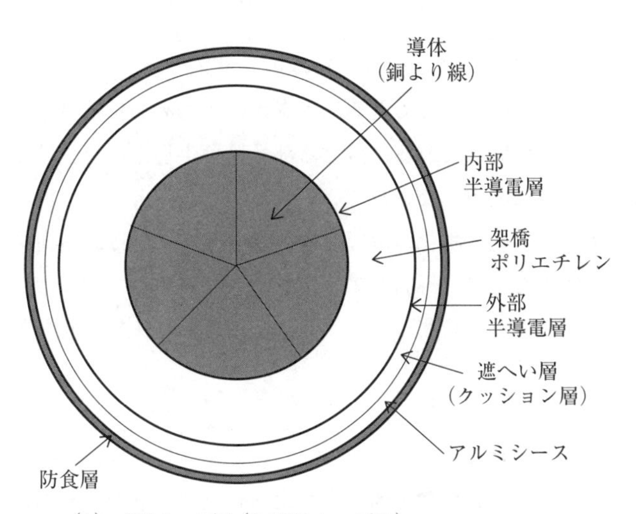

(b) CV ケーブル(CAZV ケーブル)

図 5.6　地中送電ケーブルの断面図

地中送電線に用いられるケーブルとして，**図 5.6** のように OF ケーブル(Oil Filled Cable)と CV ケーブル(Cross-linked Polyethylene Insulated Vinyl Sheath Cable)の二種類があり，どちらも国内では 500 kV までの電圧で使われている[注)]. 各ケーブルに生じる損失には，導体に流れる電流による**抵抗損**，架橋ポリエチレンの内部で発生する**誘電損**，周囲に巻かれたアルミシース内に流れる電流による**シース損**がある．絶縁された3本のケーブル導体を一体化したトリプレックス形ケーブルでは，常時は対称三相電流が流れているので周囲に磁界は発生せず，シース損失がほぼ発生しない．

1. OF ケーブル

OF **ケーブル**では，導体の周囲を何層も重ねた半合成紙で絶縁してアルミ層で覆い，内部に満たされている絶縁油がケーブル内を流動できるように通路が設けられている．ケーブルの端部には重力タンクあるいは圧力タンクを設け，油中に気泡が発生しないよう加圧している．OF ケーブルは油を使用しているため火災防止の対策がとられている．

2. CV ケーブル

CV **ケーブル**(架橋ポリエチレン絶縁ビニルシースケーブル)は，導体を架橋ポリエチレンで絶縁している．このため油圧をかけるための付帯設備が不要である．架橋ポリエチレンの外周部と導体に接する部分には半導電層を設けるなど，ケーブル断面の電界分布に配慮がなされている．

架橋ポリエチレンの絶縁劣化の原因となる**水トリー**と呼ばれる樹枝状の微小な亀裂の発生を避けるために，外周をアルミシースで遮水した架橋ポリエチレン絶縁アルミシースケーブル：CAZV ケーブルは，275 kV 以上の地中送電線に使われる．

3. 地中ケーブルの埋設

地中ケーブルの設置方式で代表的なものに，管路式と洞道式がある．**管路式**では，強化プラスチック管あるいは亜鉛メッキ鋼管の中にケーブルを格納して地下に埋設する．**洞道式**はケーブルを地下トンネルの中に敷設し，通信線・ガス・水道などと共同で使用する共同溝とする場合もある．設備の保守やケーブルの引き入れ・引き抜きなどの作業を行うための空間が，マンホールである．海外では防護した地中ケーブルを直接地中に埋設する直埋式が使われている．

注）　畑；「電力ケーブル技術の変遷」電気学会誌，121巻，2号，pp. 123(2001)

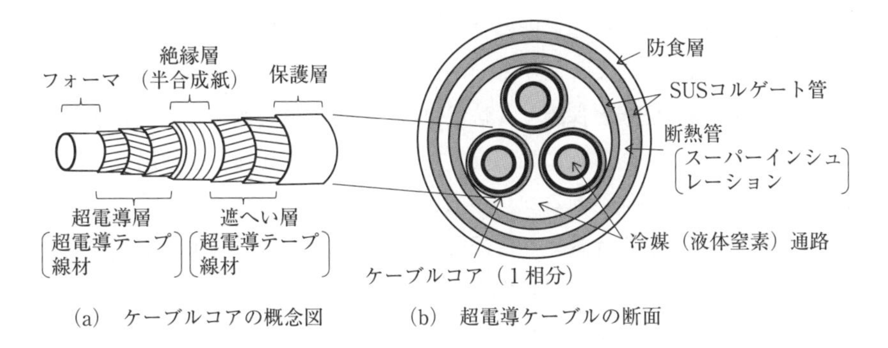

(a) ケーブルコアの概念図　　(b) 超電導ケーブルの断面

図 5.7 液体窒素冷却の超電導ケーブル

4. 新しいケーブル

沸点が77K(-196℃)の液体窒素で冷却される**超電導ケーブル**は，抵抗損がなく大電流を流すことができるので，コンパクトな大容量送電としての活用が考えられている．**図 5.7** は，テープ状の超電導線材と絶縁体などをフォーマの周囲に積層化してケーブルコアとし，三相分のコアの周囲を断熱管で囲んだ超電導ケーブルの構造を示している．すでに，66 kV 系統での実証試験が行われている．

5.3 変　　電　　所

変電所は，電力系統において送電線と送電線が接続される位置などに設置され，以下のような役割と種類があり，その機能を支える変圧器などの機器で構成されている．

5.3.1 変電所の役割

変電所は，以下のように電圧を制御するだけでなく，電力系統を運用するためのさまざまな役割を果たしている．

（1） **電圧の制御**　　変圧器のタップ切替や調相設備などにより無効電力を制御し，電圧が一定に保たれるようにする．

（2） **電力系統の切替**　　電力系統が適正に運用できるよう，送電線の接続を切り替える．

（3） **事故波及の防止**　　電力系統で事故が生じたとき，その影響が波及しないように保護リレーと遮断器により速やかに当該区間を切り離し，安定に送電が維持されるようにする．

（4）**電力系統の監視と保護**　送電線の電圧と電流を測定し，電力系統の状況を監視する．送電線に生じた事故や周波数の変化などを検出し，保護のための機器を動作させる．

（5）**異常電圧からの保護**　落雷などにより電力系統に発生する異常電圧を検出・抑制し，機器を保護する．

5.3.2 変電所の種類

変電所は，電圧，目的，設置場所により分類され，おおむね**図5.8**のようになっている．電圧階級や分類は，地域によって多少異なっている．変電所は，電力系統の中核地点に設置される**送電用変電所**と，需要地近くに設置される**配電用変電所**に大別される．

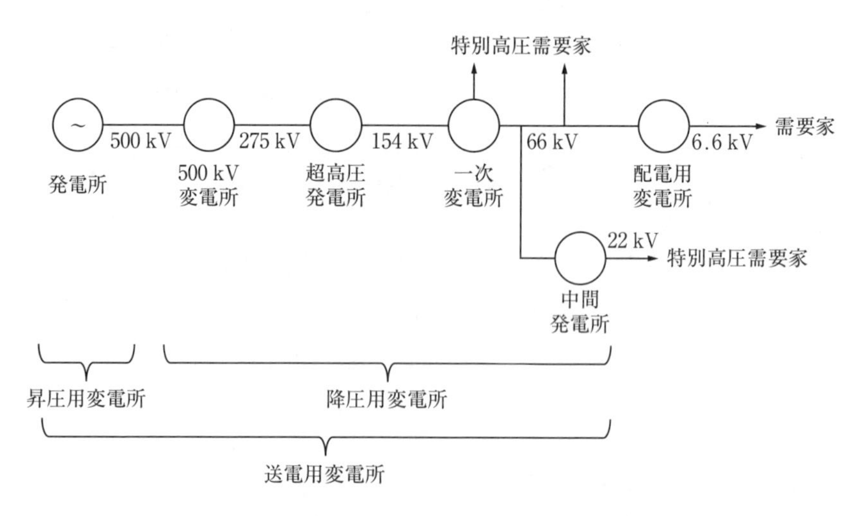

図5.8　電力系統における変電所の分類

送電用変電所は，発電所に設置される昇圧用変電所と電力系統に設置される降圧用変電所がある．降圧用変電所には電圧を目安として次の四種類がある．各変電所は，需要地に向けて電圧が段階的に低くなる送電線へ接続する拠点となる．大規模な変電所は屋外に設置されるが，需要が集中する都市部で用地の確保が困難な場合には，ビルあるいは公園などの地下に地下変電所として設置される．

（1）**500 kV 変電所**　500 kV 送電線の接続替えを行うとともに，275〜154 kV に降圧し送電する．

（2）**超高圧変電所**　275 kV 送電線の接続替えを行うとともに，154〜66 kV に降圧して送電する．

（3）**一次変電所**　154 kV 送電線の接続替えを行うとともに，鉄道・大規模の工場など特別高圧需要家への供給を行う．また 66 kV に降圧し，中間変電所，配電用変電所への送電や，工場などに供給する．

（4）**中間変電所**　66 kV 送電線の電圧を 22 kV に降圧し，工場やビルに供給する．

配電用変電所では，66 kV 送電線の電圧を配電線の電圧 6.6 kV などに降圧し，電力を需要地に供給する．

5.3.3　変電所を構成する主要な機器と設備

変電所は，**変圧器**，遮断器，調相設備，避雷器，計器用変成器，母線，保護リレー，通信設備で構成されている．**図 5.9** に，変電所の主な機器の構成イメージを示す．

1. 変　圧　器

変電所の送電用変圧器は電圧を降圧するために使われる．なお，主変圧器とも呼ばれる発電所用変圧器では，発電機の出力電圧 10〜30 kV を送電線の電圧である 154〜500 kV に昇圧する．変電所用の大容量変圧器は容量が最大 1 500 MVA であり，これまで単相変圧器 3 台で構成されていた．最近では，分解輸送して現地で再組み立てするので三相変圧器 1 台として構成できるようになり，変電所の縮小化に寄与している．

変圧器の主要な要素は，巻線，磁気回路をつくる鉄心，それらの容器となるタンク，および**絶縁油**である[注)]．

巻線は多数の導体素線を並列にしたものとし，電流密度は 300〜400 A/cm^2 程度である．鉄心は厚さ 0.35 mm の方向性ケイ素鋼帯を所定の大きさに裁断し積

注）白坂；「電力用変圧器技術の変遷」電気学会誌，120 巻，12 号，pp. 770（2000）

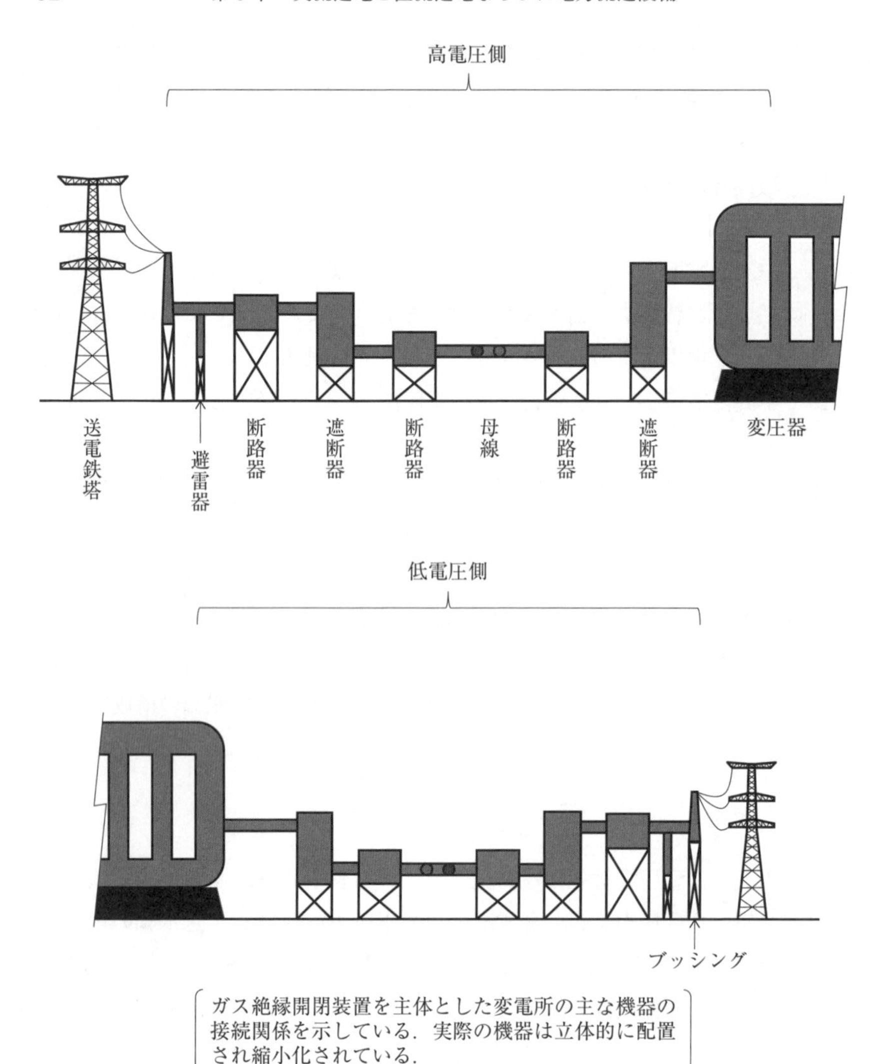

図5.9　変電所の主な機器の構成イメージ

層して形成される．鉄心と巻線の形状的な関係では，鉄心の外側に巻線を巻いた内鉄形と，巻線の周囲に鉄心を配置した外鉄形の2種類が使われる．一般に変圧器の一次巻線と二次巻線は別々に巻かれているが，二つの巻線の一部が共有して巻かれている**単巻変圧器**は小型化が可能で，500 kV/275 kV など**直接接地**系統の変圧器などに使用されている．

油入変圧器では，巻線と鉄心が冷却と絶縁のために鉱物油を入れたタンクの中に収容されている．油は水冷，風冷，あるいは自然冷却とする．鉱物油に代わり植物由来などのエステル結合を持つ絶縁油も検討されており，これらは生分解性・防災性などが高い特長を有している．絶縁油の代わりに，**SF_6 ガス**(六フッ化硫黄ガス)を用いた**ガス絶縁変圧器**がある．SF_6 ガスは不燃性で絶縁性能が高いので，防災設備の簡素化，本体寸法・重量の軽減，損失の低減などの特徴をもっている．

電力系統の電圧変化に対して，変圧器の出力電圧を変えるためにタップ切り替えが行われる．送電用変圧器では，運転中に切り替えられる**負荷時タップ切替装置**が使われている．発電所用変圧器でタップを固定して使用する場合には，電源から変圧器を切り離して電圧がゼロの状態で切り替える無電圧タップ切替装置が使われる．

変圧器の引き出し口には，次の三種類の形状がある．

（1） 屋外変電所の変圧器は，タンクから突き出た磁器製の**ブッシング**により絶縁を確保し，導体を気中に引き出して母線や送電線に接続する．

（2） 油タンクの内部で接続したケーブルにより外部に引き出す．

（3） ガス絶縁変圧器の導体を SF_6 ガスで絶縁された金属容器内で，後述するガス絶縁開閉装置などに接続する．

以上のような変圧器とは別に，二つの送電線を並列して使用するループ系統などにおいては，これらの間の潮流バランスを調整するために**移相変圧器**を用いることがある．移相変圧器では，送電線に直列に変圧器の二次巻線を挿入し，一次巻線の電圧を制御することにより変圧器二次側両端の電圧・位相を制御して，潮流バランスをとる．

2. 遮断器と断路器

遮断器と**断路器**は，役割がそれぞれ異なる**開閉器**である．高電圧が加わっている状態で電流を開閉する遮断器は，所内の機器を運転・停止するとき，送電線の接続を変更するとき，あるいは送電線や変電所で発生した事故部分を速やかに切り離すとき，使われる．遮断器は，通過する電流の中で最も大きい事故電流を遮断する能力が要求される．これは**定格遮断電流**と呼ばれ，第 11 章で説明するように**三相短絡電流**あるいは**一線地絡電流**のどちらか大きいほうの値で決まり，500 kV 系統では最大 63 kA までの事故電流を遮断可能な遮断器が用意されている．断路器は，電流が流れていないときに，各機器や送電線を物理的に他の部分から切り離し，接続を変更するために使われる．断路器には，負荷電流の遮断能力はない．負荷電流を開閉するものを**負荷開閉器**という．

遮断器で大電流を遮断するには，交流の電流が零となるときを利用してアークを消滅させるとともに，直後に発生する電圧で再点弧しないようにする必要がある．ここで，アークを消滅させることを**消弧**と呼ぶ．

後述するガス遮断器では，**図 5.11** の概念図で示すように，遮断器の可動電極が開極をはじめると，極間にアークが発生する．このアークにより，極間には**図 5.10** に示すアーク電圧が生じる．ガスをアークに吹き付けるなどしてアークのエネルギーを除去して消弧しやすくするので，電流が零に近づきアークに供給されるエネルギーが小さくなった直後において，電流が零になった時点で消弧する．消弧した後に極間には**図 5.10** のように，系統の交流電圧と系統のインダクタンスと静電容量による高周波の電圧が重畳した**過渡回復電圧**が発生する．この電圧で再点弧しないように，ガスの吹き付けなどにより極間の絶縁回復特性を高めている．絶縁が回復すると，極間には交流電圧が印加されるが，これを**回復電圧**と呼ぶ．以上が，ガス遮断器における交流大電流の遮断原理である．代表的な遮断器には，ガス遮断器，空気遮断器，真空遮断器があり，遮断原理はほぼ上記と同じである[注)]．

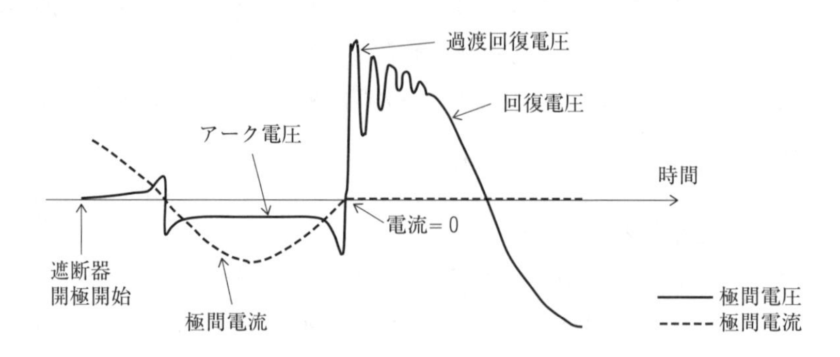

図 5.10　遮断器動作時の極間電圧・電流波形

注)　豊田：「電力用遮断器の技術変遷」電気学会誌，127 巻，9 号，pp. 607(2007)

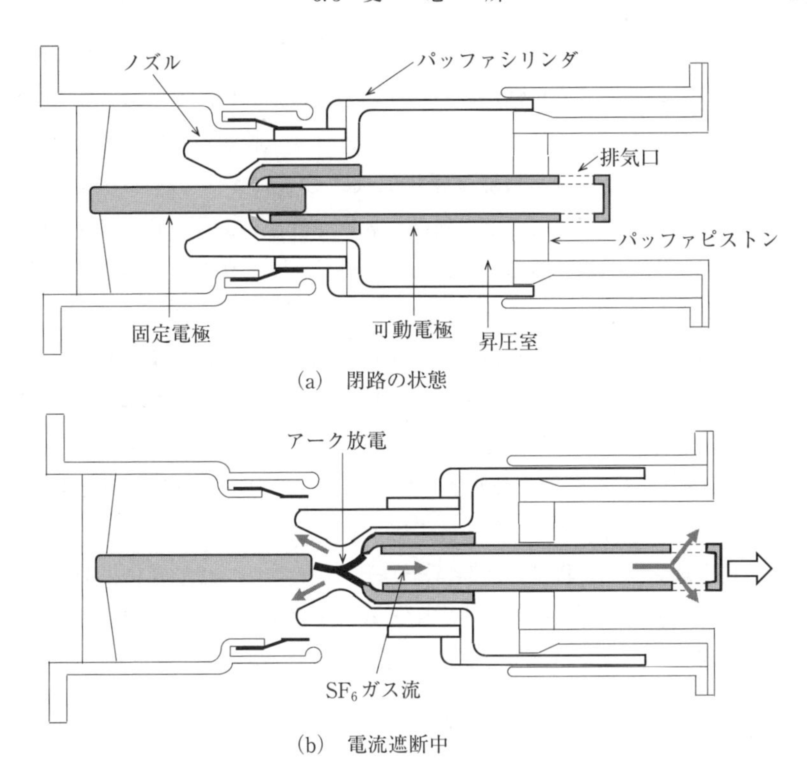

(a) 閉路の状態

(b) 電流遮断中

図 5.11 ガス遮断器の構造と動作の概念図

（1） **ガス遮断器**　**ガス遮断器**は，高電圧・大容量の電流開閉に適しており，変電所で広く採用されている．**図 5.11** に示すように，遮断部の全体は電気的に不活性で，消弧性能と絶縁耐力がそれぞれ空気の 100 倍および 3 倍である SF_6 ガスが充填された容器内に収められている．可動電極，ノズル，パッファーシリンダは一体となっており，電流を遮断する際には図の右側方向へ高速に移動する．このとき，パッファーシリンダ内の SF_6 ガスは圧縮されながらノズルから流出し高圧のガス流となり，生じたアークに吹き付け消弧させる．その後，極間の電圧は回復する．以上の動作により，電流が高速に遮断される．

ガス絶縁開閉装置（GIS：Gas Insulated Switchgear）はガス遮断器を核とし，変電所の母線など各機器を一体化して密閉した金属容器の中に収め，その中に 3〜5 気圧の SF_6 ガスを封入したものである．GIS の特徴として，変電設備の据え付け面積を縮小できること，高電圧部分が密閉容器内に収められているので安全性が高いこと，耐震性が高いこと，塩害など外界の影響を受けないので信頼性が高いこと，保守点検が容易なこと，などがあげられる．SF_6 ガスの地球温暖化係数は CO_2 に比べて約 25 000 倍も大きいので，内部の保守時などに外部へ放出されないよう回収・保存される．自然界にある窒素・酸素・CO_2 などを使った SF_6 代替ガスの開発も進められている．

（2）**空気遮断器**　**空気遮断器**は，圧縮空気による高速の空気流でアークを消滅させる．絶縁をとるため長尺の碍子を使うので耐震性が悪い，圧縮空気を動作させたときに大きな音が発生する，などの短所がある．空気遮断器は1980年代に製造が停止されているが，それまでに作られたものは現在でも使われている．

（3）**真空遮断器**　**真空遮断器**は，アークが真空中では急速に拡散し消弧することを利用したもので，中容量・低電圧の電流遮断に使われている．騒音が小さく，コンパクトである特長をもっている．

3. 調　相　設　備

進み，あるいは遅れの無効電力を発生して電圧を適正範囲に保持するのが，**調相設備**である．調相設備の多くは，変圧器の3次巻線に接続されるが，母線に直接接続される場合もある．

（1）**電力用コンデンサ**　電力需要が増加し電圧が低下したとき，**電力用コンデンサ**により無効電力を電力系統側に供給し，電圧が一定に維持されるようにする．アルミニウム箔と絶縁紙で構成したコンデンサ本体が絶縁油で満たされた金属製タンクに収められている．電力系統に投入するコンデンサ容量は，接続変更により段階的に変えられる[注)]．

（2）**分路リアクトル**　**分路リアクトル**は，電力系統から無効電力を吸収して，負荷が軽くなったときの電圧上昇を抑制する．分路リアクトルは鉄心と巻線とで構成されている．地中送電線のケーブルは静電容量が大きいため，これを補償するよう分路リアクトルを変電所の母線に接続して使用す

注）村岡；「進化する電力用コンデンサ」電気学会誌，117巻，6号，pp. 374(1997)

る場合がある．

（3） **同期調相機**　**同期調相機**は，無負荷の同期発電機を変圧器に接続して運転する．無負荷であるから，同期発電機の無効電力を表す式(2.13)において，$\delta=0$[rad]となり，$E_a>V$ のとき $Q>0$，$E_a<V$ のとき $Q<0$ となる．すなわち，重負荷で電圧が下がったときに，**界磁電流**を大きくして内部誘起電圧を高くすると，電力用コンデンサのように無効電力を発生し，電圧を上昇させることができる．一方，軽負荷で電圧が上がったときは，界磁電流を小さくすると，分路リアクトルのように無効電力を吸収し，電圧を下降させることができる．このように，同期調相機は界磁電流の増減により無効電力を連続的に発生・吸収できることに加えて，回転子の慣性(はずみ車効果)により電力系統の安定性を向上させる効果も期待できる．大容量機では，200 MVA の容量がある．

（4） **静止形無効電力補償装置**　**静止形無効電力補償装置**(SVC：Static Var Compensator)は，パワーエレクトロニクス技術を使って，無効電力を連続的に変化させて供給・吸収できる．上記(1)から(3)までの三種類の調相設備に比べて応答速度が速い特長がある．

他励式 SVC は，コンデンサ・リアクトル・サイリスタを組み合わせた回路により，コンデンサの開閉やサイリスタによるリアクトル電流の制御を行い，無効電力を供給・吸収する．自励式 SVC ではコンデンサやリアクトルを用いずに，パワーデバイスである GTO あるいは IGBT を使って無効電力を連続的に供給・吸収する．これらは **SVG**(Static Var Generator)，あるいは **STATCOM**(Static Synchronous Compensator)とも呼ばれている．

4. 避　雷　器

架空送電線への落雷あるいは回路の開閉により，過渡的な過電圧が発生する．この過電圧の波高値がある値を超えたとき，**避雷器**は，過電圧の大きさを制限して変電所内の機器が損傷しないようにするとともに，短時間に続流を遮断して元の状態に復帰させる[注)]．

注）　泉，白川；「避雷器の変遷」電気学会誌，122 巻，6 号，pp. 378(2002)

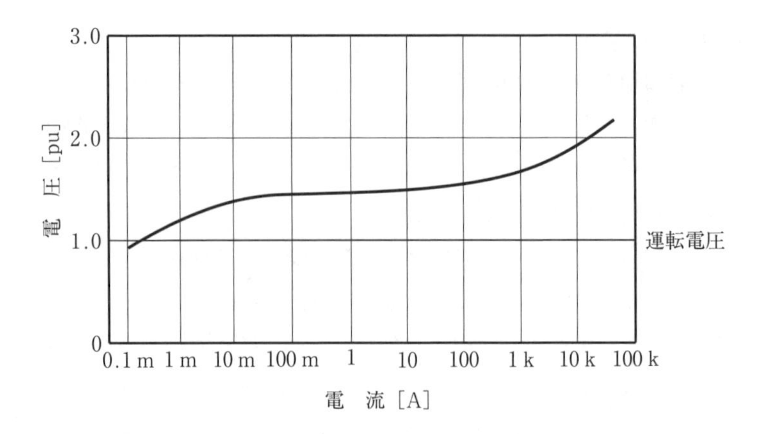

図 5.12　避雷器の電圧－電流特性の例

避雷器は，酸化亜鉛(ZnO)を主成分として，その他の金属酸化物を添加し焼結したセラミックス素子で構成される．電圧と電流との関係には強い非線形特性があり，その素子特性の例を**図 5.12** に示す．このため過電圧が加わっても，避雷器両端の電圧は運転電圧の約 1.5 倍程度に維持され，過電圧が制限される．用途ならびに**酸化亜鉛素子**の格納形状から，磁器がいし形避雷器，ポリマーがいし形避雷器，GIS 用のタンク形避雷器がある．

変電所の主要機器を保護するために，避雷器は変圧器の近くに設置されるだけでなく，送電線が変電所に接続される箇所にも設置して，変電所全体に過電圧が侵入しないようにしている．避雷器により過電圧の大きさが適正に制限されるので，変電所内の機器の絶縁レベルを低減でき，合理的な**絶縁協調**が実現できる．

5.　計器用変成器

変電所に接続されている高電圧・大電流の送電線の電圧・電流を測定するための機器が**計器用変成器**である．電圧は**計器用変圧器**(VT：Voltage Transformer)を，電流は**変流器**(CT：Current Transformer)を用いて計測される．変流器と計器用変圧器を一つにまとめた機器は，**計器用変圧変流器**(VCT)と呼ばれる．各測定値は保護リレーに入力される．

（1）　**計器用変圧器**　　計器用変圧器には，一次巻線が高電圧側，二次巻線が低電圧の測定側となる変圧器で構成される巻線形変成器と，静電容量を用いて分圧する容量分圧器がある．光 VT は，結晶のポッケルス効果を利用し，印加電界により生じる光偏波面の位相差を用いて電圧を測る方式である．

（2） **変流器**　変流器は，電流路の周囲に鉄心に巻いたコイルを置き，磁界によりコイルに誘起される電圧から電流を求める．光 CT は，磁界により光の偏波面が回転するファラデー素子を用いて電流を測る方式である．

光学的な方法を用いる光 VT と光 CT は，小型・軽量で，絶縁性が高く，電磁誘導による雑音障害の影響がないなどの特長がある．

6. 保護リレー

計器用変成器で計測された電圧・電流を用いて，送電線や変電所など電力系統の各構成要素の監視を行うのが**保護リレー**である．送電線の事故などを検出して信号を送り，遮断器を動作させる．変電所内だけでなく送電線を監視する上記の信号を伝送するための通信設備も設置されている．保護リレーの詳細については第 15 章で説明する．

7. 母　　線

変電所に接続されている送電線を一箇所に集め，接続を切り替えて別の変電所に電力を送るための配線設備が**母線**である．

母線には，変圧器や送電線をはじめ各機器が接続されるため，その結線方式により電力系統の信頼度，系統運用の自由度，運転・保守のやり方が大きく変わるので，系統構成と十分に協調のとれた方式とする必要がある．500 kV 変電所などでは，**図 5.13** のように信頼性が高く自由度が大きい**二重母線 4 ブスタイ方式**や，**1½ 遮断器方式**が用いられる場合がある．そのほかに二重母線，単母線などの方式がある．

5.4 配　　電　　線

5.4.1 配電線を構成する主要な機器と設備

最も一般的に使われている**配電線**の方式は，配電用変電所から電圧 6.6 kV で家庭などの一般需要家およびビルや工場などの大口需要家に向けて，架空線ある

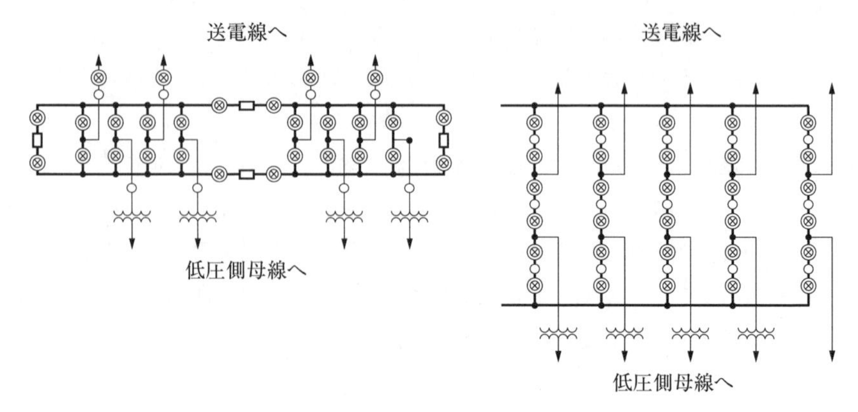

(a)　二重母線4ブスタイ方式　　(b)　1½遮断器方式

図5.13　500 kV 変電所などの主な母線方式

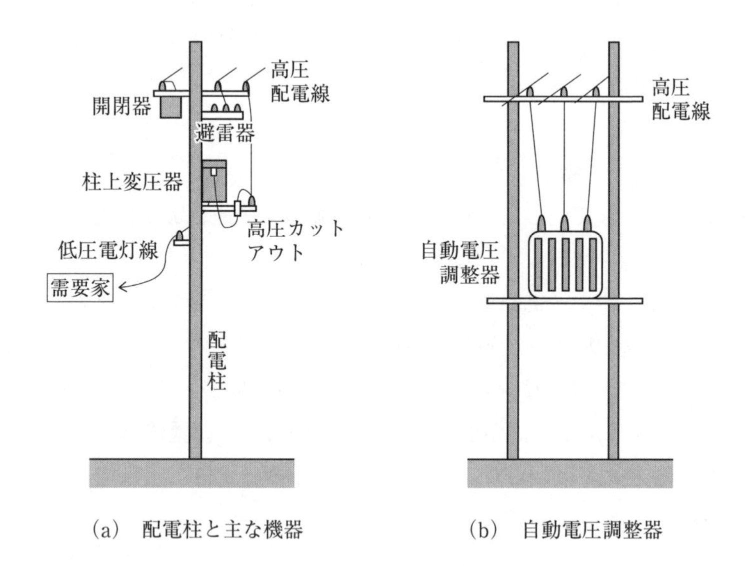

(a)　配電柱と主な機器　　(b)　自動電圧調整器

図5.14　配電線の主な柱上設備

いは地中線で配電される**樹枝状方式**である．樹枝状の幹線から分岐線により個々の需要家に供給される．その他，供給される需要家の種類や密度に応じて，**ループ方式**，**低圧バンキング方式**，**スポットネットワーク方式**などの配電線の方式が使われる．架空高圧配電線は電柱に設けられた各種の柱上設備を経て需要家に電力を送る．主な柱上設備は，配電線，**柱上変圧器**，**開閉器**，**避雷器**，**自動電圧調整器**である[注1)]．**図 5.14** に，主な柱上設備を示す．

配電変電所からの高圧電線は，ポリエチレン絶縁被覆（OE）された鋼心アルミより線あるいは銅線である．柱上変圧器により 200 V の低圧動力線と 100 V の低圧電灯線に分けて配電される．低圧電灯線は単相三線式であるので，200 V の電圧も得られるようになっている．低圧電線は，ビニル絶縁被覆（OW）された鋼心アルミより線あるいは銅線である．

各家庭で使用した電力量は，これまで機械式の電力量計が使われていたが[注2)]，電圧と電流のディジタル計測・処理により電力量を測り，かつ情報処理・通信機能を有し自動検針も可能な電力量計として**スマートメータ**が導入されている．

地中配電における高圧用（6.6 kV）地中ケーブルには，導体・絶縁体・シースから構成される単心の CV ケーブル 3 本を撚りあわせたトリプレックスケーブル（CVT）が使われる．

配電線は**区分開閉器**を用いて配電区間が分離できるようになっているとともに，他の配電線と連系できるようになっている．ある区間で事故が発生し停電した場合，広い領域に停電が波及する恐れがある．そこで，事故区間を区分開閉器により速やかに配電系統から切り離すと同時に，事故が生じていない区間に連系する系統から，連絡用開閉器を使って電気を自動的に供給できるようにするのが**配電自動化システム**である[注3)]．

配電線の電圧は柱上変圧器のタップを調整して，すべての需要家の引き込み口電圧が一定範囲内になるように設計している．また負荷が重い場合には，配電用変電所からの送り出し電圧を上げ，軽い場合には下げる運用を行っている．配電線が長い場合や，太陽光発電などの分散形電源による**逆潮流**がある場合には，このような対応だけでは電圧を一定範囲内に維持することができないので，**自動電圧調整器**を付加して対応する．逆潮流が需要家に流れる潮流より大きくなると，配電用変電所の低圧側から高圧側に向かって流れるバンク逆潮流となる場合も出てきたので，これも可能とする対策を講じている．

注 1）　岡；「配電技術の変遷」電気学会誌，121 巻，10 号，pp. 702（2001）
注 2）　高橋，小林；「電力量計の変遷」電気学会誌，117 巻，9 号，pp. 616（1997）
注 3）　小田切；「配電自動化の変遷」電気学会誌，129 巻，9 号，pp. 620（2009）

5.4.2　配電線と分散形エネルギー源

これからの配電線は，配電用変電所からの電力だけでなく，新しい電源などからの電力も扱うので，電力の流れは双方向となる．配電線には，再生可能エネルギー電源をはじめとしたさまざまな**分散形エネルギー源**（DER）が，電力系統への接続要件である電圧などの**グリッドコード**を遵守しつつ多数接続されるようになり，さまざまな機能が付加される．

第3章で説明した各種分散形電源はもとより，蓄電装置としての**電気自動車**も多数接続される．これはVehicle to Grid（V2G）と呼ばれている．太陽光発電システムなどを保有して，自らが発電者であり消費者でもある**生産消費者**（prosumer）が多数現われる．これらのDERは単独よりも多数をまとめて一体運用したほうがDER保有者も系統運用者も有利となることが多いので，DERをまとめて一定の発電電力を有する**仮想発電所**（VPP）と，これを運用する**アグリゲータ**が現われる．アグリゲータは**需給調整市場**に参加して**デマンドレスポンス**（DR）を行うなど，電力系統の安定運用に寄与することもできる．時々刻々変化する発電・消費に合わせて，**ブロックチェーン**などによる**P2P取引**の決済システムの構築が模索されている．

このようなシステムは，電気エネルギーだけでなく熱エネルギーシステムや交通システムなどとも連携して，エネルギーの有効利用だけでなく，さまざまな価値を生み出す．これらのDERは，高性能化した次世代**スマートメータ**や情報・通信システムを使って相互に接続され，目的にあわせた**エネルギーマネジメントシステム**によって最適に制御される．DERの出力を柔軟に変化させて配電線の混雑管理を行うシステムや市場も構築される．出力を柔軟に変化させ混雑管理や需給調整ができる能力は，**デマンドサイドフレキシビリティ**と呼ばれる．送電線が送電系統運用者（TSO）により運用されるように，今後，配電線も**配電系統運用者**（DSO：Distribution System Operator）の役割が明確になる．以上のような新しい取り組みを促進させるため，配電線を新たな事業者に譲渡または貸与する配電事業ライセンス制度や，アグリゲータのライセンス制度が整備される．

このように，配電線と分散形エネルギー源を中心として，新しいシステムを構築するために，さまざまな取り組みが行われている．これらにより，電気の供給線としての役割を担ってきた配電線は，これまでにないさまざまな価値を生み出す．

単　位　法

電力系統における解析では，電圧・電流・電力が変数として使われる．インピーダンス・アドミタンスなどの定数も用いられる．変圧器により電圧が昇降されるため，両端の送電線は電圧が異なっている．このような電力系統について，上記の変数や定数を使用する際に，物理的な単位を使わずに共通の単位に統一できれば，解析が容易となる．そのための方法である単位法を本章で説明する．

6.1　電力に関するさまざまな定義

三相同期発電機の起電力を考える．以下では，電圧と電流は各相の振幅が等しく，各相の位相がそれぞれ $2\pi/3$ rad(120°) 異なる**対称三相交流**であるとする．電線と大地間の**相電圧**$(\dot{E}_a, \dot{E}_b, \dot{E}_c)$は，

$$\dot{E}_a = E,\ \ \dot{E}_b = a^2E,\ \ \dot{E}_c = aE \tag{6.1}$$

である．ここで，$a = e^{j2\pi/3} = -j\,1/2 + j\sqrt{3}/2$ で，$a^2 + a + 1 = 0$ である．

図 6.1 で示す発電機の端子間に現れる**線間電圧** V と相電圧の関係は，**図 6.2** から，

$$\dot{V}_{ab} = \dot{E}_a - \dot{E}_b = \sqrt{3}\dot{E}_a e^{j\pi/6}$$
$$\dot{V}_{bc} = \dot{E}_b - \dot{E}_c = \sqrt{3}\dot{E}_b e^{j\pi/6}$$
$$\dot{V}_{ca} = \dot{E}_c - \dot{E}_a = \sqrt{3}\dot{E}_c e^{j\pi/6}$$

であり，線間電圧 $\dot{V}_{ab}$ は相電圧 $\dot{E}_a$ に対して，振幅が $\sqrt{3}$ 倍で，位相が $\pi/6$ だけ進んでいる．

一相分の相電圧に負荷を接続し，遅れ位相 φ の電流 $\dot{I} = Ie^{-j\varphi}$ が流れているとき，

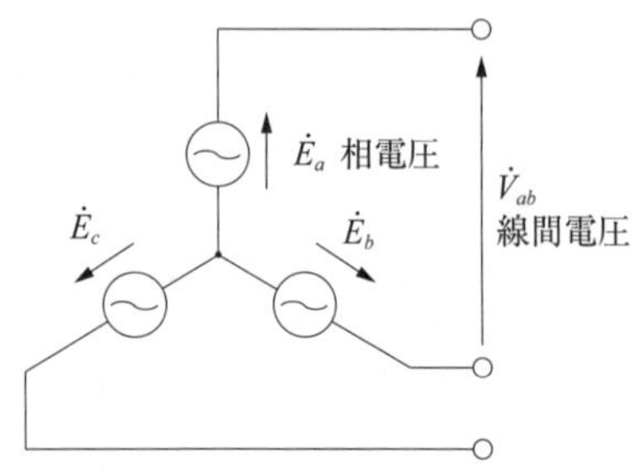

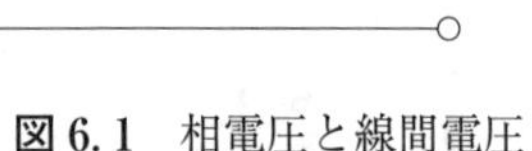

図 6.1　相電圧と線間電圧

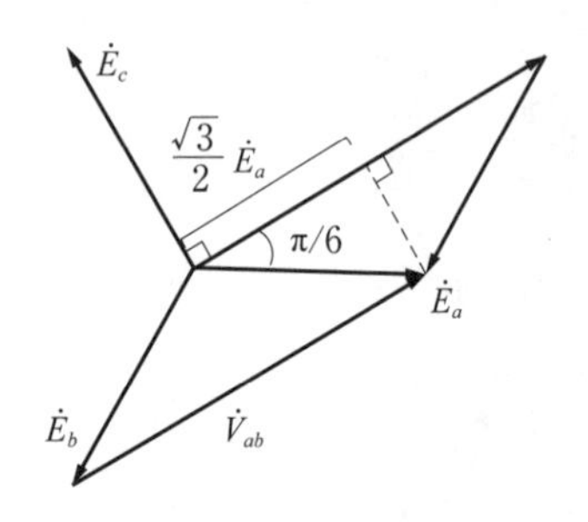

図 6.2　相電圧と線間電圧のフェーザ図

有効電力は，抵抗に加わる電圧(電流と同位相)と電流の積となり，負荷において仕事として消費される．無効電力は，インダクタンスや静電容量に加わる電圧(電流に対して位相が$\pm\pi/2$進んでいる)と電流の積となり，その時間平均値は零で，負荷におけるエネルギー消費は零となる．

一相分について考え，電流$\dot{I}$の複素共役をとったものを$\bar{I}$で表すと，

$$\dot{S} = \dot{E}\bar{I} = \dot{E}Ie^{j\varphi} = EI(\cos\varphi + j\sin\varphi) \equiv P + jQ \tag{6.2}$$

となる．$\dot{S}$は**ベクトル電力**と呼ばれ，$\dot{S}$の実部が**有効電力**，虚部が**無効電力**となる．ベクトル電力は**複素電力**とも呼ばれる．S[VA]は**皮相電力**，P[W]は有効電力，Q[Var]は無効電力，$\cos\varphi$は**力率**，φは力率角である．力率が大きく1に近いほど，発電機から供給される皮相電力のうち有効電力として消費される割合が大きくなる．$\varphi>0$すなわち$Q>0$で遅れ電流となる負荷を**誘導性負荷**，$\varphi<0$すなわち$Q<0$で進み電流となる負荷を**容量性負荷**，$\varphi=Q=0$すなわち無効電力の出入りがない負荷を**抵抗負荷**と呼んでいる．電力系統では電動機などの誘導性負荷が多い．

三相全体のベクトル電力$\dot{S}'$は相電圧と線間電圧の関係から，

$$\dot{S}' = 3\dot{E}\bar{I} = \sqrt{3}\,VI(\cos\varphi + j\sin\varphi) \tag{6.3}$$

となる．

6.2　単位法による回路パラメータの表示とその意味

発電所から需要家に電力が送られてくる間には変電所が設置され，送電線の電圧は区間により異なっている．変圧比が$1:n$の変圧器において，一次側から見

た二次側のインピーダンスは $1/n^2$ 倍に換算しなくてはならないので，このままでは変圧器を多く含む電力系統の計算は煩雑となる．そこで電圧や電力など回路パラメータそれぞれに**基準値**を定め無次元化して，系統解析を行うときに電圧や変圧比の換算をしないですむ方法が用いられる．これが**単位法**である．

まず，対称**三相回路**のうち一相分を考える．**単相回路**の場合も同様である．相電圧 E[V]，電流 I[A]，一相分の皮相電力 S[VA]，インピーダンス Z[Ω]，アドミタンス Y[S]を，単位法では，E_{pu}[p.u.]，I_{pu}[p.u.]，S_{pu}[p.u.]，Z_{pu}[p.u.]，Y_{pu}[p.u.]のように表す．有効電力と無効電力の基準値は，皮相電力と同じ基準値を用いる．したがって，以下においては上記いずれの電力の基準値も，単に電力の基準値と記述する．

はじめに相電圧の基準値を E_B，一相分電力の基準値を S_B とすると p.u. 値は，

$$E_{pu} = \frac{E}{E_B}, \qquad S_{pu} = \frac{S}{S_B} \tag{6.4}$$

となる．電圧の基準値は相電圧，電力の基準値は機器の一相分の容量や電力系統の代表的な値とする．E_B と S_B を決めれば，他の回路パラメータの基準値もそれぞれ添え字 B で表せば，

$$I_B = \frac{S_B}{E_B}, \qquad Z_B = \frac{E_B}{I_B} = \frac{{E_B}^2}{S_B}, \qquad Y_B = \frac{1}{Z_B} \tag{6.5}$$

として求められ，p.u. 値は，

$$I_{pu} = \frac{I}{I_B}, \qquad Z_{pu} = \frac{Z}{Z_B}, \qquad Y_{pu} = \frac{Y}{Y_B}$$

となる．すなわち，各回路パラメータの p.u. 値は，各基準値で規格化された相対値となり，無次元化されている．

次に，三相回路を考える．電圧の基準値として線間電圧 V_B を選べば，$V_B = \sqrt{3}E_B$ であるので，式(6.4)から p.u. 値は，

$$V_{pu} = \frac{V}{V_B} = \frac{\sqrt{3}E}{\sqrt{3}E_B} = E_{pu}$$

となり，単位法表示では電圧は一相分も三相回路も同一の値となる．また，三相回路の電力の基準値を $S'_B = 3S_B$ とすれば，式(6.4)から p.u. 値は，

$$S'_{pu} = \frac{S'}{S'_B} = \frac{3S}{3S_B} = S_{pu}$$

となり，単位法表示では，電力の一相分も三相回路も同一の値となる．さらに式(6.5)より電流の基準値 I'_B は，

$$I'_B=\frac{S'_B}{\sqrt{3}\,V_B}=\frac{\dfrac{S'_B}{3}}{\dfrac{V_B}{\sqrt{3}}}=\frac{S_B}{E_B}=I_B \tag{6.6}$$

である．同様にインピーダンスの基準値 Z'_B は，

$$Z'_B=\frac{{V_B}^2}{S'_B}=\frac{\left(\dfrac{V_B}{\sqrt{3}}\right)^2}{\dfrac{S'_B}{3}}=\frac{{E_B}^2}{S_B}=\frac{E_B}{I_B}=Z_B \tag{6.7}$$

となる．アドミタンスも同様に $Y'_B=Y_B$ となる．

以上から，

（1） 単位法では，電圧の基準値として，対称三相回路の一相分は相電圧を，対称三相回路は線間電圧を設定する．また，電力の基準値として対称三相回路の一相分は一相分の電力を，対称三相回路は三相分の電力をそれぞれ設定する．これにより，電流，インピーダンス，アドミタンスの基準値は，対称三相回路の一相分と対称三相回路で同一の値となる．

（2） 対称三相回路の一相分・対称三相回路とも，電圧，電力の p.u. 値は同一の値となる．また，一相と三相で電流[A]，インピーダンス[Ω]，アドミタンス[S]は同一であるから，電流，インピーダンス，アドミタンスの p.u. 値も一相と三相で同一の値となる．

（3） 対称三相回路においては，単位法で表した一相分・三相分の関係式，および[V]や[VA]など物理単位系を用いて表した一相分の関係式が同一となる．

電力工学では理論計算をする際に，簡単のために対称三相回路の関係式は物理単位系を用いた一相分の関係式で表すことが多い．この場合，上記(3)から，この物理単位系を用いて表した一相分の関係式は，単位法を用いて得られる対称三相回路の関係式と同一の形となっている．

6.3　変圧器の単位法表示

図6.3に示す変圧器を考える．変圧器の主磁束をつくる励磁電流は，機器本体

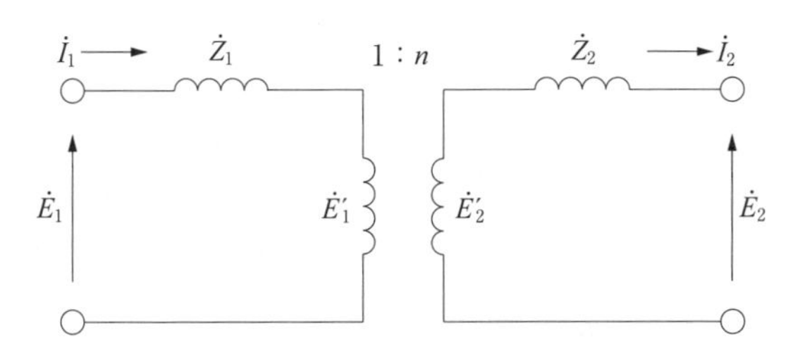

図6.3　変圧器

を検討対象とする場合以外は無視できるほど小さいので，ここでは励磁回路は省略する．一次側と二次側それぞれの電圧と電流の関係は，

$$\dot{E}_1 = \dot{Z}_1\dot{I}_1 + \dot{E}_1', \qquad \dot{E}_2' = \dot{Z}_2\dot{I}_2 + \dot{E}_2$$

である．$\dot{Z}_1$，$\dot{Z}_2$ はそれぞれ，一次側，二次側の**漏れインピーダンス**である．ここで，一次巻線と鎖交するが二次巻線とは鎖交しない磁束によるインピーダンスを一次側の漏れインピーダンス，反対側を二次側の漏れインピーダンスという．**理想変圧器**部分の変圧比が $1:n$ であるから，

$$\frac{E_2'}{E_1'} = n, \qquad \frac{I_2}{I_1} = \frac{1}{n}$$

となり，$\dot{E}_1$ と $\dot{E}_2$ それぞれについて解くと，

$$\dot{E}_1 = \left(\dot{Z}_1 + \frac{1}{n^2}\dot{Z}_2\right)\dot{I}_1 + \frac{\dot{E}_2}{n}, \qquad \dot{E}_2 = n\dot{E}_1 - (n^2\dot{Z}_1 + \dot{Z}_2)\dot{I}_2$$

ここで，$\dot{Z}_{12} = \dot{Z}_1 + \dfrac{1}{n^2}\dot{Z}_2$ と，$\dot{Z}_{21} = (n^2\dot{Z}_1 + \dot{Z}_2)$ は，それぞれ一次側，二次側に換算したインピーダンスである．

インピーダンスの基準値は $Z_B = \dfrac{E_B^2}{S_B}$ であるので，単位法表示したとき，一次側に換算したインピーダンスは，

$$\dot{Z}_{12pu} = \left(\dot{Z}_1 + \frac{1}{n^2}\dot{Z}_2\right) \cdot \frac{S_B}{E_{1B}'^2} \tag{6.8}$$

二次側に換算したインピーダンスは，

$$\dot{Z}_{21pu} = (n^2\dot{Z}_1 + \dot{Z}_2) \cdot \frac{S_B}{E_{2B}'^2} \tag{6.9}$$

となる．$E_{2B}' = nE_{1B}'$ であるから，

$$\dot{Z}_{12pu} = \dot{Z}_{21pu} \tag{6.10}$$

$\dot{Z}_{12pu}$，$\dot{Z}_{21pu}$ は**変圧器インピーダンス**であり，単位法で表せば一次側に換算しても二次側に換算しても同じ値となる。また，理想変圧器の電圧については，

$$\dot{E}_{1pu}' = \frac{\dot{E}_1'}{\dot{E}_{1B}'} = \frac{\dfrac{\dot{E}_2'}{n}}{\dfrac{\dot{E}_{2B}'}{n}} = \dot{E}_{2pu}' \tag{6.11}$$

と表されるので，単位法では一次側電圧と二次側電圧は等しくなる．電流については，

$$\dot{I}_{2B} = \frac{\dot{I}_{1B}}{n}$$

$$\dot{I}_{1pu} = \frac{\dot{I}_1}{\dot{I}_{1B}} = \frac{n\dot{I}_2}{n\dot{I}_{2B}} = \dot{I}_{2pu} \tag{6.12}$$

と表されるので，単位法では，変圧器の一次電流と二次電流も等しくなる．

以上から，単位法で表すと，変圧器の一次側，二次側の電圧，電流は等しくなるので，誘導結合部分である理想変圧器を変圧比で換算する必要はなく，単純なインピーダンスで表されることになる．

なお，**p.u. 値**で表したインピーダンス Z_{pu} を 100 倍して表した値を**パーセントインピーダンス** %Z と表すが，どちらを使うかは習慣の違いであり，本質的には同じものである．電圧，電流や電力についても同様である．

6.4　パーセントインピーダンスと基準値の変換

発電機や変圧器には，それぞれの定格値が表示された銘板がある．ここには機器のパーセントインピーダンス %Z_T が記載されている．このパーセントインピ

ーダンス $\%Z_T$ は，インピーダンス Z をその機器の**定格容量** S'_T，**定格電圧** E_T(定格電流は I_T)を基準値として表した値である．これを自己容量ベースのパーセントインピーダンスという．三相容量と線間電圧の定格値を，それぞれ S'_T，V_T とおくと，

$$\%Z_T = \frac{ZI_T}{E_T} \times 100 = \frac{ZS'_T}{V_T^2} \times 100 \tag{6.13}$$

任意の基準電圧 V_B，基準三相容量 S'_B とおくと，パーセントインピーダンス $\%Z_B$ は，

$$\%Z_B = \frac{ZS'_B}{V_B^2} \times 100$$

となるので，定格値から定めた $\%Z_T$ と新たな $\%Z_B$ との関係は，

$$\%Z_B = \%Z_T \cdot \frac{S'_B}{S'_T} \cdot \left(\frac{V_T}{V_B}\right)^2 \tag{6.14}$$

電力系統は，容量の異なる発電機，変圧器，送電線などさまざまな機器が接続されている．このような場合は，個々の機器のパーセントインピーダンス(**自己容量ベース**のパーセントインピーダンス)ではなく，その電力系統特有の定格容量，定格電圧を基準値にとる(**系統容量ベース**とする)ことにより，それぞれの機器や送電線が同じ基準値のインピーダンスで表され，それらを電力系統に従って接続すれば，変圧器の変圧比を介在させることなくインピーダンスマップが完成する．このために，式(6.14)を使い自己容量ベースを系統容量ベースに変換することが，電力系統解析においてきわめて有効となる．なお，機器容量の基準値を**基準容量**と呼ぶこともある．

6.5　電力系統とパーセントインピーダンス

例として，発電機，変圧器，送電線からなる**図 6.4** のような系統モデルを考える．括弧内に示す電圧と容量はいずれも定格値である．各機器は定格電圧を考え，基準容量 1 000 MVA で統一すると，それぞれの機器のパーセントインピーダンスは，

$$\text{発電機}；95 \times \frac{1\,000}{360} = 263.9\quad\%$$

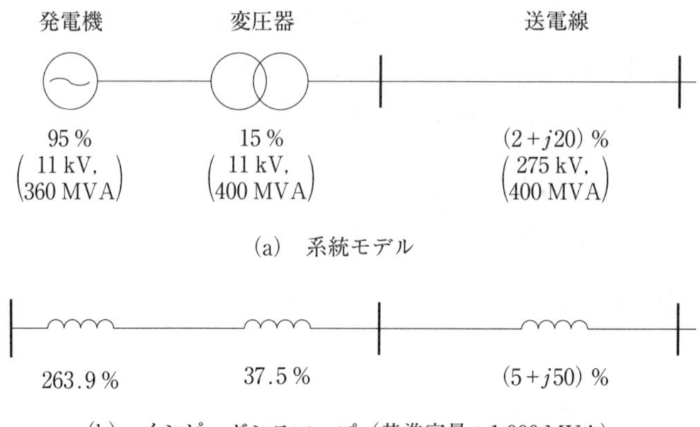

図6.4 電力系統のインピーダンスマップの例

$$\text{変圧器；}15\times\frac{1\,000}{400}=37.5\quad\%$$

送電線は抵抗とリアクタンス部分に分けて，

$$2\times\frac{1\,000}{400}+j20\times\frac{1\,000}{400}=5+j50\quad\%$$

以上から，この系統の全インピーダンスは，$(5+j351.4)$ % である．p.u. 値で表せば，$(0.05+j3.514)$ p.u. となる．

6.6 三相短絡電流

三相短絡電流 I_{Spu} とは，系統に三相短絡事故が発生したときに，事故点に流れる事故電流である．このとき発電機の電圧は1.0 p.u. であり，事故点電圧は0 p.u. である．したがって，三相短絡電流を I_S [A]，単位法の電流基準値を I_n [A]，発電機と事故点間のパーセントインピーダンスを %Z とすると，

$$\frac{100}{\%Z}=I_{Spu}=\frac{I_S}{I_n}$$

となる．すなわち，インピーダンスマップを作成し，ある点のパーセントインピーダンスの逆数を計算すると，その点での三相短絡電流を求めることができる．

三相短絡電流は，パーセントインピーダンスが小さいほど大きくなり，電力系

統が大規模になるほど大きくなる．三相短絡電流が大きくなると，より高い**定格遮断電流**の遮断器など機器の高耐量化や，通信線への誘導障害防止対策の拡大などが必要となる場合がある．これをできる限り抑制するために，以下のような対策をとる．

・系統や母線を分離して，事故点から見たインピーダンスを下げる．

・変圧器，発電機などを高インピーダンス化する．

・直流連系して，両側の交流系統を分離する．

・より高い電圧階級を導入して，下位の電圧階級の系統を分割する．

なお，電力系統における最大の事故電流に関しては，第11章で説明する．

6.7　単位法の利点

以上で説明したように，単位法に基づく電力系統のパーセントインピーダンス表示は，電力系統解析を行ううえで次のような利点がある．

・三相交流回路でも単相回路として扱える．

・インピーダンスマップは一相分も三相分も同じとなる．

・容量や電圧などが無次元化されているので，計算に便利である．

・変圧器の基準値を一次側電圧，二次側電圧に選べば，誘導結合による一次，二次の変換が不要となるので，インピーダンスマップを描くのが容易になる．

・同種の機器では容量が多少異なっても，パーセントインピーダンスはほぼ同一となるので，詳細な値が不明でも標準値を使うことができる．

・インピーダンスマップから，ある点から電源側を見たパーセントインピーダンスを算出すれば，三相短絡電流が容易に求められる．

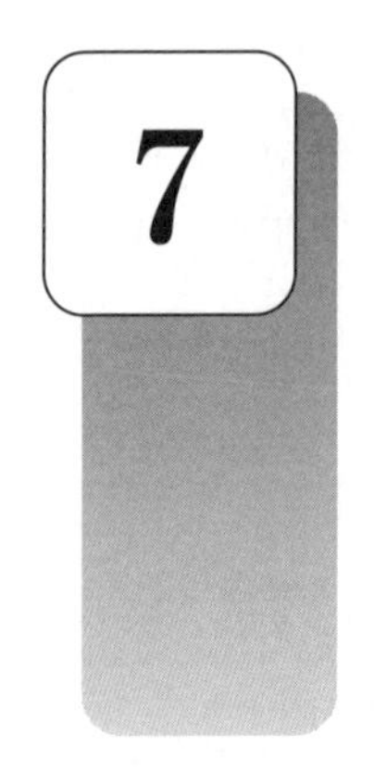

電力系統の等価回路

電力系統は，電源である発電所，電圧を下げたり電力の流れである**電力潮流**を制御したりする変電所，電力を送る送電線などから構成され，最終的に電力が需要家に供給される．これは大規模な電気回路と考えられ，電力の送電特性は，電気回路の解析と同様な方法により定量的に扱える．本章では，電力系統を電気回路としてどのように扱うか，について説明する．なお，変電所を構成する変圧器については，単位法の説明に合わせて第6章で取り扱っている．

7.1　送電線の等価回路

電力を送る送電線の電気的特性は，電圧変化，電力損失，送受電する電力に深く関係する．電力を長距離にわたって送る送電線は，短距離送電線では無視できるほど小さい送電線の静電容量，ならびにがいし表面の漏れ電流やコロナ放電に起因するコンダクタンスも考慮した**分布定数回路**となる．

分布定数回路とした送電線について，単位長さ当りの抵抗を R'，インダクタンスを L'，コンダクタンスを G'，静電容量を C' とおくと，単位長さ当りのインピーダンス $\dot{z}$ と，アドミタンス $\dot{y}$ は次式で表される．

$$\left.\begin{aligned}\dot{z} &= R' + j\omega L' \\ \dot{y} &= G' + j\omega C'\end{aligned}\right\} \tag{7.1}$$

なお，送電線の抵抗，インダクタンス，コンダクタンス，静電容量は，線路定数と呼ばれる．上式を**図 7.1** のように送電線の長さ dx の部分について考えると，$\dot{z}dx$，$\dot{y}dx$ となるので，高次の微小量を無視すれば電圧と電流の関係は，

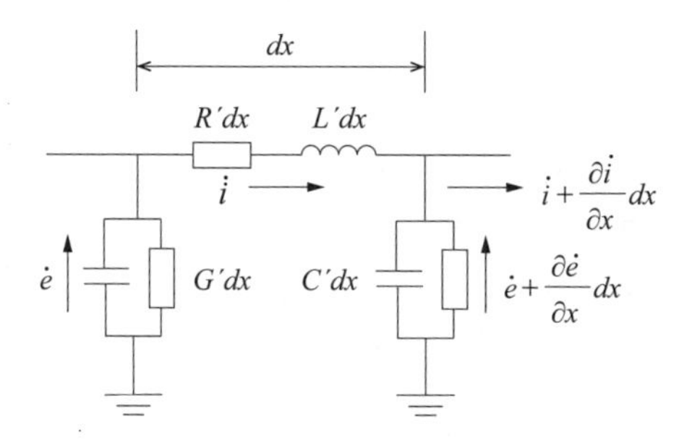

図 7.1 送電線の等価回路

$$\left.\begin{aligned} \dot{e} &= \dot{i}\dot{z}dx + \dot{e} + \frac{\partial \dot{e}}{\partial x}\ dx \\ \dot{i} &= \dot{e}\dot{y}dx + \dot{i} + \frac{\partial \dot{i}}{\partial x}\ dx \end{aligned}\right\} \tag{7.2}$$

であるので整理すると，

$$\left.\begin{aligned} \dot{i}\dot{z} + \frac{\partial \dot{e}}{\partial x} &= 0 \\ \dot{e}\dot{y} + \frac{\partial \dot{i}}{\partial x} &= 0 \end{aligned}\right\} \tag{7.3}$$

これから電圧 $\dot{e}$ と電流 $\dot{i}$ に関する方程式，

$$\frac{\partial^2 \dot{e}}{\partial x^2} = \dot{z}\dot{y}\dot{e} \tag{7.4}$$

$$\frac{\partial^2 \dot{i}}{\partial x^2} = \dot{z}\dot{y}\dot{i} \tag{7.5}$$

が得られる．位置 x における電圧 $\dot{E}(x)$，電流 $\dot{I}(x)$ と時間的変化 $e^{j\omega t}$ を考慮すると，上式の一般解は，

$$\left.\begin{aligned} \dot{e} &= \dot{E}(x)e^{j\omega t} \\ \dot{i} &= \dot{I}(x)e^{j\omega t} \end{aligned}\right\} \tag{7.6}$$

で表される．これを式(7.4)と式(7.5)に代入して解き，**伝搬定数**を $\dot{\gamma} = \sqrt{\dot{z}\dot{y}}$，積分定数を $\dot{K}_1$ および $\dot{K}_2$ とおくと，位置 x における電圧と電流は，

$$\dot{E}(x) = \dot{K}_1 e^{\dot{\gamma}x} + \dot{K}_2 e^{-\dot{\gamma}x} \tag{7.7}$$

$$\dot{I}(x) = -\sqrt{\dot{y}/\dot{z}}\,(\dot{K}_1 e^{\dot{\gamma}x} - \dot{K}_2 e^{-\dot{\gamma}x}) \tag{7.8}$$

となる．

7.1.1　送受電端の電圧と電流

送電線の送受電端を含めて考えるとき，**図7.2**で示すように位置x=0の送電端で電圧を$\dot{E}_s$，電流を$\dot{I}_s$とし，x=lの受電端ではそれぞれを$\dot{E}_r$，$\dot{I}_r$とおく．送電端の電圧$\dot{E}_s$と電流$\dot{I}_s$は既知とすると，式(7.7)と式(7.8)から，

$$\dot{E}_s = \dot{K}_1 + \dot{K}_2 \tag{7.9}$$

$$\dot{I}_s = -1/\dot{Z}_W(\dot{K}_1 - \dot{K}_2) \tag{7.10}$$

ここで，$\dot{Z}_W = \sqrt{\dot{z}/\dot{y}}$は**サージインピーダンス**である．したがって，積分定数は，

$$\dot{K}_1 = \frac{1}{2}(\dot{E}_s - \dot{Z}_W \dot{I}_s)$$

$$\dot{K}_2 = \frac{1}{2}(\dot{E}_s + \dot{Z}_W \dot{I}_s)$$

となる．

図7.2　送受電端の電圧と電流

以上の関係から，送電端からの位置xにおける電圧$\dot{E}(x)$と電流$\dot{I}(x)$の関係式は，

$$\dot{E}(x) = \dot{E}_s \cosh \dot{\gamma}x - \dot{Z}_W \dot{I}_s \sinh \dot{\gamma}x \tag{7.11}$$

$$\dot{I}(x) = -\frac{\dot{E}_s}{\dot{Z}_W}\sinh \dot{\gamma}x + \dot{I}_s \cosh \dot{\gamma}x \tag{7.12}$$

で表される．上式にx=lを代入すれば，受電端における電圧$\dot{E}_r$と電流$\dot{I}_r$の関係式は，

$$\dot{E}_r = \dot{E}_s \cosh \dot{\gamma}l - \dot{Z}_W \dot{I}_s \sinh \dot{\gamma}l \tag{7.13}$$

$$\dot{I}_r = -\frac{\dot{E}_s}{\dot{Z}_W}\sinh \dot{\gamma}l + \dot{I}_s \cosh \dot{\gamma}l \tag{7.14}$$

となり，これは**伝搬方程式**と呼ばれる．

送電線を四端子回路として考えると，次のように表される．

$$\begin{bmatrix}\dot{E}_s\\ \dot{I}_s\end{bmatrix}=\begin{bmatrix}\cosh\dot{\gamma}l & \dot{Z}_W\sinh\dot{\gamma}l\\ (1/\dot{Z}_W)\sinh\dot{\gamma}l & \cosh\dot{\gamma}l\end{bmatrix}\begin{bmatrix}\dot{E}_r\\ \dot{I}_r\end{bmatrix} \tag{7.15}$$

これが，送受電端の電圧と電流との関係を示す一般式である．さらに，四端子定数を用いて表すと，

$$\begin{bmatrix}\dot{E}_s\\ \dot{I}_s\end{bmatrix}=\begin{bmatrix}\dot{A} & \dot{B}\\ \dot{C} & \dot{D}\end{bmatrix}\begin{bmatrix}\dot{E}_r\\ \dot{I}_r\end{bmatrix} \tag{7.16}$$

ここで，$\dot{A}=\dot{D}=\cosh\dot{\gamma}l$，$\dot{B}=\dot{Z}_W\sinh\dot{\gamma}l$，$\dot{C}=(1/\dot{Z}_W)\sinh\dot{\gamma}l$，$\dot{A}\dot{D}-\dot{B}\dot{C}=1$ である．

7.1.2　短距離送電線の等価回路

一般形である式(7.15)では扱いが煩雑となるが，送電線の長さにより近似的な等価回路におきかえれば解析的に扱える．送電線の長さ l が数十 km 程度までの場合，静電容量とコンダクタンスは無視できるので，等価回路として**図 7.3** のように考えてよい．

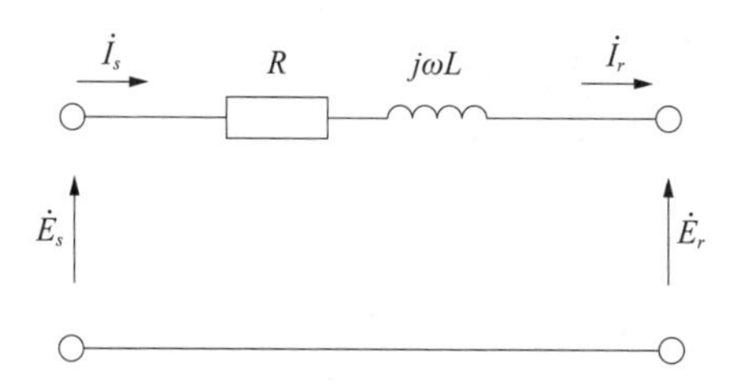

図 7.3　短距離送電線の等価回路

図 7.3 では，送電線の抵抗が $R=R'l$，インダクタンスが $L=L'l$ であるので，送受電端の電圧と電流の関係は，

$$\dot{I}_s=\dot{I}_r,\quad \dot{E}_s=\dot{E}_r+(R+j\omega L)\dot{I}_r$$

となり四端子回路としては，

$$\begin{bmatrix}\dot{E}_s\\ \dot{I}_s\end{bmatrix}=\begin{bmatrix}1 & R+j\omega L\\ 0 & 1\end{bmatrix}\begin{bmatrix}\dot{E}_r\\ \dot{I}_r\end{bmatrix} \tag{7.17}$$

で表される．ここで，$\dot{A}=\dot{D}=1$，$\dot{B}=R+j\omega L$，$\dot{C}=0$ である．

7.1.3　中距離送電線の等価回路

送電線の長さが数10〜100 km程度になると，静電容量が無視できなくなり，**図7.4**に示す等価回路で近似して扱う．コンダクタンスは，がいし表面の漏れ電流やコロナ放電が顕著な場合以外は，無視することが多い．

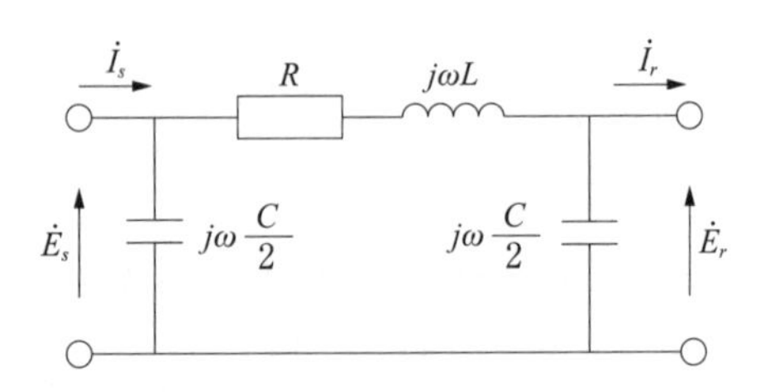

図7.4　中距離送電線の等価回路

図7.4で，静電容量を $C=C'l$，送電線のインピーダンスを $\dot{Z}=R+j\omega L$，およびアドミタンスを $\dot{Y}=j\omega C$ とおくと回路方程式は，

$$\dot{E}_s=\dot{Z}\left(\dot{I}_s-\dot{E}_s\frac{\dot{Y}}{2}\right)+\dot{E}_r \tag{7.18}$$

$$\dot{I}_s-\dot{E}_s\frac{\dot{Y}}{2}=\dot{E}_r\frac{\dot{Y}}{2}+\dot{I}_r \tag{7.19}$$

となり両式は，

$$\begin{bmatrix}\dot{E}_s\\ \dot{I}_s\end{bmatrix}=\begin{bmatrix}1+\dot{Z}\frac{\dot{Y}}{2} & \dot{Z}\\ \left(1+\dot{Z}\frac{\dot{Y}}{4}\right)\dot{Y} & 1+\dot{Z}\frac{\dot{Y}}{2}\end{bmatrix}\begin{bmatrix}\dot{E}_r\\ \dot{I}_r\end{bmatrix} \tag{7.20}$$

としても表される．ここで，$\dot{A}=\dot{D}=1+\dot{Z}\dot{Y}/2$，$\dot{B}=\dot{Z}$，$\dot{C}=(1+\dot{Z}\dot{Y}/4)\dot{Y}$ である．

具体例として，周波数50 Hz，送電電圧275 kV，TACSR610 mm^2 の2導体，長さ100 kmの送電線を考える．長さ1 km当りのインピーダンスは $\dot{z}=0.024+j0.308$ Ω/km，アドミタンスは $\dot{y}=j3.64$ μS/kmである．このとき送電線の四端子定数を，基準電圧275 kV，基準容量100 MVAとして単位法表示で求めてみよう．

いま，送電線の長さが100 kmなので，インピーダンスとアドミタンスは，

$$\dot{Z}=(0.024+j0.308)\times 100=2.4+j30.8 \quad \Omega$$

$$\dot{Y} = j3.64 \times 10^{-4} \quad \text{S}$$

である．両者を単位法で表すと，

$$\dot{Z}_{pu} = \frac{2.4 + j30.8}{(275 \times 10^3)^2 / 100 \times 10^6} = 0.003 + j0.041 \quad \text{p.u.}$$

$$\dot{Y}_{pu} = j0.275 \quad \text{p.u.}$$

となり四端子定数は，

$$\dot{A} = \dot{D} = 1 + \frac{\dot{Z}\dot{Y}}{2} = 0.994 + j0.413 \times 10^{-3} \quad \text{p.u.}$$

$$\dot{B} = \dot{Z} = 0.003 + j0.041 \quad \text{p.u.}$$

$$\dot{C} = \left(1 + \frac{\dot{Z}\dot{Y}}{4}\right)\dot{Y} = -0.567 \times 10^{-4} + j0.274 \quad \text{p.u.}$$

として求められる．

7.1.4　送電線のインダクタンスと静電容量

ここでは，送電線に対称三相電流が流れたときのインダクタンスと，対称三相電圧が印加されたときの静電容量について説明する．

1.　送電線のインダクタンス

電流 I が流れていると，その周囲にできる単位長さ当りの磁束は $\varphi = LI$ となり，比例定数 L がインダクタンスである．このインダクタンスは単位長さ当りの値で表される．三相電力を送る送電線の1回線では，3本の導体から構成される．そこで，**図7.5**のように，**対称三相電流** $\dot{I}_a$，$\dot{I}_b$，$\dot{I}_c$ が流れている**架空送電線**のインダクタンスを考える．a 相の送電線に鎖交する磁束 $\dot{\varphi}_a$ は，L_s を**自己インダクタンス**，および b 相と c 相の電流が作る磁束が a 相の電流と鎖交するときの**相互インダクタンス**を L_{ab} と L_{ac} とおくと，

$$\dot{\varphi}_a = L_s \dot{I}_a + L_{ab} \dot{I}_b + L_{ac} \dot{I}_c \tag{7.21}$$

となる．なお，$L_{ij} = L_{ji}\ (i, j = a, b, c)$ である．

上式の左辺を $\dot{\varphi}_a = L\dot{I}_a$ としたときのインダクタンス L は，対称三相電流が流れたとき，すなわち平常時の a 相のインダクタンスであり，**作用インダクタンス**と呼ばれる．ここで，相互インダクタンスを $L_{ab} = L_{ac} = L_m$ とおくと，対称三相電流であるので，

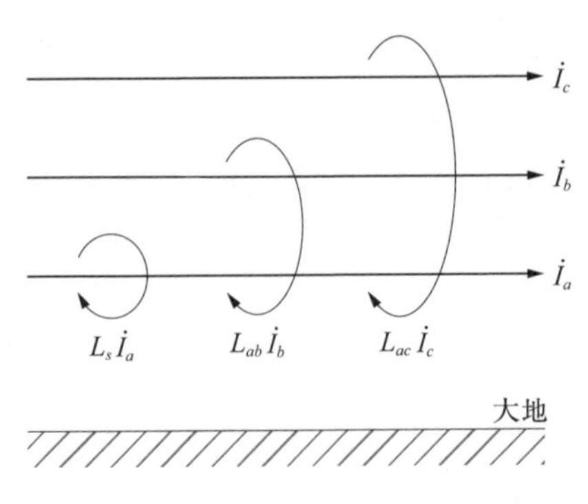

図 7.5　a 相の導体に鎖交する磁束

$$\dot{\varphi}_a = L_s\dot{I}_a + L_m a^2\dot{I}_a + L_m a\dot{I}_a = (L_s - L_m)\dot{I}_a \tag{7.22}$$

となる．すなわち，作用インダクタンスは $L = L_s - L_m$ となる．ここで，$a = e^{J2\pi/3}$ である．

このように平常時の送電線のインダクタンスとは，自己インダクタンスと相互インダクタンスを用いて上式のように表される作用インダクタンスのことである．自己インダクタンスは大地を流れる帰路電流を考慮しなければならない．大地内の電流分布は複雑であるので，自己インダクタンスを求めるには実測が必要である．送電線のインダクタンスは，導体径・導体数と，各相間の線間距離すなわち電圧階級，により決まる．代表的な送電線のインダクタンスの値を**表 7.1** に示す．

表 7.1　送電線のインダクタンス・静電容量の代表的な値

送電線電圧 [kV]	導体構成	インダクタンス [mH/km]	静電容量 10^{-3}[μF/km]
500	TACSR810 mm^2×4 導体	0.87	12.9
275	TACSR610 mm^2×2 導体	0.98	11.6
154	TACSR610 mm^2×単導体	1.27	9.1

2.　送電線の静電容量

電圧が異なる導体や大地の間には静電容量が生じる．三相の架空送電線において，**図 7.6** のように，大地と導体間の静電容量を C_s，および導体間の静電容量を

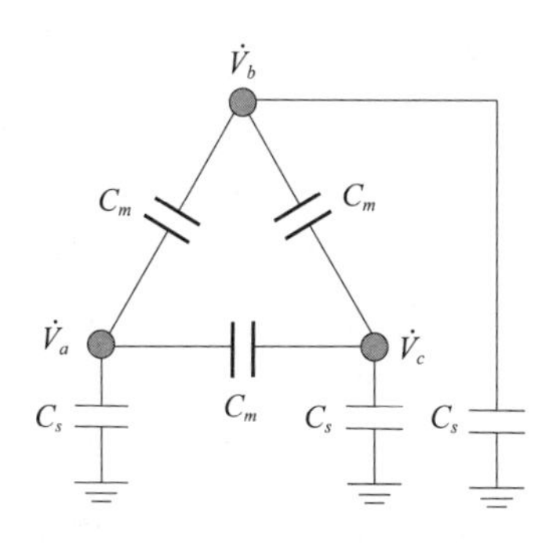

図 7.6　三相導体の静電容量

C_m とおく．これらの静電容量はいずれも単位長さ当りの値である．いま，送電線に**対称三相電圧** $\dot{V}_a$，$\dot{V}_b$，$\dot{V}_c$ が加わっているときには，$\dot{V}_a+\dot{V}_b+\dot{V}_c=0$ であるので，a 相の送電線の単位長さ当りの電荷量 $\dot{Q}_a$ は，

$$\dot{Q}_a = C_s\dot{V}_a + C_m(\dot{V}_a - \dot{V}_b) + C_m(\dot{V}_a - \dot{V}_c) = C_s\dot{V}_a + 3C_m\dot{V}_a \qquad (7.23)$$

となる．上式の左辺を $\dot{Q}_a = C\dot{V}_a$ としたときの静電容量 C は，対称三相電圧が加わったとき，すなわち平常時の a 相の静電容量であり，**作用静電容量**と呼ばれ，

$$C = C_s + 3C_m \qquad (7.24)$$

となる．

このように平常時の送電線の静電容量とは，大地と導体間の静電容量と導体間の静電容量を用いて，式(7.24)のように表される作用静電容量のことである．送電線の静電容量は導体の空間的配置から計算で求められ，導体径・導体数と，各相間の線間距離すなわち電圧階級，により決まる．代表的な送電線の静電容量の値を**表 7.1** に示す．

なお，地中送電線に使われるケーブルでは，同心円状に配置された導体・絶縁体・大地電位の金属シース層から構成されているので，各部分の寸法がわかれば計算により作用静電容量が求められる．ケーブルは架空送電線にくらべると静電容量が大きい．

7.2　発電機送電端の等価回路

火力発電所などの集中形電源では三相同期発電機で発電した電力は，発電所内の**昇圧変圧器**により最高で500 kVに昇圧し，送電線に接続される．発電機送電端の回路は**図7.7(a)**のように発電機と昇圧変圧器を含めて考える．昇圧変圧器は一次側が**Δ結線**，二次側が中性点で接地された**Y結線**である．発電機送電端における変圧器二次側の端子電圧 $\dot{E}_s$ と電流 $\dot{I}$ との関係について，三相交流における**Δ－Y変換**および発電機と変圧器を含む回路の取り扱いの理解を深めるために，電気回路の視点から解析的に導出し，等価回路を求める．

変圧器はΔ－Y結線で，変圧比が $1:n$ であり，一次巻線と二次巻線の**漏れインピーダンス**をそれぞれ $\dot{Z}_L$，$\dot{Z}_H$ とし，変圧器の二次側電圧を $\dot{E}$ とする．発電機の**内部誘起電圧**は $\dot{E}'_g$，インピーダンスは $\dot{Z}'_g$ である．

変圧器の一次側はΔ結線であるので，まず，計算しやすいようにY結線に変換する．電気回路におけるΔ－Y変換の方法を用いると，**図7.7(b)**のようにΔ結線されたインピーダンス $\dot{Z}$ をY結線にしたとき，インピーダンスは $\dot{Z}'=\dot{Z}/3$ となる．そこで，Y結線の a 相の電圧 $\dot{E}_a$ は，Δ結線の ab 間の電圧 $\dot{E}_{ab}$ の $1/\sqrt{3}$ 倍で，位相が $\pi/6$ 遅れた電圧として，

$$\dot{E}_a = \frac{1}{\sqrt{3}}\dot{E}_{ab}e^{-j\pi/6} \tag{7.25}$$

と表される．同様に，変圧器一次側のY結線の a 相の電流 $\dot{I}_a$ は，Δ結線の ab 間の電流を $\dot{I}_{ab}$ として，

$$\dot{I}_a = \sqrt{3}\,\dot{I}_{ab}e^{-j\pi/6}$$

となる．b 相，c 相の電圧，電流についても同様に表すことができる．

以上のように変圧器の一次側をΔ－Y変換すると，**図7.7(a)**の回路は，発電機，変圧器一次側，中性線から構成される**図7.8**の回路として表すことができる．**図7.8**には a 相のみ詳細に示した．このとき，変圧器一次側をY結線に変換したので一次側インピーダンスは $\dot{Z}_L/3$ であり，一次側の電圧 $\dot{E}_a$ は，二次側の電圧 $\dot{E}$ と変圧比から定まる $\dot{E}_{ab}=\dot{E}/n$ を用いて，式(7.25)から $\dot{E}_a=(\dot{E}/n)e^{-j\pi/6}/\sqrt{3}$ である．電流は $\dot{I}_{ab}=nI$ なので，この回路に関する回路方程式は，

$$\dot{E}'_g = \left(\dot{Z}'_g + \frac{\dot{Z}_L}{3}\right)\sqrt{3}\,n\dot{I}e^{-j\pi/6} + \frac{\dot{E}e^{-j\pi/6}}{\sqrt{3}\,n} \tag{7.26}$$

である．上式を整理すると，

$$\sqrt{3}\,n\dot{E}'_g e^{j\pi/6} = (3\dot{Z}'_g + \dot{Z}_L)n^2\dot{I} + \dot{E} \tag{7.27}$$

となる．

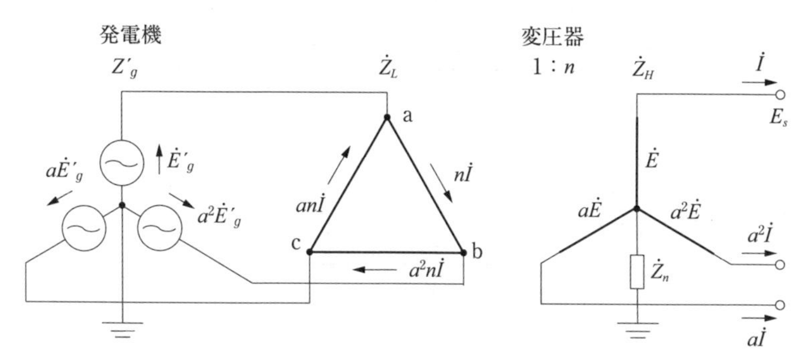

(a)　発電機の内部誘起電圧 E_g と変圧器二次側の端子電圧 E_s

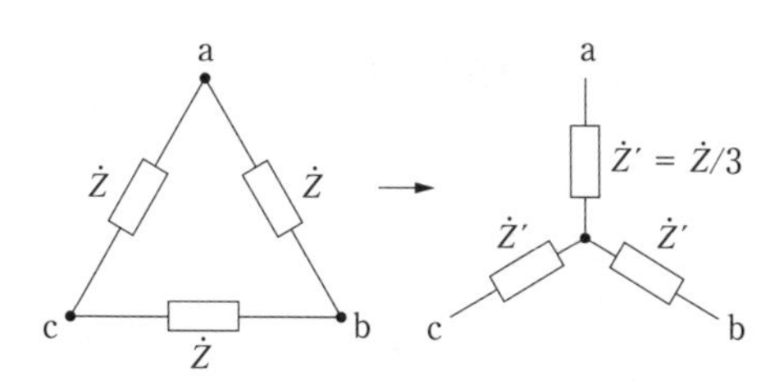

(b)　Δ形回路からY形回路への変換

図7.7　送電端における発電機とΔ−Y結線の変圧器

変圧器二次側からみた発電機の**内部誘起電圧**を $\dot{E}_g$，インピーダンスを $\dot{Z}_g$ とおき，Δ−Y結線の変圧器で一次側を二次側に変換すると，

$$\left.\begin{aligned}\dot{E}_g &= \sqrt{3}\,n\dot{E}'_g e^{j\pi/6}\\ \dot{Z}_g &= 3n^2\dot{Z}'_g\end{aligned}\right\}\qquad(7.28)$$

である．上式の $e^{j\pi/6}$ は，Δ−Y結線の変圧器に $\pi/6$ rad(30°) の位相差があることを表している．式(7.28)を式(7.27)に代入すると，

$$\dot{E}_g - \dot{Z}_g\dot{I} - n^2\dot{Z}_L\dot{I} = \dot{E}\qquad(7.29)$$

の形に整理される．二次側電圧 $\dot{E}$ と送電端電圧 $\dot{E}_s$ との関係は，$\dot{E}_s = \dot{E} - \dot{Z}_H\dot{I}$ であるので上式は，

$$\dot{E}_s = \dot{E}_g - (\dot{Z}_H + n^2\dot{Z}_L)\dot{I} - \dot{Z}_g\dot{I}\qquad(7.30)$$

注)　本書中の図における電気用図記号は，原則としてJIS C 0617に準拠している．ただし，一つの図中に配線が接続せず交差している箇所(＋)がある場合には，誤解が生じないよう，他の接続点(├や┌など)に接続を明示する記号(•)を付記した．

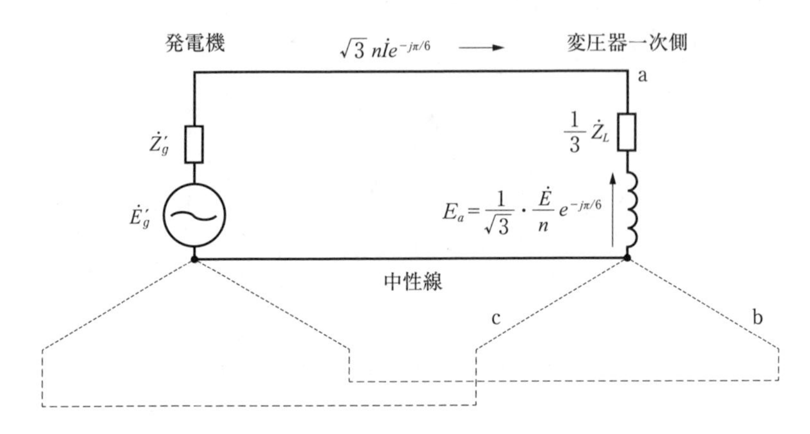

図 7.8　発電機と変圧器一次側の a 相における回路

となる．二次側に換算した**変圧器インピーダンス** $\dot{Z}_t$ は，$\dot{Z}_t = \dot{Z}_H + n^2 \dot{Z}_L$ であるので，送電端の電圧は，

$$\dot{E}_s = \dot{E}_g - (\dot{Z}_t + \dot{Z}_g)\dot{I} \tag{7.31}$$

と表すことができる．上式から，発電機送電端からみた等価回路は**図 7.9** のようになる．

上式は，**図 7.7(a)** の回路を送電端からみたとき，発電機の内部誘起電圧と，発電機と変圧器のインピーダンスを，変圧器の二次側に変換して解析的に導出したものであり，Δ－Y結線の変圧器に $\pi/6$ rad（30°）の位相差も考慮している．一方，第6章で説明した単位法を使って式(7.31)と同様の関係式が得られるが，こちらは上記のΔ－Y結線の位相差を考慮していない．しかし，電圧・電流とも $\pi/6$ rad（30°）の位相差であり，電圧と電流の位相関係は変化がないので，ループ系統でΔ－Y結線の変圧器を用いる場合などを除いて，この位相差を省略して議論する場合が多い．

以上から，一般的には単位法を使用した方が簡便に解を得られるため，これを用いて計算することが多いが，電気回路の物理現象としては，変圧器のΔ－Y結線を考慮した式(7.25)から式(7.31)で導出される関係になっていると整理できる．

なお，発電機から送電線を経て受電端までの等価回路は，**図 7.10** のように表すことができる．図には系統の**単線結線図**も示した．

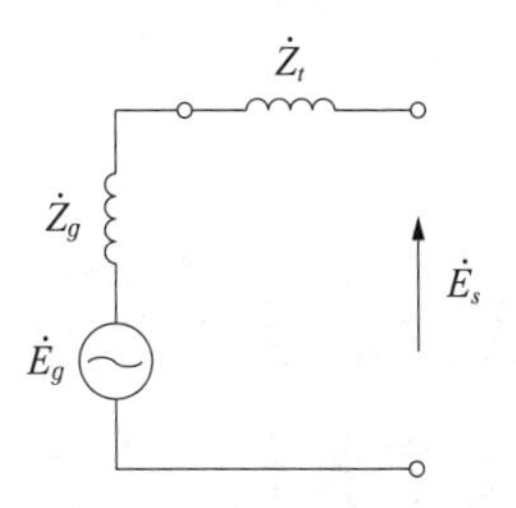

図 7.9　発電機送電端の等価回路

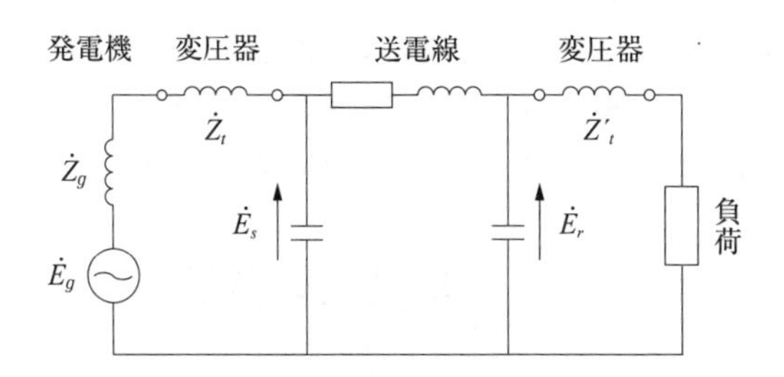

図 7.10　発電機から受電端までの等価回路

8 電圧と無効電力ならびに位相角と有効電力

電力系統によって送電される電力の特性を理解するには，送受電端の電圧・位相角と，受電端における有効電力および無効電力との関係を知る必要がある．電力系統は本来，有効電力を負荷に送り届ける役割を果たすものであるが，その際，特に送電線の受電端における電圧と無効電力の特性を把握しておくことが，送電特性を理解するうえで重要となる．本章では，これらについて説明する．

8.1 送電特性の基礎

8.1.1 受電端の電圧・位相角と無効・有効電力の関係

受電端の無効・有効電力が，受電端の電圧・位相角にどのような影響を与えるかについて説明する．送電端と受電端が，**図 8.1** に示すようにインピーダンス $(R+jX)$ の送電線で結ばれている電力系統を考える．送電線の電流を $\dot{I}$ および送電端と受電端の電圧を $\dot{E}_s$，$\dot{E}_r$ とする．それぞれの位相の関係は**図 8.2** に示すフェーザ図のように，受電端の電圧 $\dot{E}_r$ は，送電端の電圧 $\dot{E}_s$ に対して**位相角**は θ だけ遅れる．また，電流 $\dot{I}$ は受電端側にある負荷に依存するが，電力系統では誘導性の負荷である電動機などがほとんどなので，$\dot{E}_r$ に対して力率角 φ だけ遅れるとして扱う．以上から，$\dot{E}_r$ を基準とすると，$\dot{E}_s=E_se^{j\theta}$，$\dot{I}=Ie^{-j\varphi}$ として表される．

受電端における有効電力 P_r と無効電力 Q_r は，電流 $\dot{I}$ と複素共役な $\bar{I}$ を用いると，$\dot{E}_r\cdot\bar{I}=P_r+jQ_r$ で求められるから，

$$\dot{E}_r\cdot Ie^{j\varphi}=P_r+jQ_r \tag{8.1}$$

である．$\dot{E}_r$ が基準であるので電流は，

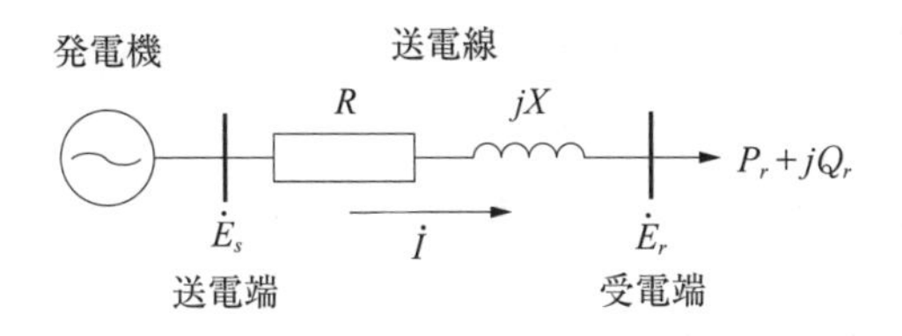

図 8.1　送電線による送電

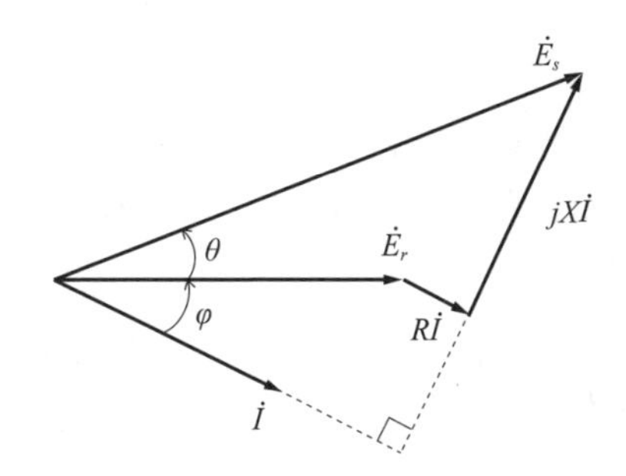

図 8.2　電流と送受電端電圧の位相関係

$$\dot{I}=Ie^{-j\varphi}=\frac{P_r-jQ_r}{E_r} \tag{8.2}$$

となる．これを図 8.1 における電圧と電流の関係式 $\dot{E}_s=\dot{E}_r+(R+jX)\dot{I}$ に代入すると，

$$E_s\,e^{j\theta}=E_r+(R+jX)\,\frac{P_r-jQ_r}{E_r} \tag{8.3}$$

この式を実部と虚部とに分けると，

$$E_s\cos\theta=E_r+\frac{RP_r+XQ_r}{E_r} \tag{8.4}$$

$$E_s\sin\theta=\frac{XP_r-RQ_r}{E_r} \tag{8.5}$$

のように，送電端の電圧 $\dot{E}_s$ と，受電端の $\dot{E}_r$，有効電力 P_r，無効電力 Q_r との関係式が得られる．

送電線では通常 $R \ll X$ であり，R は X に比べて一桁程度小さい．有効電力と無効電力の大きさは $P_r \gtrsim Q_r$ であり，P_r は Q_r と同じ桁の値となる場合が多い．また，送受電端の電圧間の**位相差**が十分小さい$(\theta \ll 1)$と，$\cos\theta \approx 1$，$\sin\theta \approx \theta$となるので式(8.4)から，

$$E_s - E_r = \frac{RP_r + XQ_r}{E_r} \approx \frac{XQ_r}{E_r} \tag{8.6}$$

となる．上式から，実際の送電線では$E_s - E_r \approx XQ_r/E_r$となり，送受電端間の**電圧降下**は受電端の無効電力Q_rによる影響が大きくなることがわかる．送電端の電圧E_sは一定に維持されているとすると，電圧降下は受電端電圧E_rに反映されることになる．

受電端の有効電力P_rと無効電力Q_rが，それぞれわずかに変化したとき，受電端電圧E_rに現れる影響を考える．上式は，$E_r(E_s - E_r) = RP_r + XQ_r$となるので，$P_r$で両辺の微分をとると，

$$(E_s - 2E_r)\frac{\partial E_r}{\partial P_r} = R \tag{8.7}$$

同様に，Q_rで両辺の微分をとると，

$$(E_s - 2E_r)\frac{\partial E_r}{\partial Q_r} = \mathrm{X} \tag{8.8}$$

となり，両者の比をとると，

$$\frac{\partial E_r/\partial Q_r}{\partial E_r/\partial P_r} = \frac{X}{R} \tag{8.9}$$

となる．$R \ll X$であるので上式から，無効電力の微小な変化が有効電力の微小な変化に比べて，受電端電圧により大きな変化を与えることがわかる．

次に，電圧の位相角θについて考える．式(8.5)は$R \ll X$であることから，

$$\theta = \frac{XP_r - RQ_r}{E_s E_r} \approx \frac{XP_r}{E_s E_r} \tag{8.10}$$

となり，位相角は受電端側の有効電力P_rによる影響が大きいことを示している．負荷が増加し有効電力が大きくなると，送電線における電圧降下が大きくなるように思えるが，実際には位相角に影響が顕著に表れる．

8.1.2　送電線の電圧変動率

送電線の電圧変動は電圧に比べて微小であるから，$\theta \ll 1$，すなわち$\dot{E}_s$と$\dot{E}_r$の位相差は十分小さい，と近似できるので，**図8.1**から電圧降下は，

$$E_s - E_r = (R\cos\varphi + X\sin\varphi)I \tag{8.11}$$

として求められる．よって，送電線の**電圧変動率** ε は次式で定義される．

$$\varepsilon \equiv \frac{E_s - E_r}{E_r} \times 100 = \frac{(R\cos\varphi + X\sin\varphi)I}{E_r} \times 100 \quad [\%] \tag{8.12}$$

8.2　有効電力と無効電力の物理的意味

電力のうち，熱や動力などのエネルギーに変換されるものが**有効電力**(active power)であり，発電機で発生し負荷で消費されるまで，系統内の送電線や変電所を通って運ばれる．一方，エネルギーには変換されないが電力系統において重要な役割を果たしているのが**無効電力**(reactive power)である．無効電力は，発電機や送電線など系統各部で発生し，吸収される．有効電力と無効電力は，英語では，前者を active power，後者を reactive power と表現している．reactive とは，静電容量とインダクタンスから構成されるリアクタンスが関係していることを示す．

無効電力については第6章で扱ったが，「無効」という語に惑わされやすいので，あらためてその意味を説明する．まず，リアクタンス負荷である**調相設備**の無効電力と電圧との関係を考える．

静電容量負荷である電力用コンデンサを考えると，電圧 E に対して位相 φ が $\pi/2$ 進んだ電流 $\dot{I} = Ie^{j\pi/2}$ が流れるので，E を基準とすると，電力は，

$$\dot{E}\cdot\bar{I} = E\cdot Ie^{-j\pi/2} = -jE\cdot I \equiv -jQ \tag{8.14}$$

となり，負の無効電力 $-Q$ が吸収される．すなわち正の無効電力が発生し，式(8.6)により電圧が上昇する．

同様に，インダクタンス負荷である分路リアクトルを考えると，インダクタンスには位相 φ が $\pi/2$ 遅れた電流 $\dot{I} = Ie^{-j\pi/2}$ が流れるから，

$$\dot{E}\cdot\bar{I} = E\cdot Ie^{j\pi/2} = jE\cdot I \equiv jQ \tag{8.15}$$

となり，正の無効電力 Q が吸収され，電圧は下降する．

以上のような原理により，系統内の無効電力は，近傍の変電所に設置される調相設備によりほぼ相殺されるので，系統各部の電圧は一定範囲に抑制される．有効電力が発電機から負荷に向かって系統内を流れるのとは異なり，無効電力は系統内で局所的に出入りする．

次に，リアクタンス負荷のエネルギーの出入りを考えると，電圧と電流の位相差が $\pi/2$ であるということは，それらの積である瞬時の無効電力は角周波数 ω の2倍の角周波数の正弦波となり，その時間平均値は零となるのでエネルギーは消費されない．リアクタンスは，エネルギーを蓄積できるものの，電源周期の1/2周期ごとに発電機と負荷の間でエネルギーは往復しており，負荷内部でエネルギーとして消費されない．

このように，リアクタンス負荷での無効電力の発生・吸収は，電圧を昇降させる重要な役割を担っている．一方，リアクタンス負荷で発生・吸収する無効電力は，エネルギーとしてみると，発生・消費は零となる．なお，抵抗負荷で消費される有効電力は，零ではなく有限の値となり，熱エネルギーや機械エネルギーなどに変換される．

なお，半導体電力変換装置ではスイッチングに伴って，複雑な波形の無効電力が発生する．これをある時刻の三相分の電圧・電流の瞬時値のみから定式化した**瞬時無効電力理論**(***pq*** **理論**)が構築され，静止形無効電力補償装置の制御などに応用されている．

8.3　無効電力の制御と電力円線図

送電線における電圧降下は式(8.6)で示したように，受電端側の無効電力に大きく影響を受ける．この無効電力を制御すれば，受電端電圧は一定に維持できる．このため，負荷の無効電力に加えて，外部から無効電力を出し入れする制御が行われる．すなわち，受電端側には**図8.3**に示すように無効電力を制御する調相設備が置かれる．**調相設備**には**電力用コンデンサ**，**分路リアクトル**，**同期調相機**，サイリスタを用いた**静止型無効電力補償装置**(SVC)などがある．

送電端と受電端が，抵抗が無く，リアクタンス X のみの送電線で結ばれている**図8.4**のような系統を考える．受電端には，ベクトル電力 $\dot{S}_d = P_d + jQ_d$ の誘導性負荷と，電力用コンデンサが接続されている．受電端電圧を E_r に維持するために必要な電力用コンデンサの容量 Q_c[VA] を求める．

負荷の電流を $\dot{I}_d$，力率を $\cos\varphi$，コンデンサに流れる電流を $\dot{I}_c$ とすると，送受電端間の電圧降下は，

$$\dot{E}_s - \dot{E}_r = jX(I_d e^{-j\varphi} + jI_c) \tag{8.16}$$

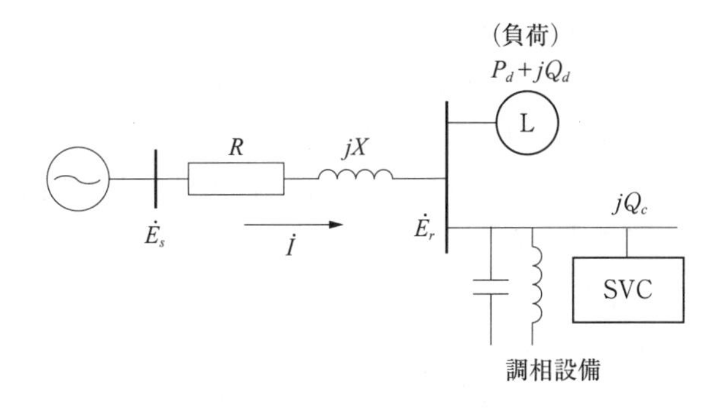

図 8.3　受電端の負荷と調相設備

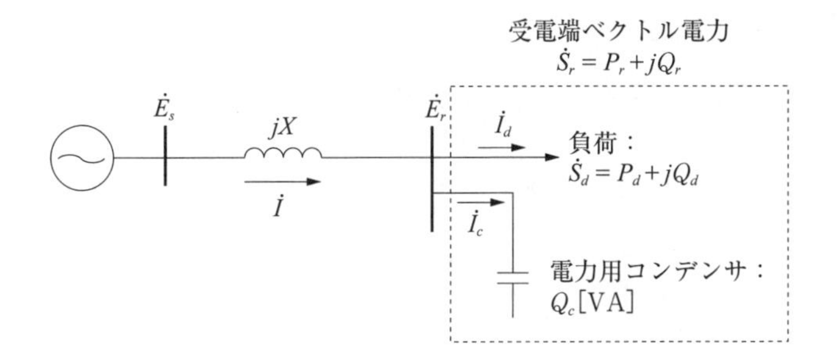

図 8.4　電力円線図で検討する電力系統

である．いま，送受電端の電圧間の位相差 θ が十分小さく，$\cos\theta\approx1$ として上式の実部をとると，

$$E_r=E_s-XI_d\sin\varphi+I_cX$$

となるので，電流 I_c を求めると，

$$I_c=\frac{E_r-E_s}{X}+I_d\sin\varphi \tag{8.17}$$

コンデンサ容量 Q_c は，上式の両辺に E_r をかければ，

$$Q_c=E_rI_c=\frac{(E_r-E_s)E_r}{X}+E_rI_d\sin\varphi$$

$$=\frac{(E_r-E_s)E_r}{X}+Q_d=Q_d-Q_r \tag{8.18}$$

として求められる．このとき，受電端の無効電力 Q_r は式(8.6)の関係を用いた．

このように負荷の**ベクトル電力** $\dot{S}_d = P_d + jQ_d$ に対応して，上式のように Q_c を制御すれば，受電端電圧を E_r に維持できることになる．

受電端における負荷の無効電力・有効電力と，電圧を E_r に保つために必要な電力用コンデンサとの関係は，図を使って求めることもできる．**図 8.4** において送電線に流れている電流 $\dot{I}$ は，

$$\dot{E}_s - \dot{E}_r = jX\dot{I} \tag{8.19}$$

であるので受電端のベクトル電力 $\dot{S}_r = P_r + jQ_r$ は，

$$\dot{S}_r = \dot{E}_r\bar{I} = \dot{E}_r \frac{\bar{E}_s - \bar{E}_r}{-jX} = j\frac{E_s E_r e^{-j\theta}}{X} - j\frac{E_r^2}{X} \tag{8.20}$$

である．この受電端のベクトル電力 $\dot{S}_r$ は，負荷のベクトル電力と電力用コンデンサで発生する無効電力の和である．上式を実部と虚部とに分けて記述すると，

$$P_r + jQ_r = \frac{E_s E_r}{X}\sin\theta + j\left(\frac{E_s E_r}{X}\cos\theta - \frac{E_r^2}{X}\right) \tag{8.21}$$

ここで，$\sin^2\theta + \cos^2\theta = 1$ の関係を使うと上式は，

$$P_r^2 + \left(Q_r + \frac{E_r^2}{X}\right)^2 = \left(\frac{E_s E_r}{X}\right)^2 \tag{8.22}$$

となる．

上式は，横軸を有効電力 P，縦軸を無効電力 Q とする座標系において，**図 8.5**

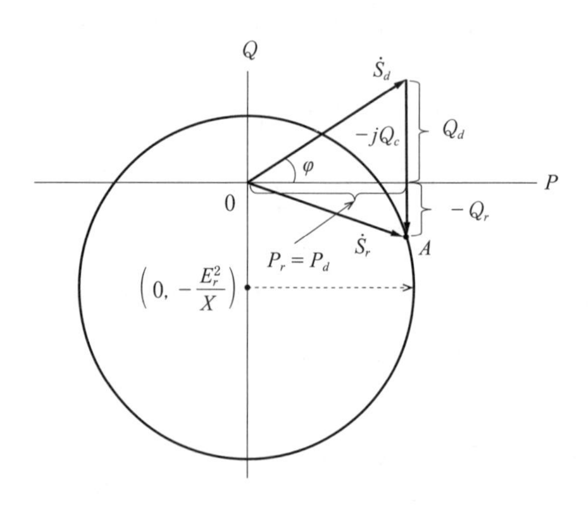

図 8.5　電力円線図と無効電力の制御

のように中心座標が$(0, -E_r^2/X)$，半径がE_sE_r/Xの円を表している．円の半径であるE_sE_r/Xは有効電力の最大値を示している．このように，PQ座標面で無効電力や有効電力の特性を表す円を**電力円線図**という．式(8.22)は，送電端電圧をE_s，受電端電圧をE_rとして運転するためには，負荷の大きさによらず電力用コンデンサを含めた受電端におけるベクトル電力$\dot{S}_r$は，この電力円線図上に動作点がなければならないことを示している．

次に，**図8.4**の系統において，送電端電圧E_sは一定として，**図8.5**の電力円線図を用いて，ある負荷のときに受電端電圧をE_rに保つために必要な調相設備の容量を求めてみる．負荷は，式(8.18)の導出のときと同じく，力率が$\cos\varphi$で，ベクトル電力が$\dot{S}_d=P_d+jQ_d$である誘導性負荷$(Q_d>0)$を考える．このとき負荷のベクトル電力$\dot{S}_d$は円線図上の動作点とはなっていない．そこで，電力用コンデンサの容量を調整して負荷と合計したベクトル電力が，電力円線図上の動作点Aにくるようにしなければならない．動作点Aは，負荷のベクトル電力が$\dot{S}_d$のときに，受電端電圧をE_rとするための受電端のベクトル電力$\dot{S}_r=P_r+jQ_r(Q_r<0)$である．ここで，電力用コンデンサには有効電力の出入りが無く$P_r=P_d$なので，ベクトル電力$\dot{S}_d$の先端からQ軸に平行に直線を描いて円線図と交差したところが動作点Aとなる．以上から，必要な電力用コンデンサの容量Q_c[VA]は**図8.5**に従い，

$$Q_c = Q_d - Q_r \quad \text{[VA]} \tag{8.23}$$

となる．この関係は式(8.18)と同じである．$Q_d=P_d\tan\varphi$であるので，

$$Q_c = P_d\tan\varphi - Q_r \quad \text{[VA]} \tag{8.24}$$

として求められる．

電力方程式と潮流計算

電力系統は送電線，変電所，さまざまな電源で構成された巨大な電気回路である．ただし，**電力系統**の特性を把握する場合には，回路の電圧と電流ではなく，電圧と電力潮流，すなわち，振幅と位相角で定まる電圧と，有効電力・無効電力との関係に着目する．この場合，送電線，変圧器，発電機，負荷などとの，それぞれの接続点は**ノード**と呼ばれる．ノードは多くの場合に発変電所の母線が設定されるが，解析上の便宜から送電線の途中などに設定されることもある．

各ノード間を接続する送電線や変圧器などのインダクタンスと静電容量，ならびにノードに接続される発電機や負荷などの定数を系統全体について表したものが，**インピーダンスマップ**と呼ばれる回路図である．インピーダンスマップは通常，単位法を用いて記述される．

電力潮流を単に**潮流**とも呼び，電力系統の各ノードについて電圧と，ノード間の送電線の潮流を解析するのが潮流計算である．**潮流計算**は**電力方程式**を解くことになるが，実際の電力系統は1 000を超えるノード数になるので，コンピュータを用いて解析される．

潮流計算では電力系統の動作特性を解析できるので，(1)電力設備が過負荷とならないか，(2)系統に不適正な電圧が発生しないか，(3)調相設備をどのように配置すればよいか，(4)潮流が安定して発電機から負荷に流れるか，(5)安定度解析の初期値をどのように設定すればよいか，(6)電圧や送電線容量などさまざまな制約条件のもとでの最適な潮流はどのようになるか(**最適潮流計算**と呼ばれる)，などへの利用が可能である．

9.1　2ノード系統の電力方程式と潮流計算

最も単純な，ノードが二つの系統である**図 9.1** について電力方程式を考える．

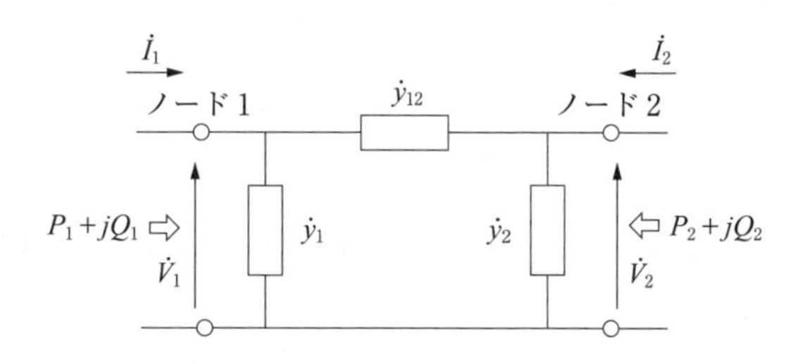

図 9.1　2ノード系統

各ノードではノードに流れ込む電流の方向を正として，電圧 $\dot{V}$ と電流 $\dot{I}$ の関係式は，アドミタンスを $\dot{y}$ とおくと，

$$\dot{I}_1 = \dot{y}_1 \dot{V}_1 + \dot{y}_{12}(\dot{V}_1 - \dot{V}_2) \tag{9.1}$$

$$\dot{I}_2 = \dot{y}_{12}(\dot{V}_2 - \dot{V}_1) + \dot{y}_2 \dot{V}_2 \tag{9.2}$$

となり，両式を整理すると，

$$\dot{I}_1 = \dot{Y}_{11} \dot{V}_1 + \dot{Y}_{12} \dot{V}_2 \tag{9.3}$$

$$\dot{I}_2 = \dot{Y}_{21} \dot{V}_1 + \dot{Y}_{22} \dot{V}_2 \tag{9.4}$$

ここで，$\dot{Y}_{11} = \dot{y}_1 + \dot{y}_{12}$，$\dot{Y}_{12} = \dot{Y}_{21} = -\dot{y}_{12}$，$\dot{Y}_{22} = \dot{y}_2 + \dot{y}_{12}$ である．一般に，$\dot{Y}_{ii}$ を**駆動点アドミタンス**，$\dot{Y}_{ij}$ を**伝達アドミタンス**と呼ぶ．

次に各ノードに注入される電力を求める．ベクトル電力 $\dot{S}_i$ は電流 $\dot{I}_i$ の複素共役をとり，有効電力を P_i，無効電力を Q_i とおけば，$\dot{S}_i = \dot{V}_i \bar{I}_i = P_i + jQ_i$ である．さらに複素共役をとれば $\bar{S}_i = \bar{V}_i \dot{I}_i$ となるので，位相角を θ として各ノードの電圧を，$\dot{V}_1 = V_1 e^{j\theta_1}$，$\dot{V}_2 = V_2 e^{j\theta_2}$ とおくと，

$$\bar{S}_1 = \dot{Y}_{11} V_1^2 + \dot{Y}_{12} V_1 V_2 e^{j(\theta_2 - \theta_1)} \tag{9.5}$$

$$\bar{S}_2 = \dot{Y}_{21} V_1 V_2 e^{j(\theta_1 - \theta_2)} + \dot{Y}_{22} V_2^2 \tag{9.6}$$

となり，これが2ノード系統の電力方程式である．

駆動点アドミタンス $\dot{Y}_{11}$，$\dot{Y}_{22}$ について，対地のアドミタンスは系統のアドミタンスに比べて小さいので $\dot{y}_1 = \dot{y}_2 = 0$ とすると，$\dot{Y}_{11} = \dot{Y}_{22} = \dot{y}_{12}$ となる．以上から電力方程式は次のように表される．

$$P_1 - jQ_1 = \dot{y}_{12}V_1^2 - \dot{y}_{12}V_1V_2e^{j(\theta_2-\theta_1)} \tag{9.7}$$

$$P_2 - jQ_2 = -\dot{y}_{12}V_1V_2e^{j(\theta_1-\theta_2)} + \dot{y}_{12}V_2^2 \tag{9.8}$$

両式で，アドミタンス$\dot{y}_{12}$を抵抗R_{12}とリアクタンスX_{12}を使って表せば，

$$1/\dot{y}_{12} = \dot{Z}_{12} = R_{12} + jX_{12} = Z_{12}e^{-j(\gamma-\pi/2)} \tag{9.9}$$

ただし，$Z_{12} = \sqrt{R_{12}^2 + X_{12}^2}$，$\tan\gamma = R_{12}/X_{12}$である．

以上の関係からノード1の電力は

$$P_1 - jQ_1 = \frac{V_1^2}{Z_{12}}e^{j(\gamma-\pi/2)} - \frac{V_1V_2}{Z_{12}}e^{j(\theta_2-\theta_1+\gamma-\pi/2)} \tag{9.10}$$

となるが，$e^{j(\gamma-\pi/2)} = \cos(\gamma-\pi/2) + j\sin(\gamma-\pi/2) = \sin\gamma - j\cos\gamma$の関係を使って実部と虚部に分けると，

$$P_1 = \frac{V_1^2}{Z_{12}}\sin\gamma - \frac{V_1V_2}{Z_{12}}\sin(\theta_2-\theta_1+\gamma) \tag{9.11}$$

$$Q_1 = \frac{V_1^2}{Z_{12}}\cos\gamma - \frac{V_1V_2}{Z_{12}}\cos(\theta_2-\theta_1+\gamma) \tag{9.12}$$

ノード2についても同様にして，

$$P_2 = \frac{V_2^2}{Z_{12}}\sin\gamma - \frac{V_1V_2}{Z_{12}}\sin(\theta_2-\theta_1+\gamma) \tag{9.13}$$

$$Q_2 = \frac{V_2^2}{Z_{12}}\cos\gamma - \frac{V_1V_2}{Z_{12}}\cos(\theta_2-\theta_1+\gamma) \tag{9.14}$$

式(9.11)から式(9.14)までの四つの方程式は，変数がP_1, Q_1, V_1, θ_1, P_2, Q_2, V_2, θ_2の，8個である．そこで，たとえばノード1の(P_1, V_1)と，ノード2の(P_2, Q_2)など計4個の変数を既知数として与えれば，未知数は4個となり，残りの電圧や潮流の値が求められる．

9.2 *n*ノード系統の電力方程式と潮流計算

実際の電力系統における潮流を計算するには多数のノードを考えなければならない．各ノードにおける電圧と注入される電流の関係式をもとに，2ノード系での扱いを基本に電力方程式を導けばよい．

電力系統におけるn個のノードを**図9.2**のように考えると，ノードiに注入される電流$\dot{I}_i$と，ノードiの電圧$\dot{V}_i$は，**アドミタンス行列**$[\dot{Y}_{ij}]$を使って次式で表

とすると式(9.22)は，

$$P_{12} = \frac{\theta_1 - \theta_2}{X_{12}} \tag{9.23}$$

となる．直流回路で電流 I，電圧 V，抵抗 R の関係である $I=V/R$ と比較すると，有効電力を電流，位相差を電圧，送電線のリアクタンスを抵抗，にそれぞれ対応させれば，式(9.23)は直流回路における関係式のように考えられる．

電力系統にノードが n 個あるとき，**図9.3**のようにノード1からノード j への有効電力の流れは，

$$P_{1j} = \frac{\theta_1 - \theta_j}{X_{1j}} \tag{9.24}$$

である．ノード1からノード2〜ノード n への有効電力の総和 P_1 は，

$$P_1 = \sum_{j=2}^{n} P_{1j} \tag{9.25}$$

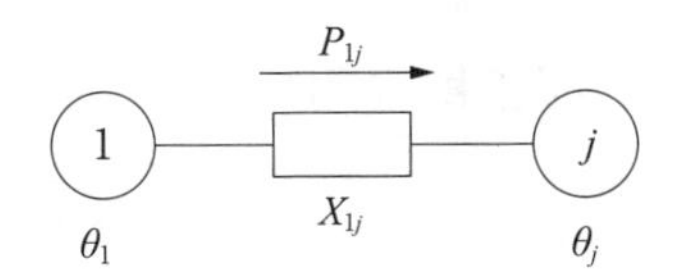

図9.3　ノード1から j への有効電力

同様にして，他の各ノードについても $P_{ij}=(\theta_i-\theta_j)/X_{ij}$ であるから，

$$P_i = \sum_{j=1,\ \neq i}^{n} P_{1j} \tag{9.26}$$

さらに $X_{ij}=X_{ji}$ なので，式(9.24)〜(9.26)から，

$$P_1 + P_2 + \cdots + P_n = 0 \tag{9.27}$$

すなわち，各ノードの有効電力の総和は零となる．直流法では有効電力が電流に対応しているので，これは電気回路の**キルヒホッフの電流則**に相当する．同様に，送電線の閉ループの位相差の総和は零となる．直流法では位相差が電圧に対応しているので，**キルヒホッフの電圧則**に相当する．

9.3.1　直流法による例1

例として，**図9.4**に示す系統のようにノードが三つあり，ノード1には外部か

ら 1.5 p.u. の有効電力が流れ込み，ノード 2 と 3 からはそれぞれ 0.5 p.u.，1.0 p.u. の有効電力が流れ出ている場合を考える．図中の数値は送電線のリアクタンスを示している．このとき，ノード 1 と 3 の位相角 θ_1 と θ_3 を，それぞれ求めてみよう．

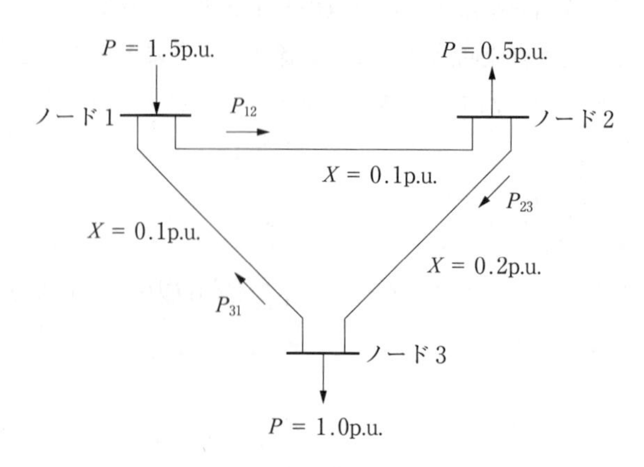

図 9.4　直流法の例 1

各ノード間の潮流は，

$$P_{12} = P_{31} + 1.5,\ \ P_{23} = P_{12} - 0.5,\ \ P_{31} = P_{23} - 1.0 \tag{9.28}$$

これらに各リアクタンスをそれぞれ乗じて，閉ループの総和を零とすると，

$$0.1P_{12} + 0.2P_{23} + 0.1P_{31} = 0 \tag{9.29}$$

式(9.28)のうちの任意の 2 式と，式(9.29)とを組み合わせて解けば，

$$P_{12} = 0.625 \text{ p.u.} \quad P_{23} = 0.125 \text{ p.u.} \quad P_{31} = -0.875 \text{ p.u.}$$

が得られる．位相角は式(9.24)において，θ_2 を基準とすれば $\theta_2 = 0$ であるので，

$$\theta_1 = P_{12} \cdot X_{12} = 0.0625$$

$$\theta_3 = -P_{23} \cdot X_{23} = -0.025$$

となる．

9.3.2　直流法による例 2

電力系統で**図 9.5**(a)のように，ノード間の送電線が 2 回線構成となっている個所を考える．1 回線分のリアクタンスを $2X$ とする．このうちの 1 回線が切り離されたときに，潮流がどのように変化するかを求めてみよう．このノード間に

おいて，送電線が2回線とも開放されているときに，電力系統に現れている位相差を θ，リアクタンスを X_0 とする．

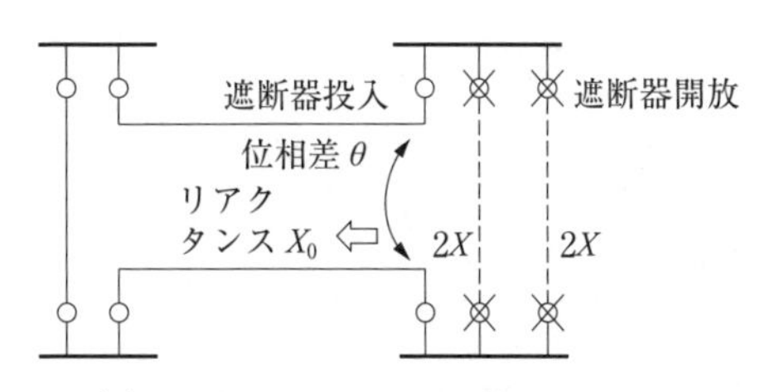

(a)　一部ノード間が2回線の系統モデル

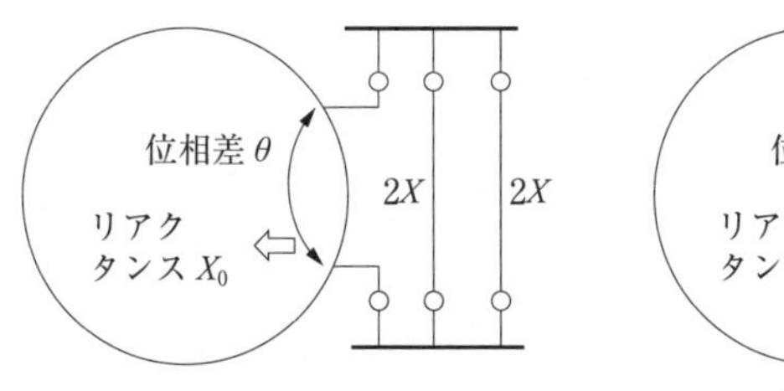

(b)　鳳－テブナンの定理の適用（1回線開放前）

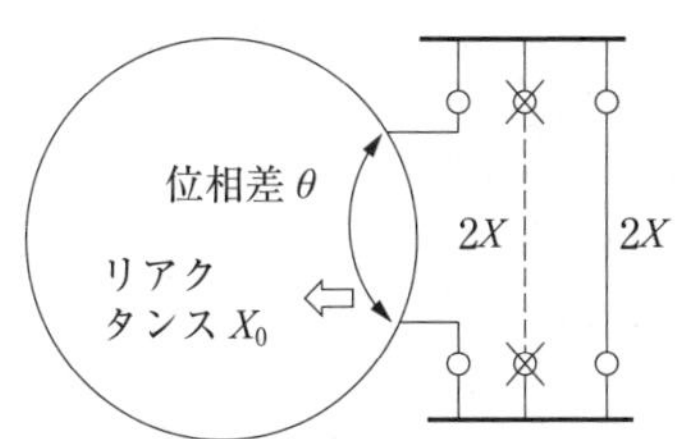

(c)　鳳－テブナンの定理の適用（1回線開放後）

図 9.5　直流法の例2

直流法では，位相差，リアクタンス，有効電力は，それぞれ電圧，インピーダンス，電流に対応するので，**図 9.5(b)** のように考えて電気回路の**鳳**（ほう）**－テブナンの定理**を適用する．すなわち，送電線が2回線構成になっているので，送電線を流れる有効電力 P_0 は，

$$P_0 = \frac{\theta}{X_0 + X} \tag{9.30}$$

である．片側のリアクタンスが切り離された**図 9.5(c)** における有効電力 P_1 は，

$$P_1 = \frac{\theta}{X_0 + 2X} \tag{9.31}$$

となる．式(9.30)と(9.31)から θ を消去すると，

$$P_1 = \frac{X_0 + X}{X_0 + 2X} P_0 \tag{9.32}$$

が得られる．送電線が2回線から1回線になると，電力系統から見たリアクタンスが増加するので，有効電力は上式のように減少する．

10

対称座標法と発電機の基本式

安定に運転されている電力系統では，電圧と電流は，どちらも各相の位相差が $2\pi/3$ で，振幅が等しい対称三相交流となっている．この条件を前提にして電気回路における三相交流理論が成り立っている．ところが電力系統に落雷などの事故が発生し，送電線や機器に故障が起こると，各相が非対称な電圧と電流になる．これらを，零相，正相，逆相という三つの対称成分に分けてそれぞれ単相回路として扱うのが三相対称座標法である．この方法を送電線などの故障時の解析に用いると，三相交流回路でも単相回路として扱えるので，視覚的で物理的意味が把握しやすくなる．

なお，本章および第 11 章では，送電線などに発生する地絡，短絡などを故障として記す．

10.1 対称座標法

第 6 章で，$a = e^{j2\pi/3} = -1/2 + j\sqrt{3}/2$ として，**対称三相交流**の相電圧 $(\dot{E}_a, \dot{E}_b, \dot{E}_c)$ を (E, a^2E, aE) として表した．三相**対称座標法**では，同一周波数の非対称な三相電圧 $(\dot{E}_a, \dot{E}_b, \dot{E}_c)$ があるとき，**座標変換**行列を使うと，

$$\begin{bmatrix} \dot{E}_0 \\ \dot{E}_1 \\ \dot{E}_2 \end{bmatrix} = \frac{1}{3} \begin{bmatrix} 1 & 1 & 1 \\ 1 & a & a^2 \\ 1 & a^2 & a \end{bmatrix} \begin{bmatrix} \dot{E}_a \\ \dot{E}_b \\ \dot{E}_c \end{bmatrix} \tag{10.1}$$

という新たな 3 個の電圧 $(\dot{E}_0, \dot{E}_1, \dot{E}_2)$ が得られる．上式から逆に，元の非対称な三相交流電圧が次式のように導出される．

$$\begin{bmatrix} \dot{E}_a \\ \dot{E}_b \\ \dot{E}_c \end{bmatrix} = \begin{bmatrix} 1 & 1 & 1 \\ 1 & a^2 & a \\ 1 & a & a^2 \end{bmatrix} \begin{bmatrix} \dot{E}_0 \\ \dot{E}_1 \\ \dot{E}_2 \end{bmatrix} \tag{10.2}$$

つまり，**図 10.1** のように，各相の電圧($\dot{E}_a$, $\dot{E}_b$, $\dot{E}_c$)は，新たな電圧の対称成分である**零相**；(E_0, E_0, E_0)，**正相**；(E_1, a^2E_1, aE_1)，**逆相**；(E_2, aE_2, a^2E_2)の和として表される．零相は振幅も位相角も同じである．正相は対称三相電圧と同一の振幅，位相角である．逆相は位相角の回転方向が正相とは逆になっている．

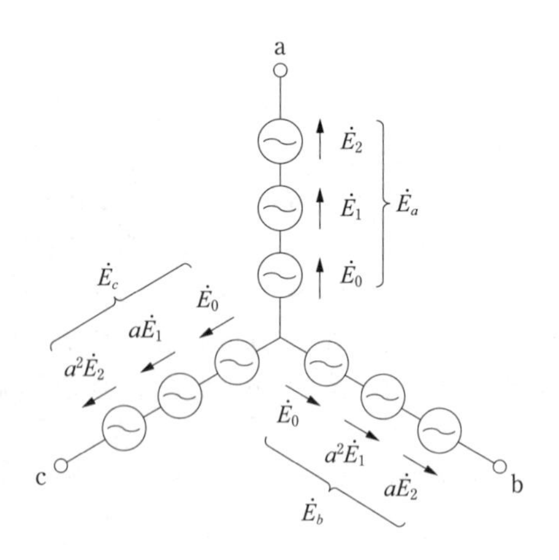

図 10.1　三相交流電圧と対称成分の関係

同様に，同一周波数の非対称な三相電流($\dot{I}_a$, $\dot{I}_b$, $\dot{I}_c$)があるとき，座標変換行列を使うと，

$$\begin{bmatrix} \dot{I}_0 \\ \dot{I}_1 \\ \dot{I}_2 \end{bmatrix} = \frac{1}{3} \begin{bmatrix} 1 & 1 & 1 \\ 1 & a & a^2 \\ 1 & a^2 & a \end{bmatrix} \begin{bmatrix} \dot{I}_a \\ \dot{I}_b \\ \dot{I}_c \end{bmatrix} \tag{10.3}$$

という新たな3個の電流($\dot{I}_0$, $\dot{I}_1$, $\dot{I}_2$)が得られる．上式から逆に，元の非対称な三相交流電流が次式のように導出される．

$$\begin{bmatrix} \dot{I}_a \\ \dot{I}_b \\ \dot{I}_c \end{bmatrix} = \begin{bmatrix} 1 & 1 & 1 \\ 1 & a^2 & a \\ 1 & a & a^2 \end{bmatrix} \begin{bmatrix} \dot{I}_0 \\ \dot{I}_1 \\ \dot{I}_2 \end{bmatrix} \tag{10.4}$$

以上から，正常な対称三相交流であれば電圧も電流も**正相分**のみで構成され，**零相分**，**逆相分**は零となる．一方，故障時には各相における電圧・電流のバランスが崩れて非対称となるため，正相分に零相分，逆相分が加わることとなる．すなわち，零相分，逆相分は故障時に発生する成分である．なお，送電線や負荷の各相が非対称の場合にも零相分，逆相分が加わるが，一般に故障時に比べて小さい．

10.2　対称分インピーダンス

電圧と電流の対称成分に対応する回路のインピーダンスである**対称分インピーダンス**を求めてみよう．一般に，インピーダンスは求めるべき回路の端子に所定の電源を接続したときの，電圧と電流の関係から得られる．**図 10.2** のようにインピーダンス $\dot{Z}$ が Y 結線され，その中性点がインピーダンス $\dot{Z}_n$ を介して接地されている回路の零相インピーダンス $\dot{Z}_0$，正相インピーダンス $\dot{Z}_1$，逆相インピーダンス $\dot{Z}_2$ は，それぞれ次のように求められる．

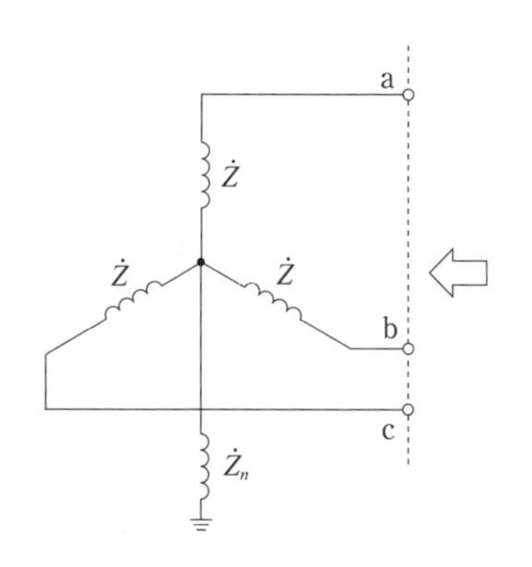

図 10.2　対象とする回路構成

零相インピーダンス $\dot{Z}_0$ は，**図 10.3** のように回路を見込む三つの端子に零相電圧 $\dot{V}_0$ を加えることにより求める．各端子には同じ電流 $\dot{I}_0$ が流れ，端子 a を含む閉ループについて，$\dot{V}_0 - \dot{Z}\dot{I}_0 - 3\dot{Z}_n\dot{I}_0 = 0$ であるので，零相インピーダンスは，

$$\dot{Z}_0 = \frac{\dot{V}_0}{\dot{I}_0} = \dot{Z} + 3\dot{Z}_n \tag{10.5}$$

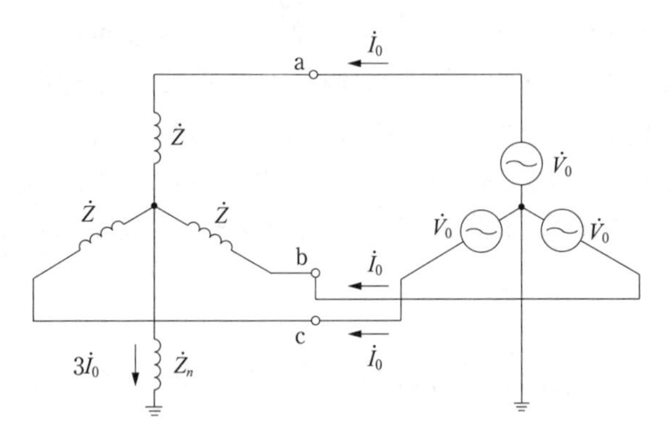

図 10.3　零相インピーダンスを求める等価回路

である．

正相インピーダンス $\dot{Z}_1$ は，**図 10.4** のように正相電圧（$\dot{V}_1$, $a^2\dot{V}_1$, $a\dot{V}_1$）を加えて求める．中性点から接地点に流れる電流は，$\dot{I}_1+a^2\dot{I}_1+a\dot{I}_1=(1+a^2+a)\dot{I}_1=0$ となる．このため，端子 a を含む閉ループでは，$\dot{V}_1-\dot{Z}\dot{I}_1=0$ なので，正相インピーダンスは，

$$\dot{Z}_1=\frac{\dot{V}_1}{\dot{I}_1}=\dot{Z} \tag{10.6}$$

である．

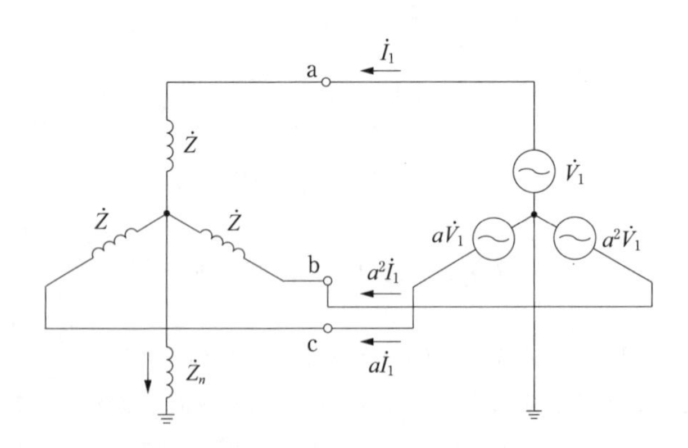

図 10.4　正相インピーダンスを求める等価回路

逆相インピーダンス $\dot{Z}_2$ は，正相インピーダンスと同じようにして求められ，

$$\dot{Z}_2 = \frac{\dot{V}_2}{\dot{I}_2} = \dot{Z} \tag{10.7}$$

である．

次に，送電線について，**図 10.5** のように大地と送電線との間の静電容量が C で，各線間の静電容量は C' である例を考える．零相電源 $\dot{V}_0$ を加えると，各相の電圧は同一であるので，Δ 結線となっている線間の C' は考慮しなくてよい．このため，零相インピーダンス $\dot{Z}_0$ は，$\dot{V}_0 = \dot{I}_0 / j\omega C$ の関係から，

$$\dot{Z}_0 = \frac{\dot{V}_0}{\dot{I}_0} = \frac{1}{j\omega C} \tag{10.8}$$

となる．

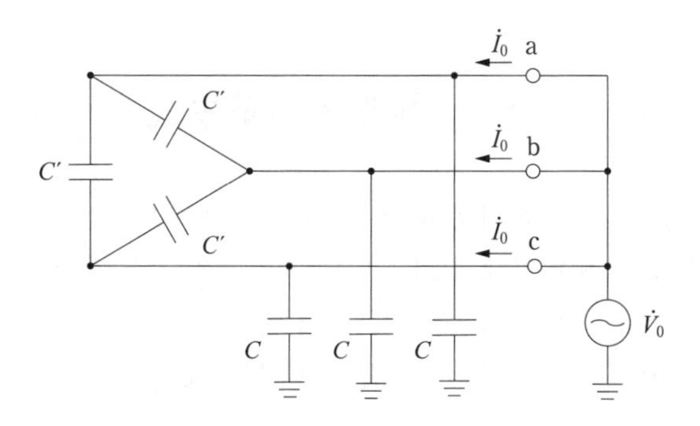

図 10.5 送電線の零相インピーダンスを求める等価回路

正相インピーダンス $\dot{Z}_1$ は，**図 10.6** のように正相電源を加えて求める．線間の C' は，Δ−Y 変換すると $3C'$ が Y 接続されていることになるので，静電容量は $3C'$ と C が並列となり，$\dot{V}_1 = \dot{I}_1 / j\omega(3C' + C)$ の関係から正相インピーダンスは，

$$\dot{Z}_1 = \frac{\dot{V}_1}{\dot{I}_1} = \frac{1}{j\omega(3C' + C)} \tag{10.9}$$

となる．

逆相インピーダンス $\dot{Z}_2$ も同様にして，

$$\dot{Z}_2 = \frac{\dot{V}_2}{\dot{I}_2} = \frac{1}{j\omega(3C' + C)} \tag{10.10}$$

が得られる．

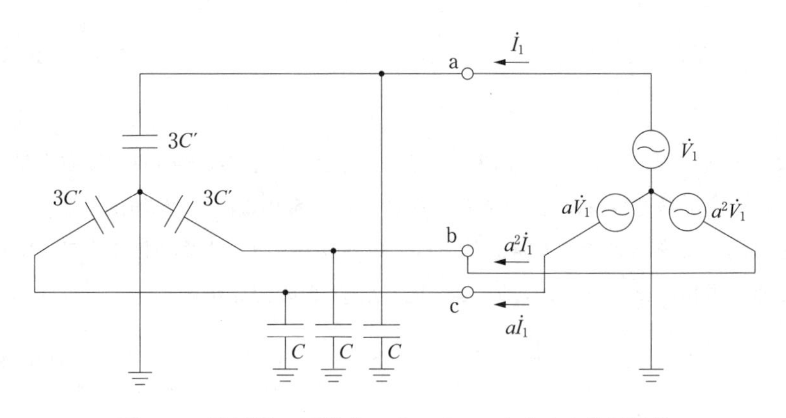

図10.6　送電線の正相インピーダンスを求める等価回路

10.3　発電機の基本式

起電力$(\dot{E}_a, \dot{E}_b, \dot{E}_c)$の三相同期発電機において，**図10.7**のように各端子における電流が$(\dot{I}_a, \dot{I}_b, \dot{I}_c)$，相電圧は$(\dot{V}_a, \dot{V}_b, \dot{V}_c)$である．各相では**図10.8**に示すように，発電機巻線の自己インダクタンス$\dot{Z}_s$ならびに相互インダクタンス$\dot{Z}_m$による電圧降下$(\dot{v}_a, \dot{v}_b, \dot{v}_c)$が生じる．このため，発電機の端子電圧の関係式は，

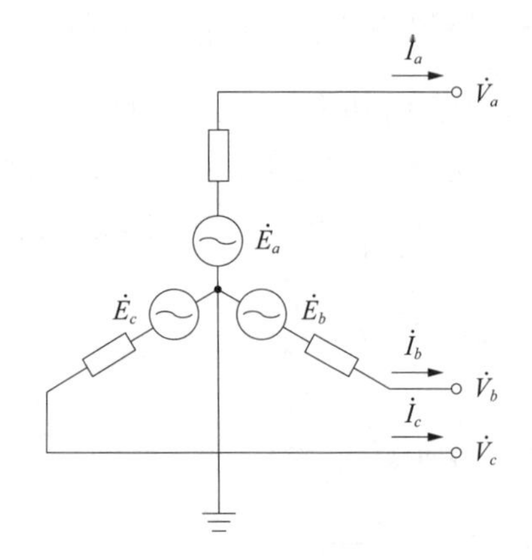

図10.7　三相同期発電機

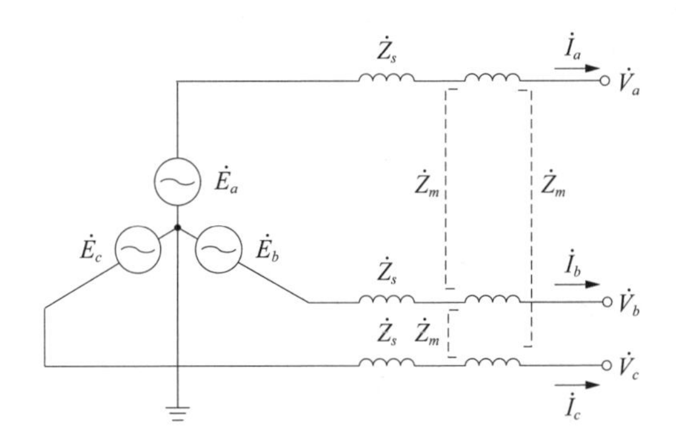

図 10.8　三相同期発電機の内部インピーダンス

$$\begin{bmatrix} \dot{V}_a \\ \dot{V}_b \\ \dot{V}_c \end{bmatrix} = \begin{bmatrix} \dot{E}_a - \dot{v}_a \\ \dot{E}_b - \dot{v}_b \\ \dot{E}_c - \dot{v}_c \end{bmatrix} \tag{10.11}$$

となる．両辺を対称座標変換すると，

$$\frac{1}{3}\begin{bmatrix} 1 & 1 & 1 \\ 1 & a & a^2 \\ 1 & a^2 & a \end{bmatrix}\begin{bmatrix} \dot{V}_a \\ \dot{V}_b \\ \dot{V}_c \end{bmatrix} = \frac{1}{3}\begin{bmatrix} 1 & 1 & 1 \\ 1 & a & a^2 \\ 1 & a^2 & a \end{bmatrix}\begin{bmatrix} \dot{E}_a - \dot{v}_a \\ \dot{E}_b - \dot{v}_b \\ \dot{E}_c - \dot{v}_c \end{bmatrix} \tag{10.12}$$

ここで，左辺は端子電圧の対称分$(\dot{V}_0, \dot{V}_1, \dot{V}_2)$である．右辺の$(\dot{E}_a, \dot{E}_b, \dot{E}_c)$については対称三相電圧の変換であるので$a^2+a+1=0$，$a^3=1$の関係から，

$$\frac{1}{3}\begin{bmatrix} 1 & 1 & 1 \\ 1 & a & a^2 \\ 1 & a^2 & a \end{bmatrix}\begin{bmatrix} \dot{E}_a \\ a^2\dot{E}_a \\ a\dot{E}_a \end{bmatrix} = \begin{bmatrix} 0 \\ \dot{E}_a \\ 0 \end{bmatrix} \tag{10.13}$$

である．

一方，各相の電圧降下は**図 10.8** から，

$$\begin{bmatrix} \dot{v}_a \\ \dot{v}_b \\ \dot{v}_c \end{bmatrix} = \begin{bmatrix} \dot{Z}_s & \dot{Z}_m & \dot{Z}_m \\ \dot{Z}_m & \dot{Z}_s & \dot{Z}_m \\ \dot{Z}_m & \dot{Z}_m & \dot{Z}_s \end{bmatrix}\begin{bmatrix} \dot{I}_a \\ \dot{I}_b \\ \dot{I}_c \end{bmatrix} \tag{10.14}$$

で表される．その対称成分は式(10.1)の座標変換の関係を使うと，零相分$\dot{v}_0$は，

$$\begin{aligned} \dot{v}_0 &= (\dot{v}_a + \dot{v}_b + \dot{v}_c)/3 \\ &= (\dot{Z}_s + 2\dot{Z}_m)(\dot{I}_a + \dot{I}_b + \dot{I}_c)/3 \\ &= (\dot{Z}_s + 2\dot{Z}_m)\dot{I}_0 \equiv \dot{Z}_0\dot{I}_0 \end{aligned} \tag{10.15}$$

となる．正相分 $\dot{v}_1$ は，

$$\begin{aligned}\dot{v}_1 &= (\dot{v}_a + a\dot{v}_b + a^2\dot{v}_c)/3 \\ &= \dot{Z}_s(\dot{I}_a + a\dot{I}_b + a^2\dot{I}_c)/3 + \dot{Z}_m\{\dot{I}_b + \dot{I}_c + a(\dot{I}_a + \dot{I}_c) + a^2(\dot{I}_a + \dot{I}_b)\}/3 \\ &= (\dot{Z}_s - \dot{Z}_m)\dot{I}_1 \equiv \dot{Z}_1\dot{I}_1 \end{aligned} \tag{10.16}$$

である．同様にして逆相分 $\dot{v}_2$ は，

$$\dot{v}_2 = (\dot{Z}_s - \dot{Z}_m)\dot{I}_2 \equiv \dot{Z}_2\dot{I}_2 \tag{10.17}$$

となる．以上から，

$$\begin{bmatrix} \dot{V}_0 \\ \dot{V}_1 \\ \dot{V}_2 \end{bmatrix} = \begin{bmatrix} 0 \\ \dot{E}_a \\ 0 \end{bmatrix} - \begin{bmatrix} \dot{Z}_0\dot{I}_0 \\ \dot{Z}_1\dot{I}_1 \\ \dot{Z}_2\dot{I}_2 \end{bmatrix} \tag{10.18}$$

の関係が得られる．これは**発電機の基本式**と呼ばれ，第11章で説明する送電線などに生じる故障について計算するとき，電源側を表す基本となる式である．これを対称分等価回路で表すと**図10.9**のようになる．ここで，$(\dot{Z}_0, \dot{Z}_1, \dot{Z}_2)$は，発電機端子から見た対称分インピーダンスである．接地方式など発電機の内部構造により $\dot{Z}_i(i=0, 1, 2)$の表式は変化するが，式(10.18)の表式自体は不変である．

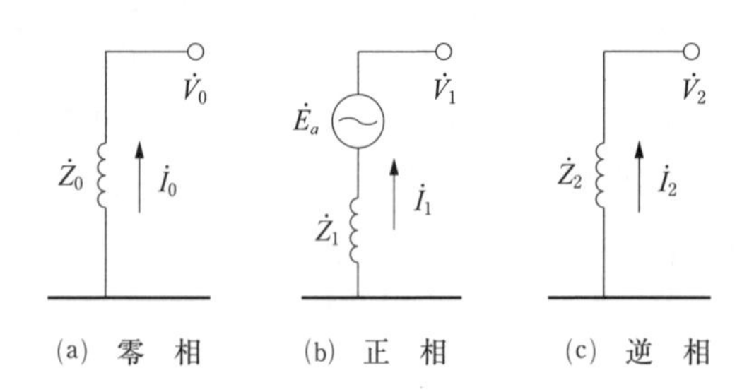

図10.9 発電機の基本式の等価回路

10.4 発電機送電端の対称分インピーダンス

ここでは，発電機と Δ−Y 結線の昇圧変圧器で構成された，**図10.10**の等価回路に示す発電機送電端の**対称分インピーダンス**$(\dot{Z}_0, \dot{Z}_1, \dot{Z}_2)$を考える．発電機の内部誘起電圧を $\dot{E}_g'$，対称分インピーダンスを$(\dot{Z}_{g0}', \dot{Z}_{g1}', \dot{Z}_{g2}')$とする．また，変圧器の変圧比は1 : nで，一次側と二次側の**漏れインピーダンス**をそれぞれ $\dot{Z}_L$，$\dot{Z}_H$ とす

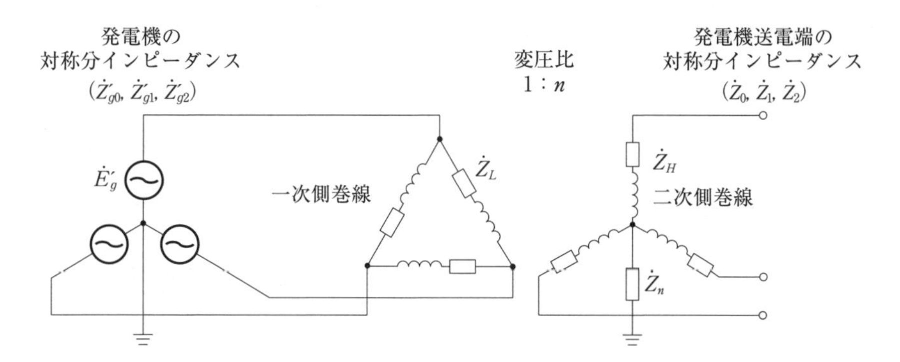

図 10.10　発電機送電端の対称分インピーダンスを求める等価回路

る．中性点はインピーダンス $\dot{Z}_n$ を介して接地されている．対称分インピーダンスは，零相，正相，逆相それぞれの対称分電圧を，電源として昇圧変圧器の送電端に印加して求められる．

まず，零相電源を変圧器の二次側に加える．すなわち各相端子に同電圧で同位相の零相電圧 $\dot{E}_0$ が加わると零相電流 $\dot{I}_0$ が流れる．変圧器の一次側は Δ 結線であるので結線内を電流 $n\dot{I}_0$ が還流するだけで，発電機側には電流が流れない．このため，変圧器の二次側と一次側のみを考えればよい．一次側各相の電圧は零なので，一次側各相を還流する電流 $n\dot{I}_0$ により一次側巻線には電圧 $n\dot{Z}_L\dot{I}_0$ が誘起される．この電圧により二次側に電圧 $n^2\dot{Z}_L\dot{I}_0$ が誘起されるので，二次側における電圧の関係は，

$$\dot{E}_0 = \dot{Z}_H\dot{I}_0 + n^2\dot{Z}_L\dot{I}_0 + 3\dot{Z}_n\dot{I}_0$$

となる．ここで，二次側に換算した変圧器のインピーダンスを $\dot{Z}_t = \dot{Z}_H + n^2\dot{Z}_L$ とすると，上式から零相インピーダンス $\dot{Z}_0$ は，

$$\dot{Z}_0 = \dot{Z}_t + 3\dot{Z}_n \tag{10.19}$$

となる．

次に，正相インピーダンス $\dot{Z}_1$ および逆相インピーダンス $\dot{Z}_2$ は，正相あるいは逆相の電源を変圧器の二次側に加えて求める．正相・逆相電源は対称三相交流電圧なので，式(7.30)および式(7.33)の関係が適用できて，正相インピーダンスは，

$$\dot{Z}_1 = \dot{Z}_t + 3n^2\dot{Z}'_{g1} \tag{10.20}$$

逆相インピーダンスは，

$$\dot{Z}_2 = \dot{Z}_t + 3n^2\dot{Z}'_{g2} \tag{10.21}$$

として求められる.

故　障　計　算

発電所，変電所，送電線，負荷において，地絡や短絡などの故障が生じたとき，故障点ならびに電力系統内の各所における電圧と電流が，どのように変化するかを調べる必要がある．これは**故障計算**と呼ばれ，故障発生時への対応に備えた系統の各機器の特性を検討するための重要な情報が得られる．たとえば，故障計算により機器に発生する**過電圧**が求められ，機器の絶縁強度の検討を行うことができる．

正常な状態では系統の電圧と電流は対称三相交流であるが，故障が起きると各相における電圧・電流のバランスが崩れ**非対称な状態**となる．このため，第10章で説明した対称座標法を使って解析を行う．対称座標法を使えば，落雷など電力系統に発生する，さまざまな事故による送電線や機器の故障に対する計算ができる．ここでは，無負荷の三相同期発電機を使って，故障点などの状態を検討する．

11.1　故障計算の考え方

図11.1に示す三相同期発電機を考える．このとき，発電機の a 相の内部誘起電圧は $\dot{E}_a$，各相の端子電圧(相電圧)は $(\dot{V}_a,\ \dot{V}_b,\ \dot{V}_c)$，故障点から見た対称分インピーダンスは $(\dot{Z}_0,\ \dot{Z}_1,\ \dot{Z}_2)$ である．**図11.1**の各相端子は発電機出口であるが，送電線，変圧器を介した系統の内部でも良い．故障計算は次の手順で行う．

（1）　故障発生時の各端子における電流 $(\dot{I}_a, \dot{I}_b, \dot{I}_c)$ と電圧の状態を定式化する．

（2）　これらの電流と電圧を**対称座標法**で変換して対称分を求める．

（3）　対称分の電流と電圧を**発電機の基本式**に入れ，対称分ごとの電圧と電流を解く．

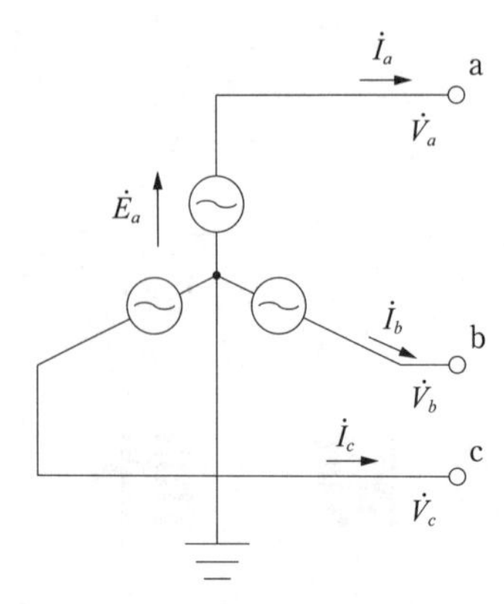

(故障点から見た対称分インピーダンスは$(\dot{Z}_0, \dot{Z}_1, \dot{Z}_2)$.
第11章における同様の図も同じ.)

図11.1　三相同期発電機の構成

（4）　各対称分から座標変換式により，故障点の各相の電圧あるいは電流を求める.

11.2　地　　　絡

11.2.1　一　線　地　絡

端子aで，**図11.2**のように**一線地絡**が生じたときを考える．端子aでは地絡しているので端子電圧は零で，

$$\dot{V}_a = 0 \tag{11.1}$$

一方，故障が生じていない端子bとcでは電流が流れないので，

$$\dot{I}_b = \dot{I}_c = 0 \tag{11.2}$$

ここで，式(10.2)の$\dot{E}$を$\dot{V}$に置き替えたa相の関係式と，式(11.1)から，

$$\dot{V}_a = \dot{V}_0 + \dot{V}_1 + \dot{V}_2 = 0 \tag{11.3}$$

となる.

式(10.3)の電流に関する座標変換式,

$$\begin{bmatrix} \dot{I}_0 \\ \dot{I}_1 \\ \dot{I}_2 \end{bmatrix} = \frac{1}{3} \begin{bmatrix} 1 & 1 & 1 \\ 1 & a & a^2 \\ 1 & a^2 & a \end{bmatrix} \begin{bmatrix} \dot{I}_a \\ \dot{I}_b \\ \dot{I}_c \end{bmatrix}$$

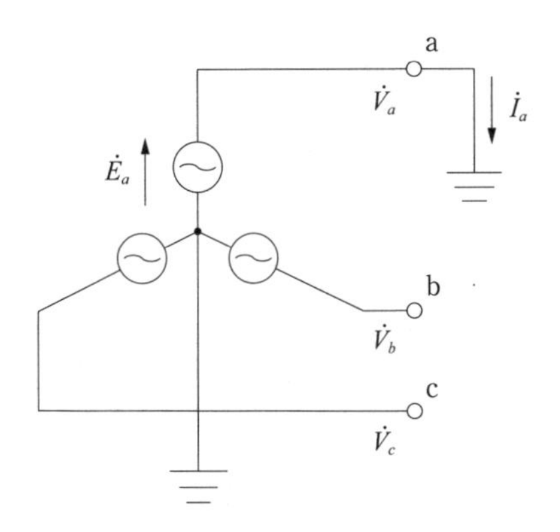

図 11.2　一線地絡時の発電機等価回路

を使うと，式(11.2)の関係から，

$$\dot{I}_0 = \dot{I}_1 = \dot{I}_2 = \frac{\dot{I}_a}{3} \tag{11.4}$$

が得られる．これを式(11.3)とともに，式(10.18)の発電機の基本式，

$$\begin{bmatrix} \dot{V}_0 \\ \dot{V}_1 \\ \dot{V}_2 \end{bmatrix} = \begin{bmatrix} 0 \\ \dot{E}_a \\ 0 \end{bmatrix} \begin{bmatrix} \dot{Z}_0 \dot{I}_0 \\ \dot{Z}_1 \dot{I}_1 \\ \dot{Z}_2 \dot{I}_2 \end{bmatrix}$$

に適用すると，

$$\dot{E}_a - (\dot{Z}_0 \dot{I}_0 + \dot{Z}_1 \dot{I}_1 + \dot{Z}_2 \dot{I}_2) = \dot{E}_a - (\dot{Z}_0 + \dot{Z}_1 + \dot{Z}_2)\dot{I}_a/3 = 0$$

となるので，故障点である端子 a における電流 $\dot{I}_a$ が，

$$\dot{I}_a = \frac{3\dot{E}_a}{\dot{Z}_0 + \dot{Z}_1 + \dot{Z}_2} \tag{11.5}$$

と求められる．$\dot{I}_a$ は a 相 - 故障点 - 大地 - 中性点 - a 相を還流する電流である．

$\dot{I}_a$ は**図 10.9** で示した発電機の基本式の零相，正相，逆相の三つの対称分等価回路を使って，視覚的かつ簡略に解くこともできる．式(11.3)，式(11.4)の条件を満足させるには，対称分等価回路を直列に接続し**図 11.3** のようにすればよい．

これから回路方程式は，

$$\dot{E}_a = (\dot{Z}_0 + \dot{Z}_1 + \dot{Z}_2)\frac{\dot{I}_a}{3}$$

であるので，故障点の電流を示す式(11.5)が求められる．このように，故障計算

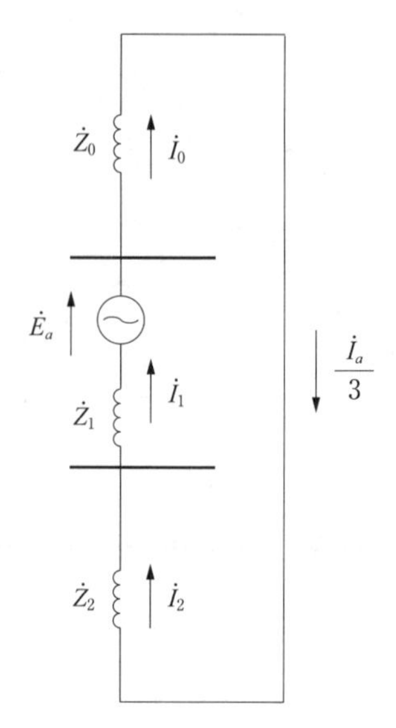

$(\dot{Z}_0, \dot{Z}_1, \dot{Z}_2)$ は対称分インピーダンス

図 11.3　一線地絡時の対称分等価回路

は，対称座標法を用いると単相回路の計算に変換できるので，理解しやすい．

次に，故障が生じていない端子 b と c に現れる電圧 $\dot{V}_b$ と $\dot{V}_c$(相電圧)を考える．式 (10.2) の $\dot{E}$ を $\dot{V}$ に置き替えた b 相の関係式，発電機の基本式，および式(11.5)から，端子電圧 $\dot{V}_b$ として，

$$\dot{V}_b = \dot{V}_0 + a^2\dot{V}_1 + a\dot{V}_2 = a^2\dot{E}_a - (\dot{Z}_0 + a^2\dot{Z}_1 + a\dot{Z}_2)\ \frac{\dot{I}_a}{3}$$

$$= \frac{(a^2-1)\dot{Z}_0 + (a^2-a)\dot{Z}_2}{\dot{Z}_0 + \dot{Z}_1 + \dot{Z}_2}\,\dot{E}_a \tag{11.6}$$

が得られる．同様にして端子電圧 $\dot{V}_c$ は，

$$\dot{V}_c = \dot{V}_0 + a\dot{V}_1 + a^2\dot{V}_2 = \frac{(a-1)\dot{Z}_0 + (a-a^2)\dot{Z}_2}{\dot{Z}_0 + \dot{Z}_1 + \dot{Z}_2}\,\dot{E}_a \tag{11.7}$$

となる．

故障点から見た零相インピーダンス $\dot{Z}_0 = R_0 + jX_0$ とし，抵抗分は X_1 に比べて小さいので，$\dot{Z}_1 = \dot{Z}_2 \approx jX_1$ である．これらを式(11.7)に代入して求めた$|\dot{V}_c/\dot{E}_a|$と X_0/X_1 の関係を，**図 11.4** に示す．**直接接地**系統の場合には，$R_0/X_1 \approx 0$，なら

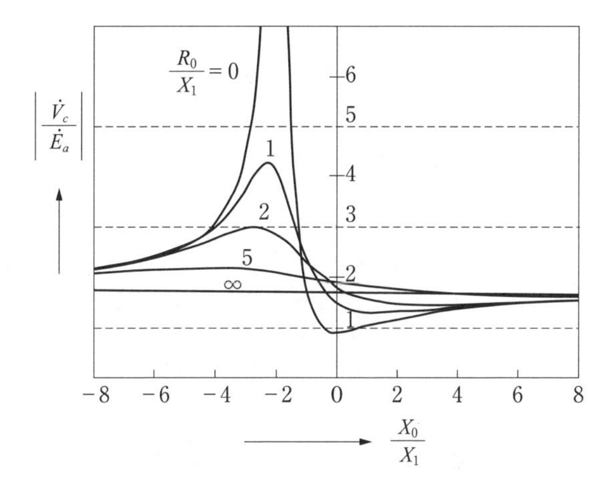

図 11.4　一線地絡時の健全相の電圧上昇

びに式(10.5)の $\dot{Z}_n \approx 0$，式(10.6)，式(10.7)の関係により $X_0 \approx X_1 = X_2$，であるから，式(11.7)より $|\dot{V}_c/\dot{E}_a| \approx 1$ となり，健全相の相電圧は平常時とほぼ同程度となる．**図 11.4** もこのことを示している．直接接地系統以外では，中性点の接地インピーダンスが大きくなるほど中性点電圧が高くなるため，健全相の相電圧は定常時より高くなる．

以上から，中性点接地方式と地絡・短絡電流の関係を考えると，500 kV など高い電圧階級では送電線や機器の絶縁低減の観点から，地絡・短絡時の**健全相の電圧上昇**の抑制を優先して直接接地が用いられる．154 kV や 66 kV など比較的低い電圧階級では，地絡・短絡電流の抑制や通信線への誘導障害の抑制を優先して**抵抗接地**や**消弧リアクトル接地**が用いられる．中性点接地方式については，第 14 章で説明する．

11.2.2　二　線　地　絡

端子 b と c の二箇所で，**図 11.5** のように地絡が生じた**二線地絡**の場合を考える．

端子 b と c は地絡しているので端子電圧は，

$$\dot{V}_b = \dot{V}_c = 0 \tag{11.9}$$

であり，故障が生じていない端子 a では電流が流れないので，

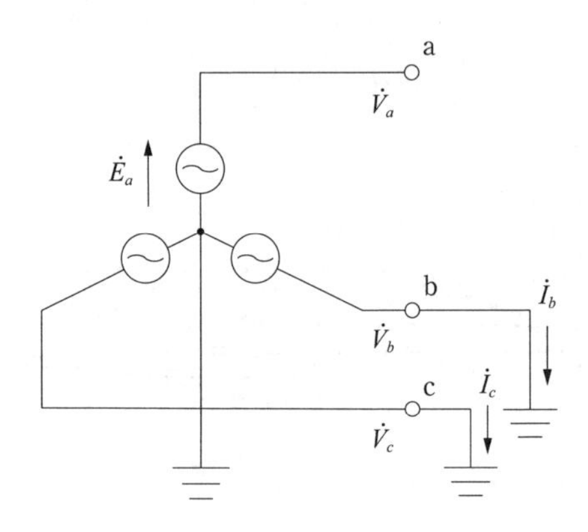

図 11.5 二線地絡時の等価回路

$$\dot{I}_a = 0 \tag{11.10}$$

である．以上の関係を使うと電圧と電流の対称分は，それぞれ，

$$\dot{V}_0 = \dot{V}_1 = \dot{V}_2 = \frac{\dot{V}_a}{3} \tag{11.11}$$

$$\dot{I}_0 + \dot{I}_1 + \dot{I}_2 = 0 \tag{11.12}$$

であるので，発電機の基本式(10.18)と式(11.12)とを組み合わせると，

$$-\frac{\dot{V}_0}{\dot{Z}_0} + \frac{(\dot{E}_a - \dot{V}_1)}{\dot{Z}_1} - \frac{\dot{V}_2}{\dot{Z}_2} = 0$$

となる．これに式(11.11)を代入すると故障が生じていない端子 a の電圧は，

$$\dot{V}_a = \frac{3\dot{E}_a}{\dot{Z}_1} \Bigg/ \left(\frac{1}{\dot{Z}_0} + \frac{1}{\dot{Z}_1} + \frac{1}{\dot{Z}_2} \right) \tag{11.13}$$

として求められる．電流の各対称分は，発電機の基本式を使って，

$$\dot{I}_0 = -\frac{\dot{V}_0}{\dot{Z}_0} = -\frac{\dot{Z}_2 \dot{E}_a}{\dot{Z}_s}$$

$$\dot{I}_1 = \frac{(\dot{E}_a - \dot{V}_1)}{\dot{E}_1} = \frac{(\dot{Z}_0 + \dot{Z}_2)\dot{E}_a}{\dot{Z}_s}$$

$$\dot{I}_2 = -\frac{\dot{V}_2}{\dot{Z}_2} = -\frac{\dot{Z}_0 \dot{E}_a}{\dot{Z}_s}$$

となるので，故障点 b と c の電流 $\dot{I}_b$ と $\dot{I}_c$ は，それぞれ次のように得られる．

$$\dot{I}_b = \dot{I}_0 + a^2\dot{I}_1 + a\dot{I}_2 = \{(a^2 - \mathrm{a})\dot{Z}_0 + (a^2 - 1)\dot{Z}_2\}\frac{\dot{E}_a}{\dot{Z}_s} \quad (11.14)$$

$$\dot{I}_c = \dot{I}_0 + a\dot{I}_1 + a^2\dot{I}_2 = \{(a - a^2)\dot{Z}_0 + (a - 1)\dot{Z}_2\}\frac{\dot{E}_a}{\dot{Z}_s} \quad (11.15)$$

ここで，$\dot{Z}_s = \dot{Z}_0\dot{Z}_1 + \dot{Z}_1\dot{Z}_2 + \dot{Z}_2\dot{Z}_0$ である．

11.2.3　三線地絡時の電流と一線地絡時の電流

三つの端子が**図 11.6** のようにすべて地絡した**三線地絡**の場合を考える．各端

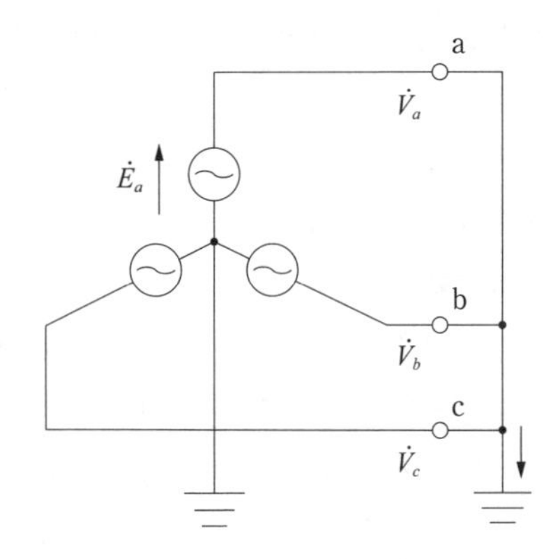

図 11.6　三線地絡時の等価回路

子の電圧は，

$$\dot{V}_a = \dot{V}_b = \dot{V}_c = 0 \quad (11.16)$$

である．このとき電圧の対称分は，

$$\dot{V}_0 = \dot{V}_1 = \dot{V}_2 = 0 \quad (11.17)$$

となるので，発電機の基本式から，

$$\dot{I}_0 = 0, \qquad \dot{I}_1 = \frac{\dot{E}_a}{\dot{Z}_1}, \qquad \dot{I}_2 = 0$$

である．以上の関係から各相の電流は，

$$\dot{I}_a = \frac{\dot{E}_a}{\dot{Z}_1}, \qquad \dot{I}_b = \frac{a^2\dot{E}_a}{\dot{Z}_1}, \qquad \dot{I}_c = \frac{a\dot{E}_a}{\dot{Z}_1} \quad (11.18)$$

として得られる．三線地絡時は，大地を介して 3 相が短絡していることになるの

で，三線地絡は三相短絡と現象は異なるが，同じ値の対称三相交流電流が流れる．

次に，三線地絡時の電流と一線地絡時の電流の大きさを比べてみる．式(11.5)は，故障点 a が昇圧変圧器(Δ−Y 結線)，変電所の変圧器(Y−Y結線)，および送電線を介した場合でも成立する．この場合，$\dot{Z}_0$，$\dot{Z}_1$，$\dot{Z}_2$ は，それぞれ式(10.19)，式(10.20)，式(10.21)の形で表現でき，変電所の変圧器と送電線は $\dot{Z}_t$ の中に定式化される．**直接接地**系統において，故障点 a が並列に運転されている m 台の変圧器の近傍では，並列運転している変圧器の中性点インピーダンス $\dot{Z}_n$ は，一次側も二次側も 1 台のときの 1/m と小さな値になる．また，10.4 節の説明のとおり，昇圧変圧器一次側の Δ 結線により，$\dot{Z}_0$ は発電機の零相インピーダンス $\dot{Z}'_{g0}$ の影響を受けないが，$\dot{Z}_1$ と $\dot{Z}_2$ はそれぞれ発電機の正相，逆相インピーダンス Z'_{g1}，Z'_{g2} の成分が加わる．

以上から，直接接地系統において変圧器が並列運転している変電所の近傍では，$Z_0 < Z_1 = Z_2$ となる場合があり，式(11.5)と式(11.18)から**一線地絡電流**が三線地絡時の電流，すなわち**三相短絡電流**より大きくなることがある．遮断器の**定格遮断電流**は，多くの場合に三相短絡電流で決まるが，直接接地系統では一線地絡電流により決まる場合がある．接地インピーダンス値が大きくなるほど，故障点が変電所より遠くなるほど，Z_0 は大きくなり，一線地絡電流は抑制される．

11.2.4　短　絡　容　量

電力系統で三相が同時に短絡した場合において，**相電圧**と故障点に流れこむ短絡電流との積に 3 を乗じた値を**短絡容量**と呼ぶ．これは故障点から見た系統の等価的な電源容量の大きさを示すものである．

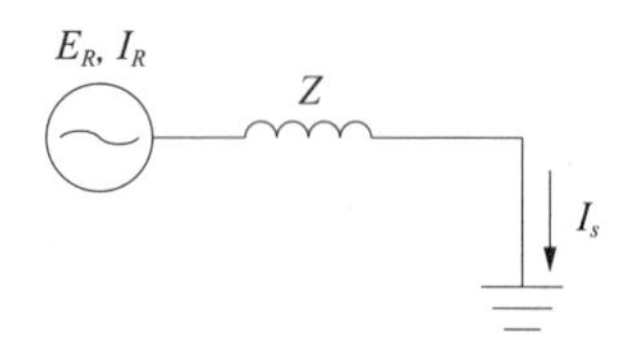

図 11.7　短絡容量計算のための等価回路

第 6 章で短絡電流について説明したが，短絡容量を求めるために，もう一度整理する．**図 11.7** のように定格電圧 E_R(相電圧)，定格電流 I_R の等価電源と，故障点から電源側を見たインピーダンス Z の等価回路があるとする．短絡したときの故障電流 $I_s=E_R/Z$ について，定格電流を基準値として単位法で表せば I_{spu} は，

$$I_{spu}=\frac{I_s}{I_R}=\frac{1}{Z}\cdot\frac{E_R}{I_R}$$

となるが，E_R/I_R は定格電流・電圧を使ったインピーダンスの基準値 Z_B であることから，

$$I_{spu}=\frac{1}{Z/Z_B}=\frac{1}{Z_{pu}} \tag{11.19}$$

すなわち，単位法では**三相短絡電流**はインピーダンスの逆数として求められる．

実際の短絡電流は，$I_s=I_{spu}\cdot I_R$[A] となるので，3 相分の短絡容量 P_s は，

$$P_s=3I_s\cdot E_R=I_{spu}\cdot(3I_RE_R)\equiv I_{spu}\cdot P_R \tag{11.20}$$

ここで，P_R[VA] は電源の定格容量である．

11.3　二　相　短　絡

端子 b と c との間で，**図 11.8** のように**二相短絡**が生じた場合を考える．短絡している端子 b と c の電圧は，

$$\dot{V}_b=\dot{V}_c \tag{11.21}$$

であり，電流は，

$$\dot{I}_a=0,\qquad \dot{I}_b+\dot{I}_c=0 \tag{11.22}$$

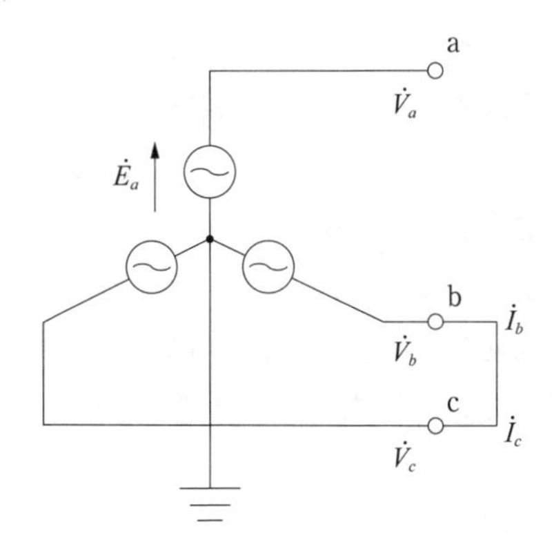

図 11.8　二相短絡時の等価回路

であるので，電圧と電流をそれぞれ対称分に変換すると，

$$\dot{V}_1 = \dot{V}_2 \tag{11.23}$$

$$\dot{I}_0 = 0, \qquad \dot{I}_1 = -\dot{I}_2 \tag{11.24}$$

となる．電圧に関する式(11.23)を式(10.18)の発電機の基本式に代入すると，

$$\dot{E}_a - \dot{Z}_1\dot{I}_1 = -\dot{Z}_2\dot{I}_2$$

となり，式(11.24)を代入すれば，

$$\dot{I}_1 = \frac{\dot{E}_a}{\dot{Z}_1 + \dot{Z}_2}, \qquad \dot{I}_2 = -\frac{\dot{E}_a}{\dot{Z}_1 + \dot{Z}_2}$$

が得られる．以上を発電機の基本式に代入すると，

$$\dot{V}_0 = 0, \qquad \dot{V}_1 = \dot{V}_2 = \frac{\dot{Z}_2\dot{E}_a}{\dot{Z}_1 + \dot{Z}_2}$$

となるので，式(10.2)，式(10.4)から各端子の電圧と電流は，

$$\dot{V}_a = \frac{2\dot{Z}_2}{\dot{Z}_1 + \dot{Z}_2}\dot{E}_a, \qquad \dot{V}_b = \dot{V}_c = -\frac{\dot{Z}_2}{\dot{Z}_1 + \dot{Z}_2}\dot{E}_a \tag{11.25}$$

$$\dot{I}_b = -\dot{I}_c = \frac{a^2 - a}{\dot{Z}_1 + \dot{Z}_2}\dot{E}_a \tag{11.26}$$

となる．

11.4　2機系統の故障計算

電力系統では複数の発電機が，送電線と変電所を介して接続されている．いま電力系統を単純化して，二つの三相同期発電機が**図 11.9** のように接続されているものと考える．それぞれの三相同期発電機について，a 相の内部誘起電圧は $\dot{E}_f$, $\dot{E}_g$ で，対称分インピーダンスは $(\dot{Z}_{f0}, \dot{Z}_{f1}, \dot{Z}_{f2})$，$(\dot{Z}_{g0}, \dot{Z}_{g1}, \dot{Z}_{g2})$ である．接続点 a，b，c から見れば二つの発電機が並列になっている．したがって，2 機系統の対称分等価回路は**図 11.10** のようになる．

発電機の接続点で一線地絡が生じたとき，等価的に一つの発電機とみなすことができるので，故障点の電流 $\dot{I}_a$ は式(11.5)と同様にして，

$$\dot{I}_a = \frac{3\dot{E}_a'}{\dot{Z}_0' + \dot{Z}_1' + \dot{Z}_2'} \tag{11.27}$$

である．このとき，対称分インピーダンス $(\dot{Z}_0', \dot{Z}_1', \dot{Z}_2')$ は**図 11.10** の等価回路から，

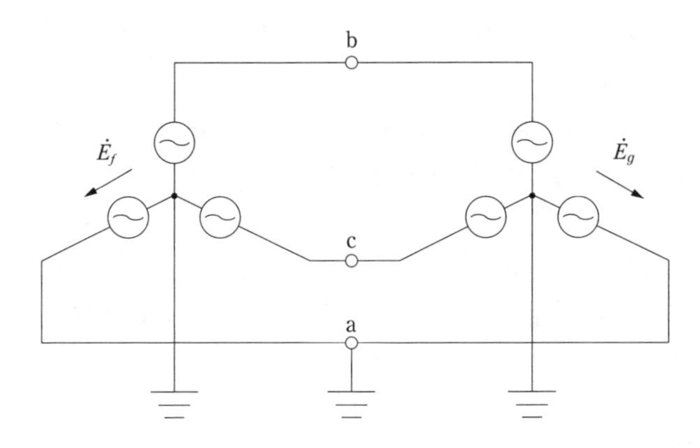

図 11.9　2機系統の地絡時の等価回路

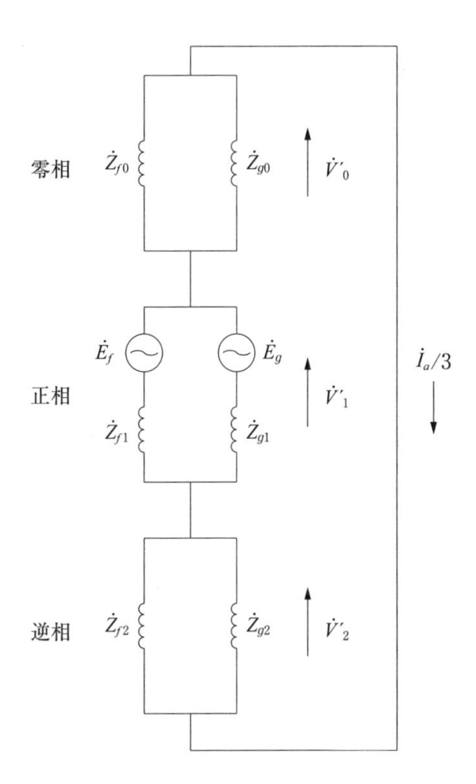

図 11.10　2機系統の地絡時の対称分等価回路

$$\dot{Z}_0' = \dot{Z}_{f0}\dot{Z}_{g0}/(\dot{Z}_{f0}+\dot{Z}_{g0}),\ \dot{Z}_1' = \dot{Z}_{f1}\dot{Z}_{g1}/(\dot{Z}_{f1}+\dot{Z}_{g1}),\ \dot{Z}_2' = \dot{Z}_{f2}\dot{Z}_{g2}/(\dot{Z}_{f2}+\dot{Z}_{g2})$$

である．

一線地絡が生じる前に接続点 a に現れている電圧 $\dot{E}_a'$ を求めてみよう．発電機の基本式である式(10.18)の正相分を考えると，

$$\dot{V}_1' = \dot{E}_a' - \dot{Z}_1'\dot{I}_1'$$

このとき地絡は生じていないので，$\dot{I}_1'=0$ であるから $\dot{E}_a'=\dot{V}_1'$ となる．すなわち，電圧 $\dot{E}_a'$ は等価回路の正相分について，電気回路理論における**帆足（ほあし）－ミルマンの定理**を使えば，

$$\dot{E}_a' = \frac{\dot{E}_f/\dot{Z}_{f1} + \dot{E}_g/\dot{Z}_{g1}}{1/\dot{Z}_{f1} + 1/\dot{Z}_{g1}} \tag{11.28}$$

となる．また，故障点の電流 $\dot{I}_a$ は上式を式(11.27)に代入すれば，

$$\dot{I}_a = \frac{3}{\dot{Z}_0' + \dot{Z}_1' + \dot{Z}_2'} \cdot \frac{\dot{E}_f/\dot{Z}_{f1} + \dot{E}_g/\dot{Z}_{g1}}{1/\dot{Z}_{f1} + 1/\dot{Z}_{g1}} \tag{11.29}$$

として求められる．

12 安　定　度

電力系統の中で集中形発電として発電の多くを担っている同期発電機は，回転運動により発電する．すなわち，機械入力が電気出力に変換されるシステムなので，負荷の変化や系統事故などに対して，電気的な扱いだけでなく，回転運動の慣性や回転速度の動揺にかかわる機械的な側面を考慮して，同期発電機を安定に運転するための**安定度**に関する考察が重要となる．

12.1　電力系統の特徴

電力系統は，**図 12.1** のように各種の電源，送電線，変電所などを基本要素とする巨大な電気回路で構成されたネットワークシステムである．わが国で運用されている最も高い電圧階級は 500 kV である．一部の送電線は 1 000 kV 設計の UHV（Ultra High Voltage）送電線となっており，将来的には昇圧して運用することも考えられる．

電力系統には次のような特徴がある．

a．系統を通じて消費される電力は，時刻，月日，季節，気象，経済活動，社会活動により大きく変化する．これに対して系統は，いつでも安定的に電力を供給する能力を保持する必要があり，この能力を**アデカシー**という．また，系統事故などの異常時にも周波数，安定度，電圧安定性などを維持する必要があり，この能力を**セキュリティ**という．さらに，送電線など電力系統を構成するさまざまな設備にふりかかる災害や脅威に対して強靭性，すなわち**レジリエンス**を保持することも重要である．

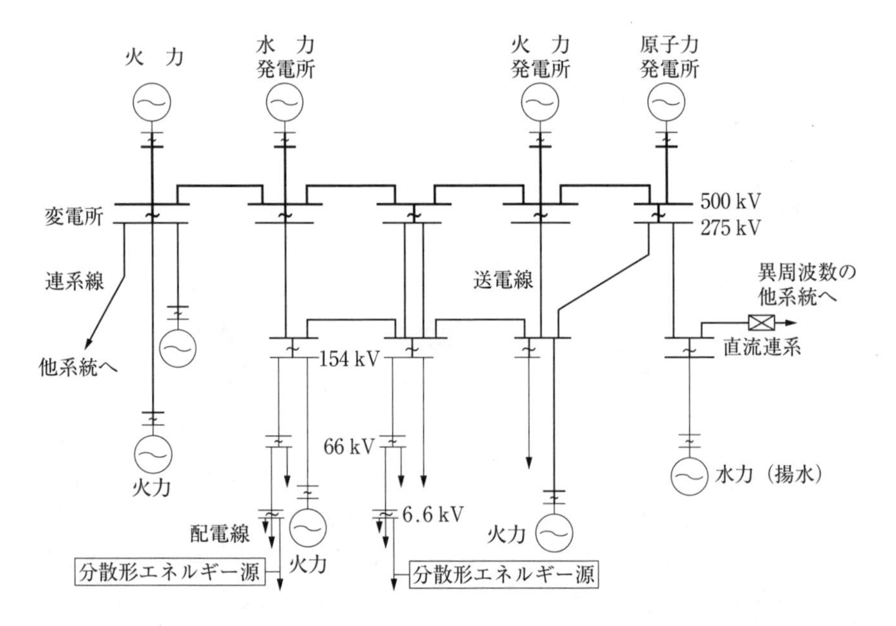

(注)・この図は，電力系統を構成する要素の一部を描いたものである．系統の構成は地域により異なる．
・潮流制御や短絡電流対策のため，一部の送電線や母線の遮断器は開放されている．
・下位電圧系統は放射状，上位電圧系統はループ，の運用となる場合が多い．
・分散形エネルギー源は，配電線や需要家などに分散して接続される．

図 12.1　電力系統のイメージ

b．電力の需要と供給は常に等しく，釣り合いがとれている必要がある．すなわち，周波数はできる限り定格周波数を維持しなければならない．このため，これまでは集中形発電を主体として，発電コストや運用形態に従い，継続的に発電する**ベースロード電源**(石炭火力，原子力，水力など)，需要に応じて出力調整が容易な**ミドル電源**(LNG 火力など)，需要が大きい時に発電する**ピーク電源**(石油火力，ガスタービン，揚水など)に役割分担して供給してきた．一方，再生可能エネルギー電源が大規模に普及すると，これらを優先して電力を供給し，集中形発電や電力貯蔵装置は，朝夕・夜間・曇天時・荒天時における供給が増えることが予想される．将来は下位電圧系統から上位電圧系統への潮流が増加し，下位電圧系統での連系が必要となる．

c．系統内の送電線を増強したり，系統間を送電線で広域的に連系すると，平常時は自由度や安定性の高い運用ができるが，送電線の建設費・運営費などが増加する．**ループフロー**と呼ばれる近隣の送電線を迂回する潮流が大きくなる場合がある．系統事故時には，本章や第13章で説明するさまざまな不安定性が系統全体に波及しやすくなり，短絡電流など事故電流が増加する．送電線を建設するには地域の理解も必要となる．系統ではこれらの事象のバランスをとり，効率的に設備形成を行う必要がある．

d．電力を安定して品質良く送るために，系統の電圧はできる限り一定に維持されなければならない．また，系統事故時などに発生する異常電圧は，できる限り定常値に近い値に抑えるとともに，発生回数を減らし，継続時間を短くする必要がある．

e．近年，**スマートグリッド**，**マイクログリッド**など，情報・通信ネットワークやコンピュータを駆使した，電力系統の新しい概念も構築されつつある．

12.2　安定度とその種類

系統を構成する集中形の発電機は同期発電機であり，これが安定であるということは，すべての発電機が同期して運転している状態を意味している．発電機が同期運転している状態とは，系統内の発電機が送電線を介して，すべて同一速度すなわち同期速度で回転しているということである．ただし，潮流により位相差が変化するので，発電機の位相角はそれぞれ異なっている．

事故のような大きな要因ではなく，負荷の変化，変圧器タップの変化のような比較的小さな**じょう乱**でも，系統内に生じた振動が収まらずに継続することがある．ときには発散して結局は安定な運転ができなくなる場合もある．

一方，系統内で短絡，地絡，断線などの事故(じょう乱)が発生すると，この事故点については送電線両端の遮断器で遮断されたあと，事故の早期回復のための再閉路や，事故波及を抑制する系統分離などの系統操作が行われる．事故から一連の系統操作を経て，系統内ではさまざまな不安定が発生したり収束したりする．ごく稀であるが，この間に一部の発電機が**同期運転**できず，同期はずれを起こして停止してしまうことがある．これは**脱調**と呼ばれ，系統の安定運転に対して大きな阻害要因となる．

このような現象は，系統が巨大な非線形システムであることにより発生するものである．仮に系統内の微小なじょう乱であっても動揺が拡大して発散したり，別の現象を誘発したりすることがあり，複雑な様相を呈する．また，社会の変化や技術の進歩により，これまで顕在化していなかった不安定現象が起こることもある．このように安定度は，時代とともにさまざまな局面に着目して解明されてきたが，ここでは安定度を次の二つの観点に大別して説明する．

1. 定 態 安 定 度

定態安定度は負荷の変化など比較的小さなじょう乱に対して，発電機や系統全体が振動するとき，それが拡大するか収束するかを扱うものである．定態安定度により発電機が動揺して不安定状態となるイメージを**図 12.2**(a)に示す．じょう乱が微小なうちは**線形現象**として近似できるので，固有値解析などで安定性を検討することができる．ただし，じょう乱が大きくなり機器の**飽和・ヒステリシス**や制御装置の**リミッタ**などの非線形要素を考慮すべき場合，および脱調に至る過程では，**非線形現象**として扱う必要がある．これらは 10 秒程度以上の時間領域を対象としている．定態安定度は，**小じょう乱同期安定度**とも呼ばれ，両者はほぼ同じ概念である．

2. 過 渡 安 定 度

過渡安定度は**地絡事故**や**短絡事故**，送電線開放など比較的大きなじょう乱に対して，発電機が系統との間で同期運転を継続できるか否かを扱うもので，最終的には発電機の**脱調**という，きわめて非線形な現象を扱うことになる．過渡安定度により発電機が動揺して不安定状態となるイメージを**図 12.2**(b)に示す．これは数秒程度の時間領域を対象としている．

実際には，過渡安定度が確保された場合でも，じょう乱に誘発された振動が拡大し，定態安定度が保てず発散するような複雑な現象もある．これは**中間領域安定度**とも呼ばれ，数秒から 10 秒程度の時間領域を対象としている．中間領域安定度により発電機が動揺して不安定状態となるイメージを**図 12.2**(c)に示す．

なお，電圧安定性に関しては，第 13 章で説明する．

12.3　同期発電機の運動方程式

安定度を論じるにあたって，じょう乱が発生した時に同期発電機がどのように

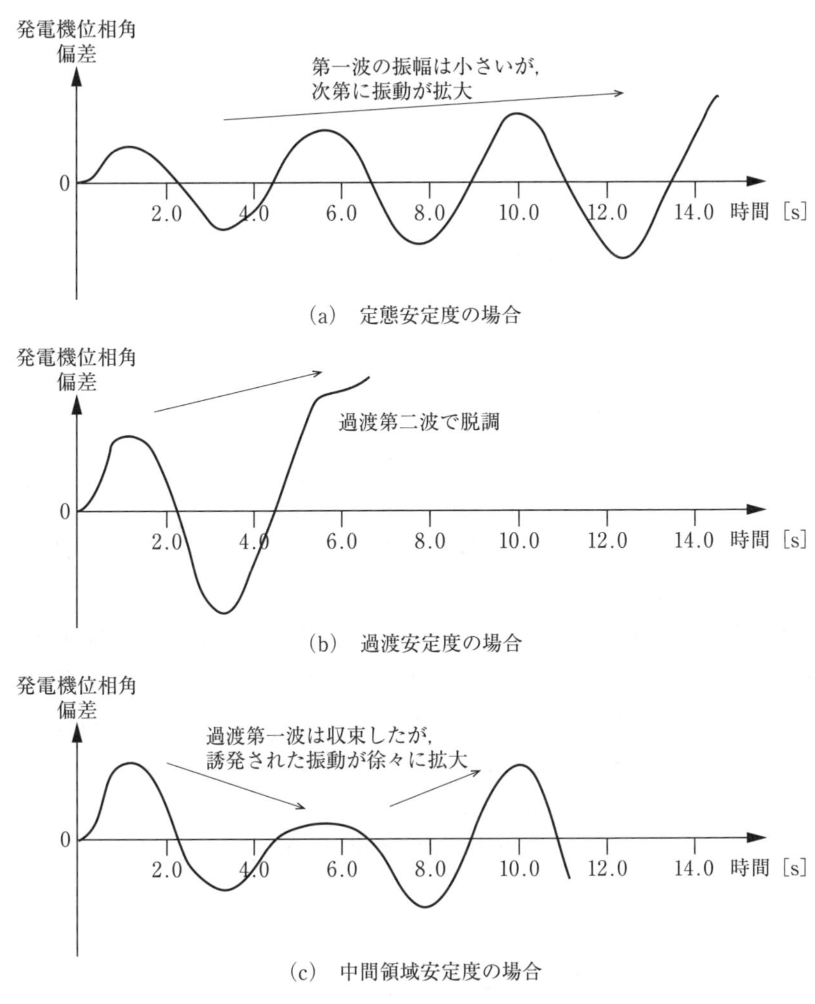

図 12.2　安定度の種類による不安定状態の違い

動くかを調べるために，**図 12.3** のように発電機が送電線を介して，電圧，周波数が一定である**無限大母線**に接続されている場合を考える．このように 1 台の発電機と無限大母線から構成される系統を**一機無限大母線系統**という．

極対数 1 の発電機（2 極機）では，**電気角** θ と**機械角** θ_m が等しいことから，回転子の角速度を ω，回転子の**慣性モーメント**を I とおくと，回転運動のエネルギー W は，

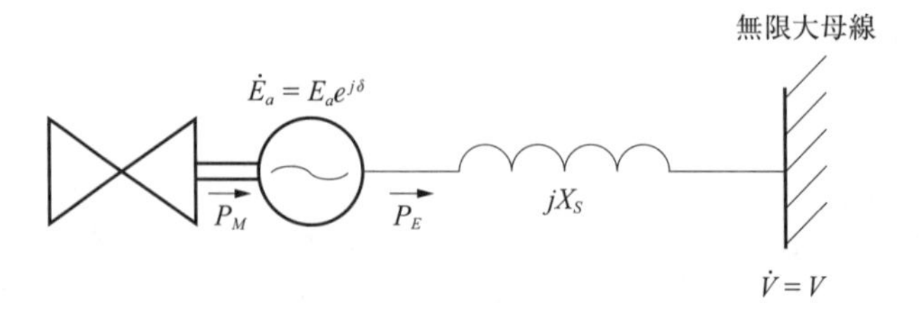

図 12.3　一無限大母線系統

$$W = \frac{I\omega^2}{2} \quad [\mathrm{J}]$$

であるので両辺を時間微分すると，

$$\frac{dW}{dt} = P_M - P_E = I\omega\frac{d\omega}{dt} = I\omega\frac{d^2\theta}{dt^2} \quad [\mathrm{W}] \tag{12.1}$$

となる．ここで，dW/dt は単位時間当たりの回転運動のエネルギーの変化，P_M は発電機への機械入力，P_E は発電機の電気出力である．

定格角周波数を ω_0 とすると $\theta_m = \theta = \omega_0 t + \delta$ である．ここで，δ は発電機の**内部誘起電圧** $\dot{E}_a$ の**位相角**，すなわち ω_0 で回転する基準座標軸と回転子との間の**相差角**である．$d\delta/dt$ は回転子の ω_0 からの角変位を表し，$d\theta/dt = \omega = \omega_0 + d\delta/dt$ である．また，ω_0 からの極端な変化でなければ，$\omega_0 \gg d\delta/dt$ であるから，発電機の定格容量を P_0 とすると，**単位慣性定数**を $M = I\omega^2/P_0 \approx I\omega_0^2/P_0$ のように近似できる．以上の関係を式(12.1)に代入して，**発電機の運動方程式**は次式となる．

$$\frac{M}{\omega_0} \cdot \frac{d^2\delta}{dt^2} = P_M - P_E \quad [\mathrm{p.u.}] \tag{12.2}$$

上式は，**動揺方程式**と呼ばれることもある．P_M，P_E の単位は，式(12.1)では[W]であるが，式(12.2)では P_0 を基準値とする[p.u.]とした．

さらに，電気出力は，発電機の内部誘起電圧を $\dot{E}_a$，無限大母線の電圧を $\dot{V} = V$，発電機の同期リアクタンスと送電線・変圧器のリアクタンスの合計を X_s とすると，式(2.12)と同様にして，$P_E = E_a V \sin\delta / X_s$ となる．以上から，発電機の運動方程式は，

$$\frac{M}{\omega_0} \cdot \frac{d^2\delta}{dt^2} = P_M - \frac{E_a V}{X_s} \cdot \sin\delta \quad [\mathrm{p.u.}] \tag{12.3}$$

としても表される．

なお，発電機や系統の動きを精緻に解析する場合には，第2章で説明した界磁・電機子・制御巻線における磁束・電流などの変化を，発電機の構造にもとづき詳細に模擬した**Park の式**や，一部簡略化したモデルが用いられる．

12.4　発電機の安定運転と定態安定度

一機無限大母線系統の発電機の電気出力は $P_E = E_a V \sin\delta / X_s$ であるので，**図 12.4** に示すように P_E と δ の関係を示す**電力相差角曲線**を考える．じょう乱が生じる前では式(12.2)は $P_M = P_E = P_{E0}$ となっており，図の点 A あるいは点 B が動作点となる．機械入力の変化は電気的じょう乱に比べて緩やかであるので一定と考える．この時点では，発電機の相差角は δ_1 または δ_2 となる．

安定度を議論する場合には，動作点の安定性すなわち同期運転が保たれるか否かと，じょう乱が減衰する速さの両方を考える必要がある．

12.4.1　動作点の安定性

動作点 A において，比較的小さなじょう乱で発電機がわずかに加速され，相差角が $\Delta\delta$ だけ増加すると，電気出力 P_E もわずかに増加するので，発電機は減速

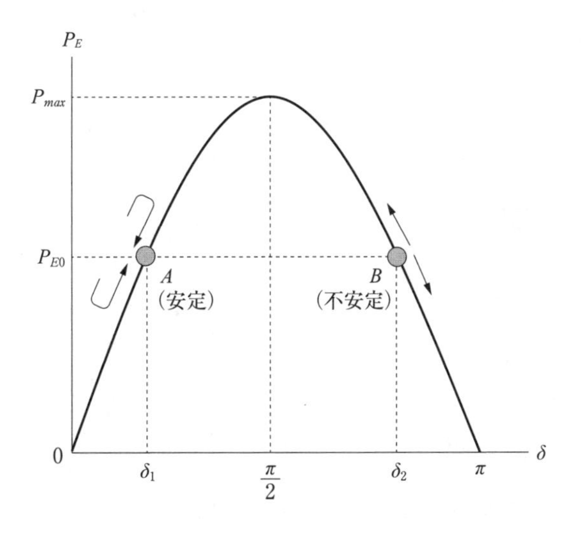

図 12.4　電力相差角曲線の安定点と不安定点

され最初の動作点Aに戻る．逆に発電機が減速されたときは電気出力も減少するので，発電機は加速され，やはり点Aに戻る．このように，点Aではじょう乱に対して発電機に復元力が働くので，安定に運転できる．

一方，動作点Bでは，比較的小さなじょう乱で発電機がわずかに加速され，相差角が$\Delta\delta$だけ増加すると，P_Eはわずかに減少するので，発電機はさらに加速されてしまう．発電機が減速される場合も同様で，減速がさらに拡がることになる．つまり，点Bはじょう乱に対して不安定な状態となる．

以上のことから相差角δに関して，$0<\delta<\pi/2$では安定，$\pi/2<\delta<\pi$では不安定となる．いいかえると，$dP_E/d\delta>0$では安定，$dP_E/d\delta<0$では不安定であり，実際には点Bは安定な動作点となりえない．電力相差角曲線の傾きは，

$$\frac{dP_E}{d\delta}=\frac{E_aV}{X_s}\cos\delta=K \quad [1/\mathrm{rad}] \tag{12.4}$$

と表され，じょう乱時に定常時の相差角へ復帰できる力を示しており，Kは**同期化係数**と呼ばれる．

12.4.2 じょう乱の減衰の速さ

じょう乱の減衰の速さを議論する場合には，同期化係数に加えて発電機の制動係数Dを考慮する必要がある．**制動係数**は発電機回転子の制動巻線などにより発生し，角速度の変位に比例する．制動係数は**ダンピング**とも呼ばれることがある．

式(12.3)と式(12.4)において，比較的小さなじょう乱が発生したときの各変数の変位に$\varDelta$をつけ，$\varDelta\delta\ll 1$とするとともに，制動係数Dの項を加えると，

$$\frac{M}{\omega_0}\cdot\frac{d^2\varDelta\delta}{dt^2}=\varDelta P_M-\frac{D}{\omega_0}\cdot\frac{d\varDelta\delta}{dt}-K\varDelta\delta \quad [\mathrm{p.u.}] \tag{12.5}$$

となる．ラプラス演算子sを用いると上式は，

$$\left.\begin{aligned}\varDelta\omega &= \frac{s}{\omega_0}\varDelta\delta \quad [\mathrm{p.u.}]\\ \varDelta\omega &= \frac{1}{Ms}(\varDelta P_M-D\varDelta\omega-K\varDelta\delta)=\frac{1}{Ms}(\varDelta P_M-\varDelta P_E) \quad [\mathrm{p.u.}]\end{aligned}\right\} \tag{12.6}$$

となり，**ブロック線図**を描くと**図12.5**のようになる．なお，単位法(p.u.値)であらわすと，回転子の角周波数は，発電機の電気出力の角周波数と等しくなるので，

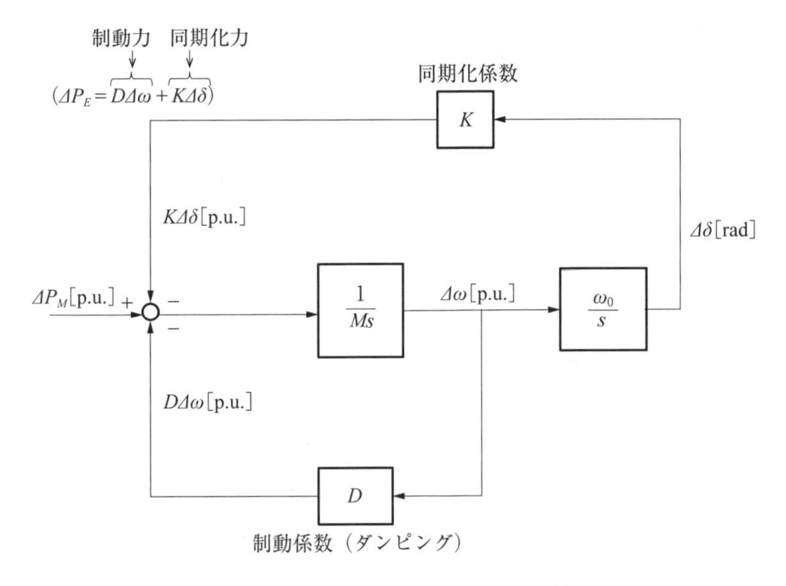

図 12.5　比較的小さなじょう乱時の発電機モデル

式(12.6)は極対数にかかわらず成立する．

制動係数が大きいほど角速度の加速(減速)時の電気出力の増加(減少)が大きくなり，じょう乱の減衰が速くなることがわかる．$K\Delta\delta$ は**同期化力**，$D\Delta\omega$ は**制動力**と呼ばれることがある．同期化係数 K や制動係数 D は，制御装置がない場合は定数として近似できるが，電力系統に制御装置など時間により変化する要素を含む場合には，ラプラス演算子 s を含む数式として定式化される．

発電機単体では制動係数が負になることはないが，同期化係数を大きくするために**超速応励磁**を適用した場合などでは負になるので，**系統安定化装置**(PSS：Power System Stabilizer)などにより，これを補償して正とする必要がある．PSS は，**図 12.6** のように発電機端子電圧や角周波数を入力し，**自動電圧調整装置**(AVR)に補助信号を与える．**図 12.5** のブロック図をもとに発電機の励磁制御の位相関係を表すと，**図 12.7** のようになる．PSS 制御の追加により，超速応励磁で負となった制動係数が正となっていることが理解できる．

また，系統内に**直流送電**や**直列コンデンサ**が設置されていると，その近傍の発電機の電気系ダンピングが定格周波数未満の周波数領域で負となる可能性がある．一方，タービン発電機の軸系は，この周波数領域で複数の固有振動周波数を持ち，

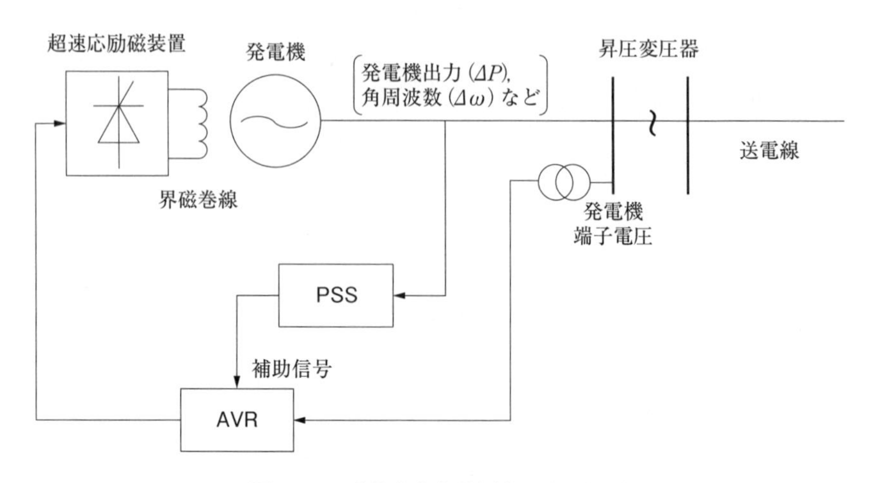

図 12.6 系統安定化装置(PSS)の概要

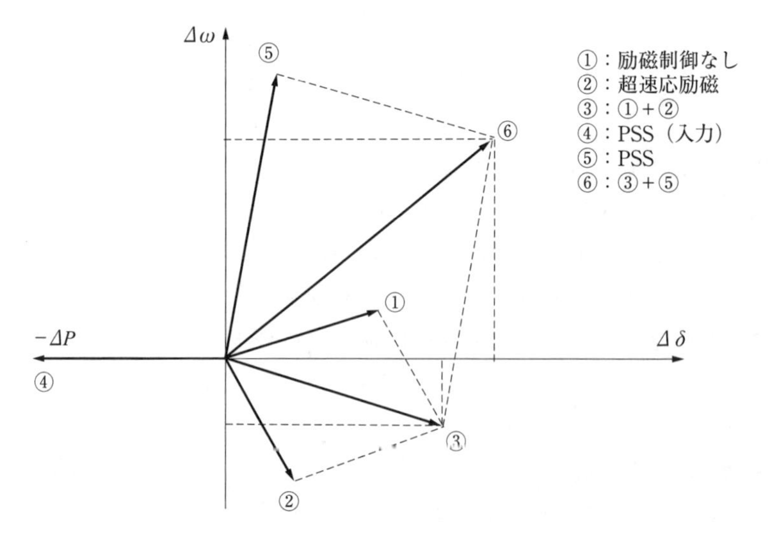

図 12.7 系統安定化装置(ΔP 入力)の位相関係

これらの周波数では軸系が有する機械系ダンピングが正であるが零に近くなる．このような場合には，固有振動周波数で機械系ダンピングと上記の電気系ダンピングの和が負となり，系統で何らかのじょう乱が発生すると発電機の**軸ねじれ振動**(SSR：Sub-Synchronous Resonance，あるいはSSTI：Sub-Synchronous Torsional Interaction)が誘発されるリスクがある．最悪の場合に発電機の軸が破損する可能性があるので，十分な検討が必要である．

12.5 多機系統の定態安定度

実際の系統は，多数の発電機が送電線を介して負荷である需要家に電力を供給している．このため，発電機や系統に設置されているさまざまな制御装置を含めて，系統は複雑な動きをすることになる．

多機系統の動作を解析するときの概念図を**図 12.8** に示す．系統内の発電機，負荷，各種制御装置については微分方程式で記述する．発電機の変数は相差角 δ_k，回転数 ω_k，磁束 $\varphi_k (k=1\cdots n)$ や，制御装置の変数であり，発電機と系統の間の座標変換を経て系統に接続される．系統を構成する送電線や変電所などは，第 9 章で説明したようにアドミタンス行列 $[\dot{Y}_{ij}]$ で表現し，電流 $[\dot{I}_i]$ と電圧 $[\dot{V}_i]$ の関係式を示す代数方程式，

$$[\dot{I}_i] = [\dot{Y}_{ij}][\dot{V}_i] \tag{12.7}$$

で記述する．なお，系統に設置される制御装置は，微分方程式で記述する．

最近は，コンピュータの性能と解析アルゴリズムが飛躍的に進歩しているので，

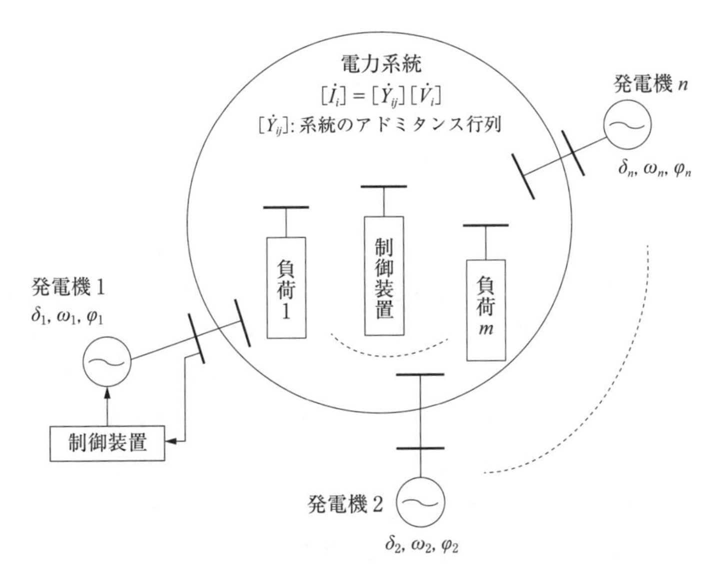

図 12.8 多機系統の概念図

初期潮流をもとに，四次の**ルンゲ・クッタ法**により発電機などの微分方程式および系統の代数方程式を数値的に**時間領域解析**すると，じょう乱による動揺を視覚的に分析できる．

一方，系統の**固有値解析**を行うと，不安定箇所の特定や原因の解明など，より現象論的な解析が可能となる．固有値を求めるには，以下の手順をとる．まず，上述の微分方程式と代数方程式を，n 次元の連立1階微分方程式として次のように定式化する．

$$\frac{d\boldsymbol{x}}{dt} = \boldsymbol{f}(\boldsymbol{x}) \tag{12.8}$$

これは**状態方程式**と呼ばれる．$\boldsymbol{f}$ は連立 n 次元1階微分方程式の右辺の行列表現であり，$\boldsymbol{x}$ はベクトル表現で，系統内の発電機の相差角 δ_k，回転数 ω_k，磁束 $\varphi_k (k=1\cdots n)$ や，制御機器の変数などである．

次に，不安定要因を見い出すためには，運転点 $\boldsymbol{x}$ での微小変化 $\boldsymbol{\Delta x}$ に対する系統の動揺を扱えばよいので，上式で $\boldsymbol{x}+\boldsymbol{\Delta x}$ として**線形化**して得られる次の状態方程式を用いる．

$$\frac{d\boldsymbol{\Delta x}}{dt} = \frac{\partial \boldsymbol{f}(\boldsymbol{x})}{\partial \boldsymbol{x}}\boldsymbol{\Delta x} \tag{12.9}$$

ここで，$\partial \boldsymbol{f}(\boldsymbol{x})/\partial \boldsymbol{x}$ は**ヤコビアン行列**となり，

$$\frac{\partial \boldsymbol{f}(\boldsymbol{x})}{\partial \boldsymbol{x}} = \left[\frac{\partial f_j}{\partial x_i} \right] \tag{12.10}$$

である．この行列の固有値が系統の固有値であり，行列が n 次元であれば固有値 λ は n 個求められる．実際の系統では次元数が1 000を超えることがあり，解析的に解くことは困難となるので，コンピュータを使った数値計算により求める．

固有値は複素数となり，実部は各**動揺モード**の減衰率を表し，その正負によって安定性を判断できる．虚部は動揺モードの角周波数を表す．すべての固有値の実部が負であれば系統は安定であり，一つでも実部が正の固有値があれば不安定となる．実部が負の動揺モードは，その絶対値が大きいほど安定性が高くなる．

固有値解析を行うと，系統内にどのような動揺モードが内在しており，運転点により，どの動揺モードが，どの発電機周辺で主となるかなどが具体的に分かる．さらに，**自動制御理論**をもとに**可観測性**，**可制御性**などのパラメータを求めれば，どの変数が動揺モードを観測しやすいか，あるいは，どの変数を制御すれば動揺

モードを制御しやすいかも分かる．

以上のように，固有値解析は系統の安定性を調べるときに，きわめて有効な手段である．ただし，固有値解析は，あくまで線形領域での解析なので，不安定要因の抽出や定態安定度のような小さなじょう乱の解析に効果を発揮するが，非線形要素を含むような大きなじょう乱の動揺の推移を評価するには不向きである．

12.6　過渡安定度と等面積法による判定

系統で，作業のため送電線を開放する場合や，事故回線をいったん開放した後に再閉路する場合には，発電機が過渡的に動揺する．このような過渡的な現象により，発電機の安定度がどのように変化するかを説明する．再閉路方式については，第 15 章で説明する．

1.　送電線の 1 回線開放

発電機が**図 12.9** のように，変圧器と 2 回線の送電線を介して無限大母線に接続されている場合を考える．発電機の同期リアクタンスを X_d，変圧器のリアクタンスを X_t，送電線のリアクタンスを X_l，電圧 V_b の無限大母線と送電線との間のリアクタンスを X_L とする．健全な状態では 2 回線送電線のリアクタンスは $X_l/2$ であるが，事故が生じて一つの回線が開放され 1 回線となったときには X_l となる．

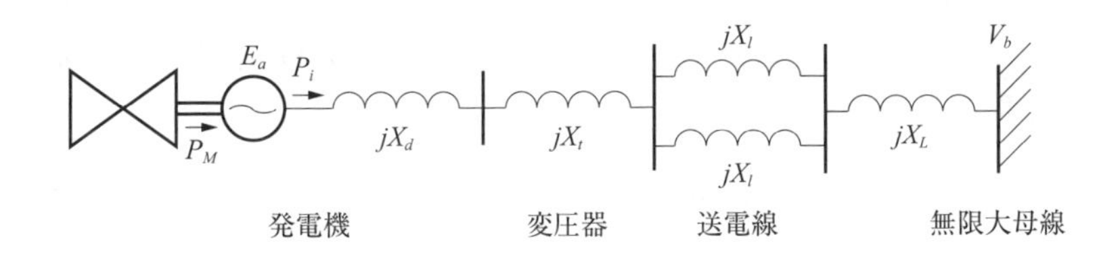

図 12.9　2 回線送電線の系統

図 12.10 の電力相差角曲線において，初期状態では動作点は曲線 P_1 上にある．送電線の 1 回線が開放されると，曲線 P_2 上に移行する．開放の前後において発電機の機械入力 P_M は一定である．開放された直後では相差角は δ_0 に維持されたまま，動作点が a_1 から a_2 へ移行する．このとき，機械入力が電気出力を上回る

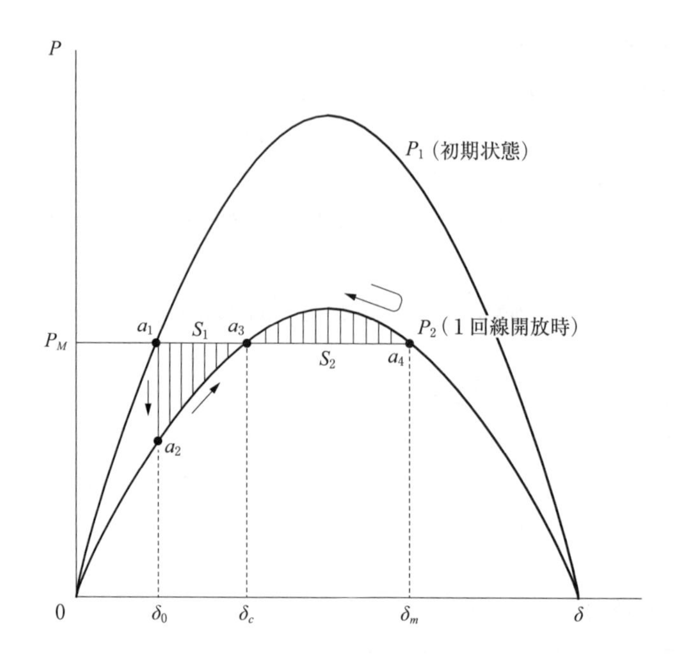

図 12.10　1回線開放時の電力相差角曲線

ので発電機は加速され，動作点は曲線 P_2 上で相差角 δ が増加する方向に移行する．その後，相差角 δ_c(動作点 a_3)を過ぎると電気出力が機械入力よりも大きくなり，動作点 a_4 において相差角は δ_m で最大となり以後は減少し，振動を繰り返したのち，動作点 a_3 に収束する．

上記の過程を数式的に表すために，電力 P_2 について式(12.2)のように発電機の運動方程式を考える．

$$\frac{M}{\omega_0}\cdot\frac{d^2\delta}{dt^2}=P_M-P_2 \tag{12.11}$$

両辺に $d\delta/dt$ を掛けると，

$$\frac{M}{\omega_0}\cdot\frac{d^2\delta}{dt^2}\cdot\frac{d\delta}{dt}=(P_M-P_2)\cdot\frac{d\delta}{dt}$$

となる．δ_0 の時刻を $t=0$ とし，δ_m となる時刻 $t=t_m$ まで積分すると，

$$\frac{M}{2\omega_0}\cdot\left(\left(\frac{d\delta}{dt}\right)^2\Bigg|_{t=t_m}-\left(\frac{d\delta}{dt}\right)^2\Bigg|_{t=0}\right)=\int_{\delta_0}^{\delta_m}(P_M-P_2)\cdot\frac{d\delta}{dt}\cdot dt \tag{12.12}$$

$t=0$ と $t=t_m$ では，$d\delta/dt=0$ なので左辺は零であるから，

$$\int_{\delta_0}^{\delta_m}(P_M-P_2)\cdot d\delta=\int_{\delta_0}^{\delta_c}(P_M-P_2)\cdot d\delta+\int_{\delta_c}^{\delta_m}(P_M-P_2)\cdot d\delta=0 \quad (12.13)$$

右辺の積分は，それぞれ P_M と P_2 が囲む二つの面積 S_1 と S_2 に相当する．機械エネルギーが過剰となっている領域を S_1，電気エネルギーが余剰な領域を S_2 として表している．式(12.13)の左辺は零で $S_1=S_2$ であり，両者のエネルギーの釣り合いがとれているので不安定とはならず安定である．このように，電力相差角曲線を用いて過渡安定度の安定性を判定する方法を**等面積法**と呼ぶ．

2.　送電線の1回線事故から遮断・再閉路

図12.9で示した系統について，事故発生から遮断・**再閉路**に至るそれぞれの系統状態の変化を，**図12.11**のように電力相差角曲線で説明する．

事故前の電力相差角曲線は $P_1(P_m\sin\delta)$ で動作点は b_1 である．事故が発生すると端子電圧が低下するので，動作点は曲線 $P_2(r_1 P_m\sin\delta)$ 上の b_2 に移行する．機械入力は変わらないので発電機は加速され，動作点は曲線 P_2 上で相差角が増加

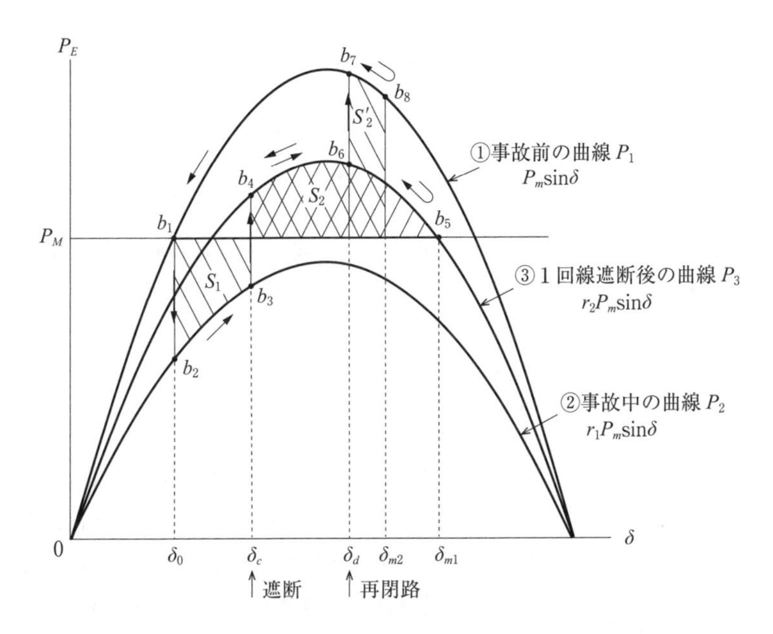

図12.11　1回線事故から遮断・再閉路に至る電力相差角曲線

する方向に移行する．一定時間後，相差角 δ_c のときに事故回線が遮断されると電圧は回復し，動作点は曲線 P_2 上の b_3 から曲線 $P_3(r_2 P_m \sin\delta)$ 上の b_4 に移行する．このとき，送電線のリアクタンスは初期状態に比べて2倍に増加しているので，曲線 P_2 から曲線 P_1 には戻らず，曲線 P_3 に移行する．

ここで，各曲線に示している係数 r_1 と r_2 は，$0<r_1<r_2<1$ である．また，面積 S_1 は P_M と曲線 P_2 が，面積 S_2 は P_M と曲線 P_3 が，それぞれ囲む領域とすると，$S_1=S_2$ となる動作点 b_5 で相差角は最大 δ_{m1} となり，以後は振動が減衰し，動作点 b_4 に落ち着く．

事故発生にともなって事故回線を遮断して，安定に運転できる遮断限界の相差角 δ_c を求める．δ_0 から δ_c までは電気出力が低下し機械入力が上回わるので発電機は加速し，機械エネルギーが余剰となる．事故区間のある送電線が δ_c のときに遮断されると，電気出力が機械入力よりも大きくなるので発電機は減速し，$d\delta/dt=0$ で δ の時間変化は止まる．

面積 S_1 と S_2 は次のように求められる．

$$S_1=\int_{\delta_0}^{\delta_c}(P_M-r_1P_m\sin\delta)\,d\delta=P_M(\delta_c-\delta_0)+r_1P_m(\cos\delta_c-\cos\delta_0)$$

$$S_2=\int_{\delta_c}^{\delta_{m1}}(r_2P_m\sin\delta-P_M)\,d\delta=-r_2P_m(\cos\delta_{m1}-\cos\delta_c)-P_M(\delta_{m1}-\delta_c)$$

等面積法の考えを使って $S_1=S_2$ の関係から δ_c を求めると，

$$\cos\delta_c=\frac{(\delta_{m1}-\delta_0)P_M/P_m+r_2\cos\delta_{m1}-r_1\cos\delta_0}{r_2-r_1} \tag{12.15}$$

定常時で $P_M=P_m\sin\delta_0$ のとき，三相短絡事故を考えると，$r_1=0$ であるので δ_c は，

$$\cos\delta_c=\frac{1}{r_2}(\delta_{m1}-\delta_0)\sin\delta_0+\cos\delta_{m1} \tag{12.16}$$

として求められる．

遮断後において，事故で遮断された回線を再閉路すると，**図12.11** において，曲線 P_3 上の動作点 b_6 は曲線 P_1 上の b_7 に移行し，遮断後に再閉路しない場合の最大相差角 δ_{m1} より小さい δ_{m2} で相差角が最大となる．最終的には動作点が事故前の b_1 に戻る．このように，遮断後にできるだけ高速で再閉路すると，回復後の動作点がより安定となり，過渡安定度が高まる．

12.7 安定度を向上させる方策

系統の安定度を確保・向上することは，電力を供給するうえできわめて重要であり，そのために次のようなさまざまな方策がとられている．

1. 系統構成による方策

（1） **送電電圧の高電圧化**　電圧が高ければ，送電線のリアクタンスの p.u. 値が減少するので，同一の電力を得るための相差角 δ が小さくなり，同期化係数が大きくなる．

（2） **送電線の多回線化・多ルート化**　これにより，系統のリアクタンスが減少する．なお，複数の送電線を並行して接続し，環状で運用する運用を**ループ運用**という．これは，常時の送電可能電力や安定度が向上する反面，**ループフロー**あるいは事故電流の増加や，事故が広範囲に及ぶリスクがある．

（3） **中間開閉所の設置**　これにより，作業や事故などで送電線が一部停止したときのリアクタンスの増加を抑えられる．

（4） **直列コンデンサの設置**　これにより等価的に送電線のリアクタンスを減少できる．

2. 系統運用による方策

（1） **電圧の高め運用**　系統電圧を運用範囲内で高めに設定して，送電電力を高める．

（2） **系統切替や発電機の発電電力の調整**　台風や大雨など気象条件を勘案して，仮に系統事故が発生した場合でも潮流を調整して事故の影響を最小限に抑える．

3. 発電機やタービンの制御

（1） **発電機の高速制御**　系統事故時に界磁を速やかに増加させ，過渡安定度を維持する超速応励磁により同期化係数を大きくする．このとき，発電機の制動係数が下がり負になる場合もあるので，**系統安定化装置**（PSS）を併用する．

（2）　**タービンの高速制御**　　系統事故時に**タービンバルブの高速制御**を行って蒸気加減弁などを急速に閉じることにより，系統側の電気出力の減少による発電機の加速を防止する．

4.　制御・リレーの高速動作

（1）　**事故区間を高速に遮断し，事故点のアーク消滅後の速やかな再閉路**　これにより，過渡安定度が高められる．**高速遮断**は，保護リレーと遮断器の高性能性により，70ms 程度の時間で可能となっている．

（2）　**脱調未然防止リレーシステムの設置**　　脱調前に電源制限などを実施し，脱調を未然に防止する．

5.　機器による対策

系統電圧および有効電力・無効電力の制御を，**静止形無効電力補償装置**，**同期調相機**，**直流連系**，**制動抵抗**などのさまざまな機器により実施し，安定度を向上させる．

13 周波数の制御および需給バランス調整ならびに電圧の制御

電力の品質維持と電力系統に接続される機器の健全性を維持する観点から，周波数と電圧はできる限り一定にする必要があり，系統運用の重要な要素となる．周波数の変化は，発電電力と負荷の有効電力のインバランスにより発生する．このため，電力系統内で発生する電力と消費される電力が等しくなるようにして，周波数を一定に維持する．また，電力系統が重負荷になると，電圧が不安定になる．これを安定化して，電圧を一定にするためには無効電力を制御する．

13.1 周波数の制御および需給バランス調整

13.1.1 電力系統における負荷と発電機の周波数特性

電力系統では，負荷や再生可能エネルギー電源の発電電力が時々刻々変化することに伴い，**周波数**が変化する．特に，再生可能エネルギー電源は発電電力の変化が大きいので，周波数の変化が大きくなる傾向にある．電源の脱落や電力系統に予測困難な事故が発生すると，周波数が変化する幅は大きくなる．実際にはこれらの変化に追随して，一般送配電事業者が本章で説明する調整力を使うことにより電力系統内の発電電力などを変化させて，多数の負荷の総量と総発電電力のバランスをとっている．これは**周波数制御**などと呼ばれ，これにより周波数はほぼ定格値 f_0 に維持されている．

1. 電力系統における負荷の周波数特性

電力系統内の負荷としてかなりの割合を占める電動機は，系統の周波数が増加すると回転数が増加し，電動機負荷は増加する．逆に周波数が減少すると電動機負荷も減少する．この関係を図示すると，**図 13.1** のように周波数 f_0[Hz] から Δf だけ増加したとき，系統内の負荷の総量 P_L[MW] は ΔP_L 増加する．この関係式は，

$$\Delta P_L = K_L \Delta f \tag{13.1}$$

と表され，K_L[MW/Hz] は単位周波数当りに負荷が変化する割合を示す負荷の**周波数特性定数**である．**図 13.1** の負荷には，再生可能エネルギー電源の発電電力(発電時はマイナス値)を含んでいる．

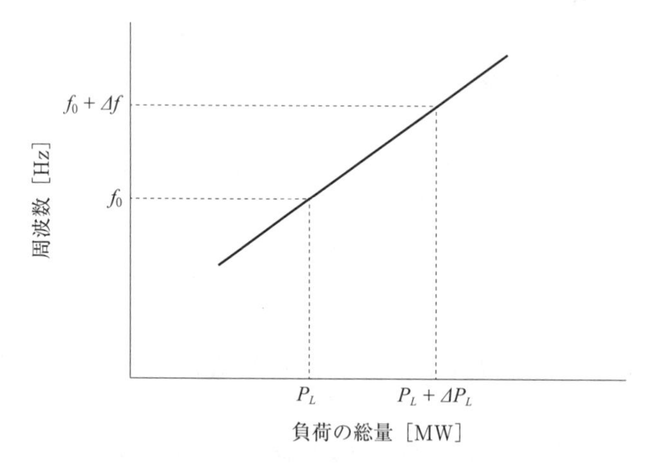

図 13.1　系統内の負荷の総量と周波数の関係

周波数が変化すると，電動機では発熱，振動の発生，回転数の変化など好ましくない影響が生じる．このため，周波数は常に一定に維持される必要がある．

2.　電力系統における発電機の周波数特性

水力発電や火力発電の発電機の多くは，負荷や再生可能エネルギーの発電電力の変化や，系統事故などのじょう乱が発生しても，できる限り系統の周波数が一定に保たれるように発電電力を変化させている．これは，次節で述べるガバナ・フリー運転と呼ばれ，負荷が増加したり再生可能エネルギー電源の発電電力が減少して周波数が下がると，発電電力を増加させて周波数を一定に保つように動作する．電力系統の中にガバナ・フリー運転の発電機が多い場合に，**図 13.2** のよ

うに系統の周波数 f_0 が $\varDelta f$ だけ減少すると，系統内の総発電電力 P_G [MW] は $\varDelta P_G$ 増加する．この関係式は，

$$\varDelta P_G = -K_G \varDelta f \tag{13.2}$$

と表される．ここで，K_G [MW/Hz] は単位周波数当りに総発電電力が変化する割合を示す発電機の周波数特性定数である．

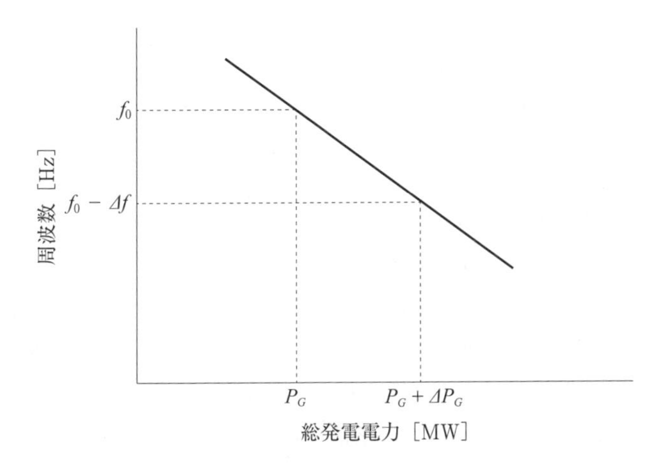

図 13.2　系統内の総発電電力と周波数の関係

大容量のタービン発電機のタービン翼の構造は薄くかつ直径が大きい．このため周波数の変化によりタービン翼に振動が生じ，疲労破壊につながる恐れがある．また，定格周波数からずれたところに発電用機器の固有振動周波数があり，この周波数の近傍まで周波数が変化するのは好ましくない．

3.　電力系統の周波数変化

定常時には，**図 13.1** と**図 13.2** を重ね合わせたときの周波数変化に対する負荷の総量と総発電電力の両特性の交点が，定格周波数 f_0 となるよう運用されている．定格周波数 f_0 で総発電電力と負荷の総量がバランスしているような電力系統で，**図 13.3** のように電力が $\varDelta P$ だけ変化したとする．これに応じて系統内の総発電電力が $\varDelta P_G$，負荷の総量が $\varDelta P_L$ 変化して，系統全体で次式の関係式で表す新たな平衡状態となる．

$$\varDelta P + (\varDelta P_G - \varDelta P_L) = 0$$

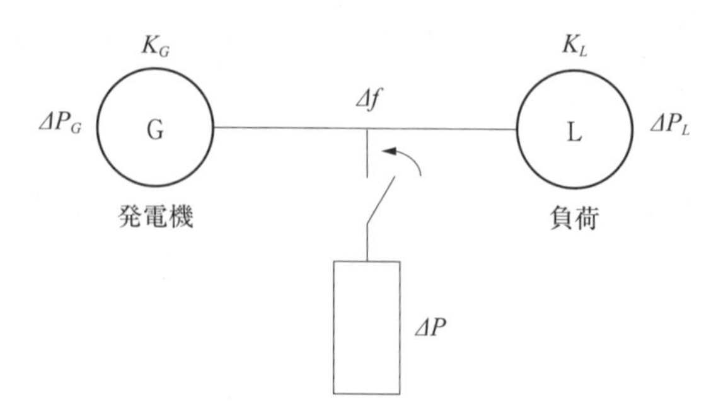

図 13.3　系統内の電力の変化と周波数の変化

式(13.1)，式(13.2)を用いると上式は，

$$\Delta P = (K_G + K_L)\Delta f \equiv K\Delta f \tag{13.3}$$

となる．ここで，K[MW/Hz]は系統の**周波数特性定数**，または単に**系統定数**と呼ばれている．電力の変化があったときに，K が大きいほど，系統内の発電機や負荷が大きく応動して周波数の変化を小さく抑えられる．

系統内で運転されているすべての発電機について，定格容量の総和 P_T[MW]をとり，K をパーセント表示すると，

$$\%K \equiv \frac{K}{P_T} \times 100 \quad [\%\text{MW/Hz}] \tag{13.4}$$

となり，その単位は実際の周波数変化の幅を考慮して[%MW/0.1 Hz]が使用されることが多い．通常 %K は 0.5～2.0 %MW/0.1 Hz である．

たとえば，K_G が 0.5 %MW/0.1 Hz で，K_L が 0.3 %MW/0.1 Hz であるとき，総発電電力の 1.0 % の電源が系統から脱落したとき式(13.3)から，

$$\Delta f = \frac{-\Delta P_G}{K_G + K_L} = \frac{-1.0}{(0.5+0.3)/0.1} = -0.13 \text{ Hz}$$

となり，0.13 Hz の周波数低下となる．

一般送配電事業者は，常時の周波数変化の目標幅を ±(0.2～0.3) Hz に設定しているが，大部分の時間において ±0.1 Hz 以内で運用されている．

13.1.2　周波数制御と需給バランス調整

1. 周 波 数 制 御

実際の系統では，ミリ秒から数時間までにわたって，常にいくつかの周期で需要の変動と，これにともなう周波数変化が生じている．本節では，負荷や再生可能エネルギー電源の変化を需要の変動として記述する．これらの周期の異なる需要の変動は，ある時点で一つの変化が発生するのではなく，同時に複数の変化が発生している．すなわち，需要の変動には，いくつかの周期の成分が重畳している．

需要の変動がごく小さい場合には，系統の慣性や負荷特性による**自己制御性**により**定格周波数** f_0 に収束する．需要の変動の周期は数秒から数時間にわたり，一般送配電事業者が周期に合わせて以下に示す三つの方法により，発電電力を制御している．**図 13.4** に需要の変動の大きさと周期の概要を示す．

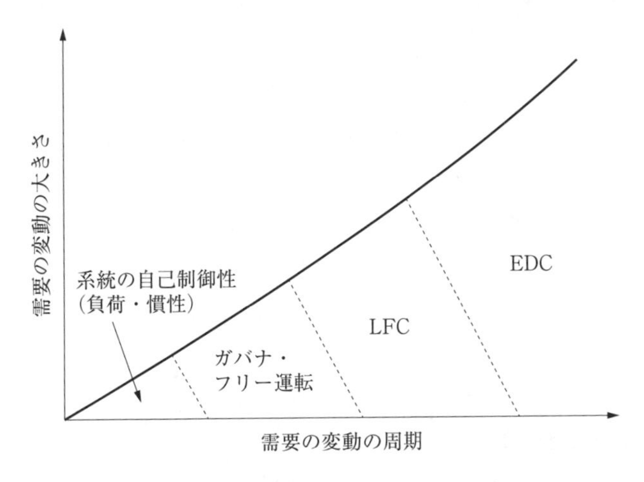

図 13.4　需要の変動の大きさと周期

(1)　ガバナ・フリー運転

需要の変動の周期が数秒以上から数分以下と短い成分は，変動の大きさは小さいが常に発生している．この変動成分は，個々の水力発電や火力発電の発電機において，発電機のガバナ(調速機)を用いて水車のガイドベーンあるいは蒸気タービンの蒸気加減弁などを調節することにより，発電電力を速応的に制御して抑制される．その結果，定格周波数が維持される．これは**ガバナ・フリー運転**と呼ばれる．ガバナ・フリー運転では，発電機一台ごとに**図 13.2** のように周波数変化に対して**垂下特性**を持たせて発電電力を制御し，発電機が同期速度で回転できるようにする．すなわち**図 13.1** のように周波数変化に対する負荷の総量が右肩上がりの特性であるため，個々の発電機のガバナに右肩下がりの特性を持たせて，周波数変化に対して安定的な復元機能を持たせている．

定格周波数 f_0 のときの発電電力を P_G'，周波数，発電電力の変化をそれぞれ Δf，$\Delta P_G'$ とすると，これらの変化率の比を表す発電機の**速度調定率**が，

$$r = \frac{\Delta f/f_0}{\Delta P_G'/P_G'} \times 100 \quad [\%]$$

と定義され，通常 2～6 % 程度の範囲となる．たとえば，f_0 が 50 Hz の場合において，出力 400 MW の発電機の速度調定率が 3 % とすると，周波数が 50.1 Hz となると出力は 26.7 MW 減少する．速度調定率が小さいほど発電電力の変化幅は大きくなるが，周波数の変化幅は抑制される．また，電力系統内のガバナ・フリーの発電機が多いほど，速度調定率が小さい発電機が多いほど，系統内の発電機の周波数特性定数 K_G は大きくなり，系統の周波数変化は小さく抑えられる．

なお，回転速度にかかわらず蒸気加減弁などの開度を一定に保つ運転を**ロード・リミット運転**という．ガバナ・フリーの発電機においても周波数が低下して発電電力が上限値を超えると，**図 13.5** のようにロード・リミット運転となり，周波数を維持する機能はなくなる．原子炉プラントの安定運転の観点から，出力を一定とする運転が必要な原子力電源の発電機などは，常にロード・リミット運転である．

（2）　負荷周波数制御

需要の変動の周期が数分以上から 10 数分以下の成分は，変動の大きさはさほど大きいものではない．この変動成分は，高い頻度で発生する需給ミスマッチなどによるもので，系統の周波数偏差や連系線潮流の変化を入力する**負荷周波数制御**（LFC：Load Frequency Control）により，発電電力を制御して抑制される．その結果，定格周波数に回復する．

（3）　経済負荷配分制御

需要の変動の周期が 10 数分より大きい成分は，比較的大きな変動の大きさと

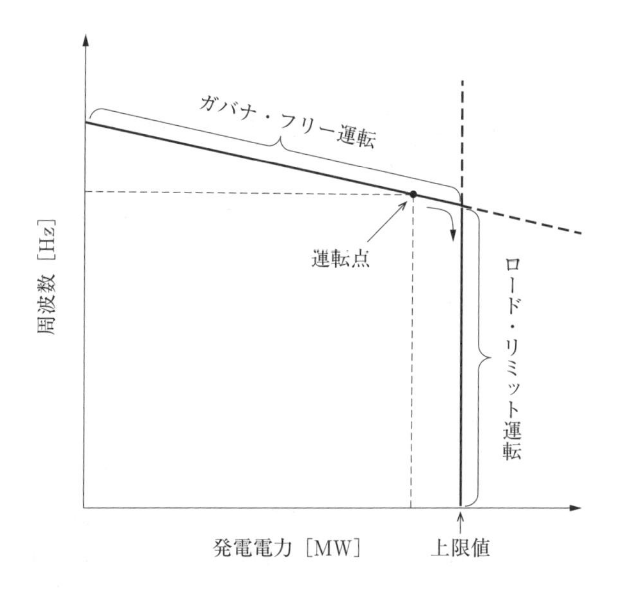

図 13.5　ガバナ・フリー運転とロード・リミット運転

なる．この変動成分は，数時間の総需要の変化に対応するもので，各発電機の増分燃料費の合計が最小となるよう需給バランスをとる**経済負荷配分制御**（EDC：Economical load Dispatching Control）により，発電電力を制御して抑制される．その結果，定格周波数に回復する．**増分燃料費**とは，発電電力をわずかに増やしたときの燃料費の増分である．

2.　需給バランス調整

一般送配電事業者は周波数を定格値に保つために，周波数制御を行っている．一方，発電事業者と供給義務が課された小売事業者は周波数制御を行う機能を有していないので，需要と供給を一致させることは困難である．そこで，発電事業者と小売事業者はそれぞれ発電と需要に関して，一定時間単位の**同時同量**を確保するよう運用が行われる．一定時間単位の同時同量とは，その時間ごとに発電電力量ならびに需要の電力量の計画値と実績値を一致させることであり，計画値同時同量とも呼ばれる．

このような**需給バランス**の調整は，需要と供給のバランスをとるという意味で周波数制御とほぼ同義である．周波数制御は，需給インバランスを速応的に制御して周波数を定格値に維持・回復させるのに対して，需給バランス調整は，一定の時間単位で需要と供給を一致させる．

電力系統内には，火力発電など集中形発電のようにガバナ・フリー運転により周波数制御ができ，需給バランス調整もできる電源や，分散形エネルギー源のように単体で周波数を制御する機能はないが，デマンドレスポンスへの参加などにより一定時間での需給バランス調整に寄与できる電源などがある．このように電力系統は，さまざまな種類の電源で構成され，周波数制御や需給バランス調整機能を発揮している．

3.　電力自由化後の周波数制御と需給バランス調整

電力自由化前は，発電・送電・小売の三部門が垂直統合された大手の電力会社(旧一般電気事業者)が，それぞれの域内にある発電所の発電機に上述した，ガバナ・フリー運転，LFC，EDCという三つの制御を行うとともに，電力会社間で電力の融通を行うことにより，周波数の制御と需給バランスの調整を行ってきた．

電力自由化後は，上記三部門の分離，および新規の発電事業者・小売事業者や再生可能エネルギー電源の出現，などによる系統利用者の増加をふまえて，電力系統を運用する一般送配電事業者が，速応性のある火力発電や揚水発電，あるいは負荷などが担う**調整力**を活用して，周波数の制御と需給バランスの調整を行うこととなった．

まず，発電事業者と小売事業者は，それぞれ30分など一定時間単位の同時同量を前提とした発電と需要の計画を立てる．しかし，時間前市場でのゲートクローズ後の実際の運用では，予測誤差，30分以内の時間内変化，電源脱落などにより予測不能な周波数の変化や需給のインバランスが発生する．これに対処するのが調整力で，周波数変化の抑制や需給バランス確保のために必要な電力(ΔkW価値)であり，一般送配電事業者により広域的に調達し運用が行われる．調整力には，発電電力の減少や負荷の増加により不足した電力を補填する上げ調整力と，発電電力の増加や負荷の抑制により余剰となった電力を吸収する下げ調整力がある．なお，系統の安定運用のため，調整力が潮流調整や電圧調整などに使われることがある．

調整力は，一般送配電事業者が公募での調達に加えて，市場で調達・運用する．

表 13.1　周波数制御と需給バランス調整に対応する調整力の区分

需要の変動の周期	数秒以上～数分以下	数分以上～10 数分以下	10 数分以上	数 10 分以上
調整力（区分）	一次調整力	二次調整力①	二次調整力② 三次調整力①	三次調整力②
目　的	周波数制御			需給バランス調整
調整力の制御	ガバナ・フリー運転（GF）	負荷周波数制御（LFC）	経済負荷配分制御（EDC）	低速枠（再生可能エネルギーの予測誤差に対応）
調整力の応動時間・継続時間（イメージ）	短			長

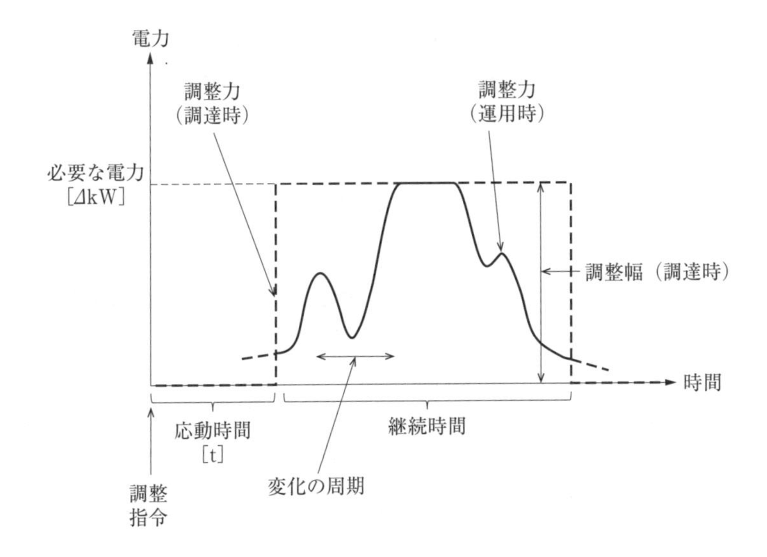

図 13.6　需給調整のための調整力のイメージ

すなわち，**需給調整市場**において，**表 13.1** に示すようにガバナ・フリー運転など上記三つの制御に相当する調整力の区分を設定する．それぞれの調整力に対して**一般送配電事業者**（**送電系統運用者**）が買い手となり，売り手である発電事業者や**アグリゲータ**などとの間で，広域的に取引される．

図13.6には，ある時間単位の一つの調整力の調達と運用を示した．実際には同時に複数の調整力区分について，連続する時間単位ごとに電力の調整幅を事前に調達する．運用時には，それぞれの調整力区分ごとに調整幅内で必要な電力を使用して，周波数制御や需給バランス調整をおこなう．需給インバランスを発生させた発電事業者・小売事業者と一般送配電事業者との間では，事後に**インバランス料金**の清算が行われる．インバランス料金は，インバランスを解消するための調整力の運用時に，一般送配電事業者から売り手に支払われる電力量料金などをもとに算定され，需給逼迫が厳しいときほど高くなる．

調整力とは，このようにして，最終的に周波数の安定化と需給のバランスを確保する仕組みである．調整力を調達・運用するには，対象となる電力系統における電力や電力量の供給力が確保されていることが前提となる．調整力は，一部を除いて小売用の電力とは別枠で調達・運用される．一般送配電事業者による調整力の公募については，電源を，一般送配電事業者の専用か相乗りか，稀頻度の厳しい気象時対応か，周波数制御の有無など調整機能，発動時間などで類型化して調達されているが，需給調整市場の拡大に伴って終了する．

また，需給状況が通常より厳しい時に使用される調整力・待機発電機，**デマンドレスポンス**，**蓄電池**などによる供給力を**予備力**と呼び，**容量市場**で確保される．容量市場で使われるデマンドレスポンスや蓄電池などは，**発動指令電源**と分類される．予備力は，最大電力のおおむね8％程度以上が想定されている．電力自由化が進むと，発電事業者はLNGを中心とした発電用燃料の予備を少なくするので，突発的な事故，天候の急変，地政学リスクの顕在化などに備えて，発電用燃料確保の予見性を高めることも重要となっている．

需給調整市場は，卸電力市場，容量市場などとの統合や相互の整合により，より合理的に調整力や供給力が確保できる形態に見直されていく．また，今後，再生可能エネルギー電源の割合が増えるとともに電力自由化が進展すると，火力発電やメリットオーダ順位の低い集中形電源が縮減することとなる．この場合，電力や電力量の供給力確保のみならず，迅速な起動，ガバナ・フリー運転，負荷周波数制御など調整力を担える電源確保への目配りも重要になる．

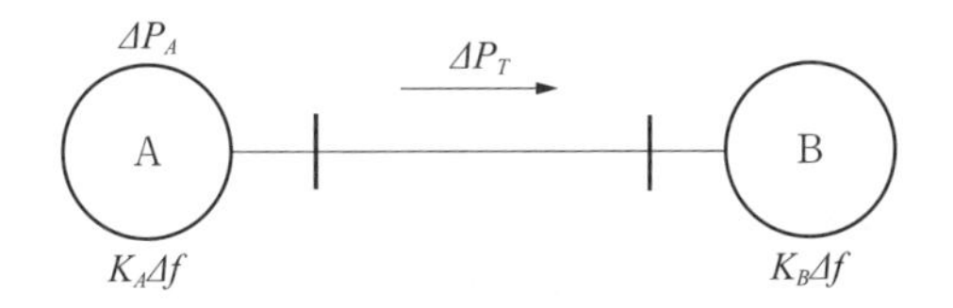

図 13.7　連系系統の潮流と周波数

13.1.3　連系系統の周波数制御

1.　連系系統における連系線潮流と周波数の変化

A と B の二つの系統が**図 13.7** のように連系線で接続されており，系統 B では需給バランスがとれている場合を考える．

いま，系統 A において需給のインバランス ΔP_A が生じると，連系された系統 A と B では周波数の変化 Δf が生じる．系統 A 内では，需給のインバランス ΔP_A を打ち消すように，系統の周波数特性定数 K_A に従って $K_A\Delta f$ の発電電力と需要の変化が発生するが，需給のインバランスの一部は**図 13.7** のように連系線潮流の変化 ΔP_T として，系統 B に向かって流れることになる．一方，系統の周波数特性定数 K_B の系統 B では，需給バランスはとれているが，連系線から潮流の変化 ΔP_T が流れ込み，周波数の変化 Δf が発生する．以上から，系統 A と B の Δf と ΔP_T の関係は，

$$\Delta P_A = K_A\Delta f + \Delta P_T \tag{13.5}$$

$$0 = K_B\Delta f - \Delta P_T \tag{13.6}$$

と表され，これを Δf と ΔP_T について解くと次式となる．

$$\Delta f = \frac{\Delta P_A}{K_A + K_B} \tag{13.7}$$

$$\Delta P_T = \frac{K_B}{K_A + K_B} \cdot \Delta P_A \tag{13.8}$$

式(13.7)は，連系系統の周波数特性定数はそれぞれの系統の周波数特性定数の和であること，および需給のインバランスが生じた自系統の周波数特性定数が相対的に大きいほど，自系統の発電電力と需要の変化 $K_A\Delta f = K_A\Delta P_A/(K_A + K_B)$ が大きいことを示している．一方，式(13.8)は，連系線潮流の変化分は，自系統の周波数特性定数が相対的に大きいほど，小さくなることを示している．

次に，系統 A と B それぞれに需給のインバランス ΔP_A，ΔP_B が生じたときの

需要と発電電力の変化を求めてみる．系統Aの需要と発電電力の変化をそれぞれ ΔP_{AL}，ΔP_{AG} とおくと，

$$\Delta P_A = \Delta P_{AG} - \Delta P_{AL} \tag{13.9}$$

である．系統Bについても同様におくと，式(13.5)，式(13.9)式から系統AとBそれぞれについて，

$$\Delta P_A = \Delta P_{AG} - \Delta P_{AL} = K_A \Delta f + \Delta P_T \tag{13.10}$$

$$\Delta P_B = \Delta P_{BG} - \Delta P_{BL} = K_B \Delta f - \Delta P_T \tag{13.11}$$

となる．系統の周波数特性定数 K_A，K_B は既知であり，連系線潮流の変化 ΔP_T，周波数の変化 Δf は変電所等で測定できるので，需給のインバランス ΔP_A，ΔP_B が求められる．発電電力の変化 ΔP_{AG}，ΔP_{BG} はいずれも発電所で測定できる．すなわち，系統内で測定したデータから，需要の変化 ΔP_{AL}，ΔP_{BL} を求めることができる．この関係は次項で述べる周波数バイアス連系線電力制御で使用される．

2.　連系系統における周波数の制御

一般送配電事業者の電力系統は，沖縄や離島を除いて北海道から九州まで連系されている．周波数制御は一般送配電事業者の電力系統ごとに，次の二つの方式のうち，どちらかが使われている．

（1）　**周波数一定制御**方式(FFC：Flat Frequency Control)

連系する他系統との間の潮流にかかわりなく，自系統の周波数を一定に制御する方式である．このため，式(13.10)から，連系する他系統の需給インバランスが生じたときにも，自系統で需給バランスをとって周波数を一定に制御することになるので，相互に連系されている複数の系統のうち，相対的に大きな系統側で採用される方式である．なお，小さな系統では，連系線潮流を一定に制御する定連系線電力制御方式が用いられることもあるが，連系されるFFCの系統で周波数を一定に制御する必要がある．

（2）　**周波数バイアス連系線電力制御**方式(TBC：Tie line load frequency Bias Control)

前項1.で説明したように，自系統内の連系線潮流の変化と周波数の変化を検出すると，式(13.11)から自系統内の需要の変化が求まる．この方式は，求まった需要の変化量だけ自系統の発電電力を制御するので，連系する他系統がどのよ

うな周波数の制御方式でも，自系統において需給のインバランスを解消でき，発電機燃料費も自系統で賄うことになる．このことから，自系統における発電電力の制御量を**地域要求量**，周波数特性定数を**バイアス値**と呼んでいる．この方式を適用するには，系統の周波数特性定数を可能な限り精度よく求めておく必要がある．

13.1.4 再生可能エネルギー電源の増加による電力系統への影響と対処

再生可能エネルギー電源の利用拡大を先取りする形で，電力系統は大きな変貌を遂げてきた．このような中で，再生可能エネルギー電源が持つ特有の特性により，電力系統には下記のような影響が出ており，電力を安定的に供給するためにさらなる対処が進められている．

1. 周波数制御・需給調整などを行う機会の拡大

再生可能エネルギー電源は発電電力の変化が大きいため，周波数制御や需給調整などを行う機会が多くなる．電力系統側では，気象予測をもとに再生可能エネルギー電源の発電電力を予測するとともに，域内や広域的に調達した火力発電，揚水発電，蓄電装置などの待機や頻繁な起動・停止，デマンドレスポンスによる需要の抑制・増加などにより，調整力を確保する必要がある．日没時，予測困難な気象の変化などの緊急時，あるいは災害時には，再生可能エネルギー電源のkW 価値，kWh 価値，調整力(ΔkW 価値)とも著しく低下する場合があり，予備力の適正な確保に加えて，機動的な節電要請や，デマンドレスポンスの深化が重要となる．系統の安定性を実時間で確認しつつ運用する必要も生じる．

連系線の増強や，より効率的な活用も必要となり，このための増強費用は連系線による卸電力価格の低下，CO_2 の削減，安定供給などの効果を得る受益者が負担する．地域間の緊急融通などは**電力広域的運営推進機関**(OCCTO)が管理する連系線の**マージン**と呼ばれる運用余力を活用して行われる．**蓄電池**を活用しつつ再生可能エネルギー電源自らが需給調整市場の調整力や，容量市場の発電能力を担うことも期待される．

2. 電力系統の慣性の低下

集中形発電を主体とした電力系統では，多くの水車やタービンなどが有する慣性定数による大きな運動エネルギーがあり，系統全体に**慣性**が発生している．この慣性により，系統事故などのじょう乱による運動エネルギーの変化が小さくなり，周波数や位相の変化は抑制されやすくなる．慣性とは**図12.5**で示した発電機の**単位慣性定数**Mに相当し，はずみ車の効果をもたらしており，有効電力の変化に対する周波数や位相の変化の感度を表しているともいえる．一方，再生可能エネルギー電源のように，はずみ車の効果がない電源が大量に導入されると，系統全体の慣性は低下して周波数や位相の変化が大きくなり，安定度が悪化する場合もある．この傾向は，**図12.5**からも明らかなように，送電線や集中形の発電機が少ない規模の小さな系統ほど大きくなる．このような現象の指標として，じょう乱直後の周波数の時間変化率をあらわす**RoCoF**（Rate of Change of Frequency）や，周波数の最大偏差をあらわす**Nadir**が使われる．

系統の慣性は，以下により確保される．

・停止している火力発電機を最低出力で運転する．

・同期調相機を運転する．

・蓄電装置を備えた再生可能エネルギー電源などに用いられる**系統連系インバータ**に，式(12.6)の制御を組み入れ，疑似的に**単位慣性定数**や**同期化力・制動力**などの機能を付加する**仮想同期発電機制御**（VSG：Vertual Synchronous Generator Control）を用いる．この機能は，自端の周波数と電圧を制御できる**グリッドフォーミング・インバータ**（grid-forming inverter）などにより実現される．

・はずみ車の効果があるモータと発電機を組み合わせて運転する．

海外では，系統に慣性を供給する事業がはじまっており，慣性を調達・運用する市場の開設も予想される．

3.　再生可能エネルギー電源の出力抑制

太陽光発電や風力発電など再生可能エネルギー電源による電力は，カーボンニュートラル促進の観点から，他の電源の電力に優先して利用するルールとなっている．これは**優先給電**と呼ばれ，火力発電などの出力抑制，揚水発電所の揚水運転，連系線による域外への送電などにより対処している．しかし，日射量が多く電力需要が少ない場合には，やむをえず再生可能エネルギー電源の出力を抑制する場合が出てくる．

この対策として，運用面では火力発電の出力抑制幅の拡大が考えられるが，火力発電はCO_2やコスト削減から縮減の方向にある．また，交通システムの電動化など政策誘導による周辺地域での先行的な需要開拓や，**分散形エネルギー源**（DER）の活用が有効である．電解装置や，水素・産業ガスなどを生産・貯蔵する装置を近傍に設置して，その出力を調整することも考えられる．これらの対策は調整力として機能し，送電網を必要としないのでnon-wires alternativesと呼ばれ，今後さまざまな具体策が望まれる．連系線や電源線など送電線の増強については，再生可能エネルギー電源の便益と，送電線の建設・運営費や地域の理解，送電損失や系統の不安定現象による運用上の制約などとのバランスをとり，その蓋然性（がいぜんせい）が担保される必要がある．

4. 統合コストを用いた評価

再生可能エネルギー電源の経済的価値や環境価値を評価する場合には，個別の発電コストだけでなく，上記のような電力系統で生じるさまざまな施策のためのコストを含めた**統合コスト**を用いて検討する必要がある．太陽光発電の発電コストが電気料金と同等となる状態は**グリッドパリティ**と呼ばれる．しかし，電源種類別の経済的価値を比較する場合には，系統が負担するコストを含めた統合コストによる評価が必要となる．

13.2 電 圧 の 制 御

電力系統では，電圧は所定の範囲に維持される必要がある．電圧の変化が大きいと，送電損失が大きくなるとともに，電気機器の正常な運転や寿命，ならびに系統の安定な運用に影響がある．電圧は無効電力から影響を受けるので，無効電力を制御することにより一定の電圧に維持する．これを，**電圧・無効電力制御**という．

第8章で説明したように，有効電力は発電機から負荷まで電力系統内を運ばれ，その需給バランスがくずれると周波数が変化する．一方，無効電力は送電線や変電所など電力系統の各所で吸収と発生があり，局所的な出入りが大きい．すなわち，送電線のインダクタンスが吸収する無効電力と，静電容量で発生する無効電力の差分を，変電所の電力用コンデンサなどで補償するなどにより，電圧変化を抑制している．以上の特徴は，有効電力に関係づけられる周波数が，系統内のいずれの場所でも同一値であるのに対して，無効電力に関係づけられる電圧が，系統の各所で異なる値となることと符合している．なお，地中送電線や将来1 000 kV に昇圧後の UHV 送電線では静電容量で発生する無効電力が多いため，分路リアクトルを設置する場合がある．これらの方策により，送電線の電圧が所定の範囲に維持されている．

電圧を制御するためには，以下の方法がある．

1. 発電所における制御

同期発電機は有効電力を発生するが，無効電力の発生・吸収も可能である．無効電力の調整は，端子電圧を一定に保つ**自動電圧調整装置**（AVR：Automatic Voltage Regulator）の設定値の昇降により，内部誘起電圧を昇降して行う．昼間の重負荷時には，AVR の設定電圧を高めにして内部誘起電圧を上げることにより，無効電力を発生する遅れ力率で運転し，系統の電圧を維持する．夜間など系統に余剰な無効電力が多くなり電圧が高くなるときには，内部誘起電圧を下げて低励磁運転とすれば，無効電力を吸収する**進相運転**となり電圧を下げることができる．ただし，進相運転は，発電機固定子端部の過熱や安定度低下を招く恐れがあることに注意する必要がある．

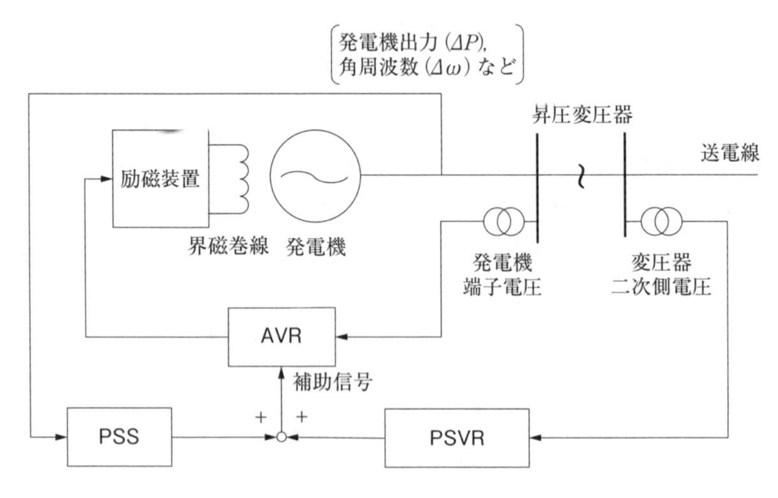

図 13.8　電力系統電圧調整装置（PSVR）の概要

特に電圧安定性が厳しいときには，**図 13.8** のように発電機の昇圧変圧器二次側の電圧を**電力系統電圧調整装置**（PSVR：Power System Voltage Regulator）に入力し，AVR に補助信号を与えることにより，昇圧変圧器二次側の電圧を一定に保つ．

2. 変電所における制御

変電所には電圧制御のため，調相設備として電力用コンデンサと分路リアクトルが，変圧器に**負荷時タップ切替装置**が設置されている．調相設備の投入・開放により変圧器の一次・二次電圧を同方向に制御する，あるいはタップ切替で一次・二次電圧を逆方向に制御する．これらを組み合わせて，一次・二次電圧を所定の範囲内におさめる．中央で系統全体の電圧・無効電力バランスを求め，各変電所に電圧・無効電力の指令値が送られる方式も使用されている．以上の制御を，**電圧・無効電力制御**という．

3. 同期調相機による制御

回転機である**同期調相機**の励磁制御を行うことにより，進みから遅れ位相までの電流を系統に供給し，無効電力を連続的に調整する．

4. 静止形無効電力補償装置

第 5 章で説明したように，この装置は，サイリスタ，電力用コンデンサ，分路リアクトル，あるいは GTO，IGBT から構成され，高速に無効電力を補償する．

13.3 電 圧 安 定 性

系統に負荷変化など微小なじょう乱が発生したとき，変化した電圧が新たな平衡点に落ち着く能力を**電圧安定性**という．電圧の変化が拡大することなく平衡点に落ち着くときが安定であるという．系統が重負荷になったり，あるいは系統のじょう乱により電圧の変化が拡大したりして，平衡点のないまま電圧が低下していく場合が不安定である．電圧安定性は，500 kV や 275 kV などが相互に連系されている系統では，系統全体にわたる現象として扱う必要があるが，それより下位の負荷供給送電線では，その送電線に局在化した現象となる．

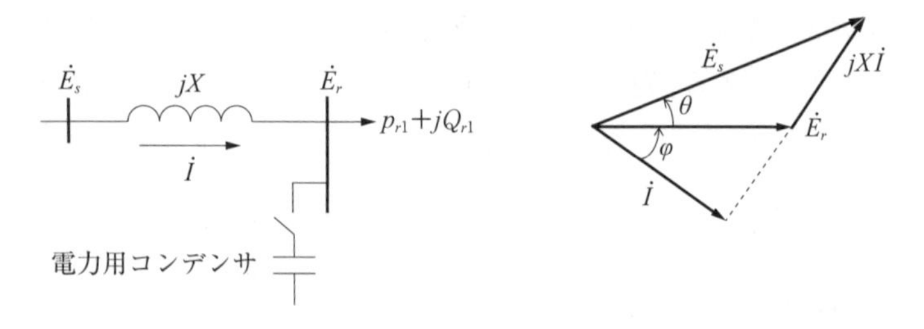

図 13.9　送受電端の電圧と位相角

13.3.1　P-V 特性

電圧不安定性を検討するうえで重要となる，受電端の電圧と有効電力との関係を考える．**図 13.9** のように，リアクタンス jX の送電線に電流 $\dot{I}$ が流れており，送電端と受電端の電圧を $\dot{E}_s$, $\dot{E}_r$, 両者の位相差 θ, 受電端の力率角 φ とおくと，電圧と電流の関係式は，

$$E_s e^{j\theta} - \dot{E}_r = jXIe^{-j\varphi} \tag{13.12}$$

であるので，実部と虚部に分けると，

$$E_r = E_s\cos\theta - XI\sin\varphi \tag{13.13}$$

$$XI\cos\varphi = E_s\sin\theta \tag{13.14}$$

ここで，両式から電流 I を消去すると，

$$E_r = \frac{E_s}{\cos\varphi}\cos(\theta+\varphi)$$

となるので，受電端における一相当りの有効電力 P_{r1} は，

$$P_{r1} = E_r I\cos\varphi = \frac{E_s^2}{2X\cos\varphi}\{\sin(2\theta+\varphi) - \sin\varphi\}$$

である．相電圧 E_s と線間電圧 V_s の関係は $E_s = V_s/\sqrt{3}$ で，三相有効電力は $P_r = 3P_{r1}$ なので，上式から，

$$P_r = \frac{V_s^2}{2X\cos\varphi}\{\sin(2\theta+\varphi) - \sin\varphi\} \tag{13.15}$$

として三相有効電力が求められる．

もっとも典型的な例として，力率を $1(\cos\varphi=1, \varphi=0)$ とすると，上式が θ に従って変化する様子は次のようになる．式(13.13)から受電端の線間電圧は $V_r = V_s\cos\theta$ であるので，式(13.15)の三相有効電力は，

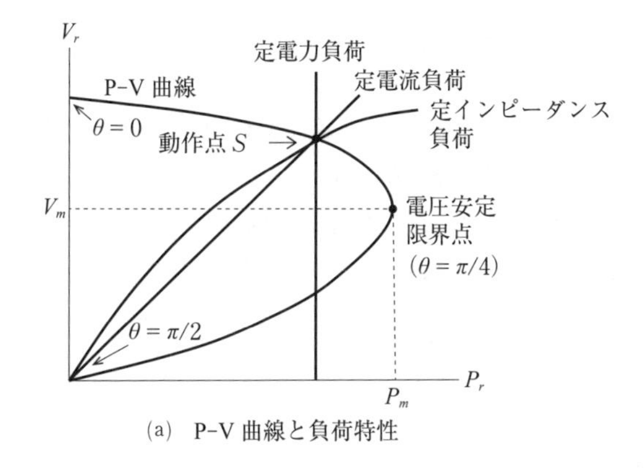

(a) P-V 曲線と負荷特性

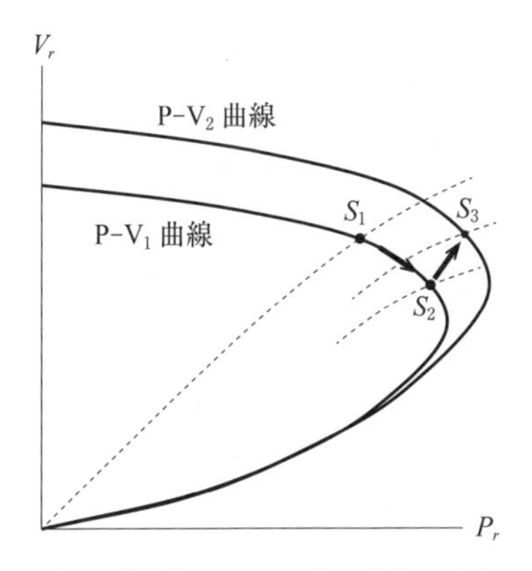

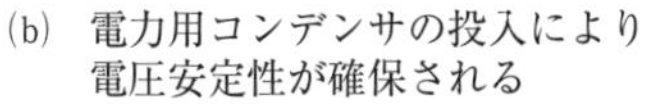

(b) 電力用コンデンサの投入により電圧安定性が確保される

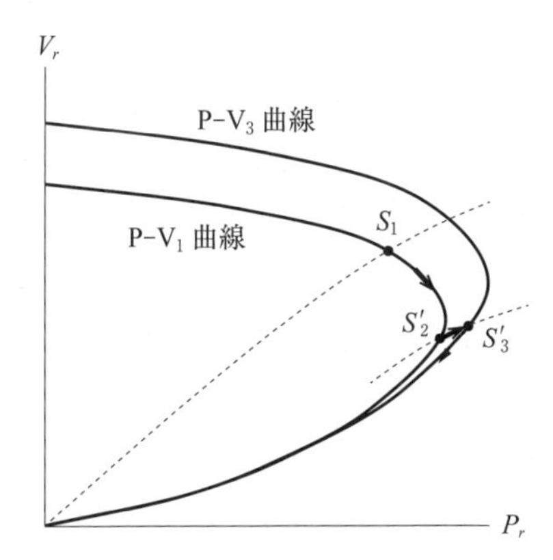

(c) 電力用コンデンサの投入が遅れたため電圧安定性が確保されない

図 13.10 P-V 曲線の物理的特性

$$P_r = \frac{V_s^2}{2X}\sin 2\theta = \frac{V_s^2}{X}\cos\theta(1-\cos^2\theta)^{1/2} = \frac{V_r^2}{X\cos\theta}(1-\cos^2\theta)^{1/2} \tag{13.16}$$

となる．この式から，横軸が P_r で縦軸を V_r とする**図 13.10 (a)** のような右に凸の曲線が得られる．これは **P-V 曲線**と呼ばれる．

いま，受電端の電圧 V，有効電力 P，常時運用状態における受電端の電圧 V_0，有効電力 P_0 とすると，**負荷特性**は，

$$P = P_0\left(\frac{V}{V_0}\right)^{\alpha} \tag{13.17}$$

と記述される．ここで，$\alpha=0$ のとき**定電力負荷**，$\alpha=1$ のとき**定電流負荷**，$\alpha=2$ のとき**定インピーダンス負荷**と呼ばれる．なお，第12章で説明した安定度など秒オーダの解析を行う場合には，負荷の周波数特性を考慮する場合が多い．

このうち定電力負荷では，電圧が下がると電流が増えて無効電力消費が増え，電圧がさらに下がるので，電圧安定性を考えるうえで最も厳しくなる．上式に示した三種類の**負荷特性曲線**を P-V 曲線に重ねて描くと**図 13.10(a)**のようになり，交点が動作点 S となる．負荷特性は系統状態により変わる動的な曲線であり，動作点も時々刻々変化していく．

P-V 曲線の先端は**電圧安定限界**点と呼ばれ，この限界点の電力は受電端の最大有効電力 P_m であり，これに対応する電圧が V_m である．定電力負荷の場合には，受電端の電圧 V_r が V_m 以上であると電圧安定性は確保される．電圧 V_m 以下の V_r であると電圧は不安定となり，P_m 以上の有効電力を安定的に負荷に供給できない．定電力負荷以外の負荷では電圧 V_m 以下となっても，必ずしも電圧不安定とはならないが，電力用コンデンサの投入が遅れるなど無効電力の供給が遅れると，電圧安定性が維持できなくなる．

このように，P-V 曲線上を動く動作点は静的なものではなく，**電圧・無効電力制御**による電力用コンデンサの投入や変圧器のタップ制御，およびこれらに伴う負荷の変化などにより，分オーダで変化する動的な動作である．

13.3.2　P-V 曲線で見る電圧安定性の推移

電圧の安定性がどのような場合に確保され，電圧不安定がどのような場合に起こるかを説明する．ここでは，負荷特性は定インピーダンス負荷とする．

まず，**図 13.10(b)**のように，系統が動作点 S_1 で運転されているとする．このとき，負荷の有効電力 P_r が少し増加したとすると，系統状態はほとんど変わらないので P-V_1 曲線上を移動し動作点 S_2 に達する．S_2 では電圧が下がっているので，この時点で**図 13.9** の電力用コンデンサを速やかに投入すると電圧が上昇し，動作点は P-V_2 曲線上に移動する．この曲線と負荷特性との交点 S_3 が新たな動作点となり，電圧は維持される．この場合では，安定な動作点 S_3 が得られたので，電圧安定性が確保されたことになる．

次に，電力用コンデンサの投入が遅れた場合を考える．このときは，**図 13.10**(c)のように P-V_1 曲線上を移動するが，電力用コンデンサを投入した動作点 S_2' で P-V_1 曲線の電圧 V_m 以下となっている．電力用コンデンサの投入により P-V_3 曲線の動作点 S_3' に移動するが，ここでも電圧は V_m 以下となっている．この動作点は，電力用コンデンサの追加投入が遅れて電圧を維持できない動作点であり，さらなる電圧低下を招くことになる．

このように，P-V 曲線と負荷特性曲線の交点である動作点が，系統状態により変化する P-V 曲線の上を時々刻々移動していき，電力用コンデンサの投入が速やかに行われれば安定となるが，投入が遅れると電圧が不安定となる領域に入っていくことが理解できる．

実際の現象は，これらの現象が連続的に起こる複雑なものとなっている．負荷電力が増えたとき電力用コンデンサを順次投入していけば，ある動作点までは電圧を安定に維持できるが，さらに負荷が増えたり，系統事故により 1 回線が開放されたりすると，電力用コンデンサをそれ以上投入しても，逆に電圧は低下してしまうという現象が起こる．受電端に変圧器があり負荷時タップ切替装置のタップを上げても，タップ動作が定電力負荷と同じ効果となり，電圧が降下する現象も発生する．また，インバータ機器や誘導電動機のような定電力に近い負荷の割合が多いと電圧が不安定となる傾向にある．

13.3.3　電圧安定性の確保

電圧が不安定とならないようにするためには，以下の方策が考えられる．

a．常時は，電圧安定限界点の有効電力 P_m に対する有効電力の余裕を十分確保する．

b．重負荷時には，発電機の高めの励磁制御，系統の電圧高め運用，電力用コンデンサの早めの投入，などの無効電力供給対策を充実させる．

c．重負荷時や系統事故時の電圧不安定を回避するために，電圧が安定限界点 V_m 以下にならないようにすること，ならびに過渡的に V_m 以下となっても速やかに V_m 以上に復帰できるようにすること，が重要である．このための方策として，電力用コンデンサを速やかに投入するとともに，無効電力をリアルタイムに供給できる同期調相機や静止形無効電力補償装置などの機器を拡充する．

d．送電線の回線数の増加や直列コンデンサにより，送電線のリアクタンスを等価的に減らす対策が有効な場合もある．

14 異常電圧

電力系統では正弦波交流を乱す**異常電圧**が発生する．落雷などにより送電線の短絡・地絡・断線などの事故が発生すると，平常時を上回る高い電圧や電圧低下が生じる．遮断器の開閉に伴って過渡的な**過電圧**が生じる．このため送電線や変電所などの機器の間で絶縁の協調をとるとともに，中性点の接地方式を適切に選択することにより，これらの過電圧を低減することが重要である．

また，負荷として接続されている電子機器やパワーエレクトロニクス装置などから生じる高調波が電力系統に流入する．事故時に送電線に流れる事故電流が原因となって，近接する通信線に誘導障害も発生する．これらの現象を理解して，適切に対処することが重要である．

14.1 短時間交流過電圧

定常運転をしている送電線において，系統に発生するさまざまな要因により，短時間であるが電圧が上昇する場合がある．

14.1.1 フェランチ現象

送電線が軽負荷や長距離の場合には送電線の静電容量の影響が顕著になり，受電端の電圧が送電端より高くなることがある．**図 14.1**(a)のような等価回路において，送受電端における電圧と電流の関係は，

$$\dot{E}_s = \dot{E}_r + jX\dot{I}$$

である．受電端の電流はほぼ $\dot{I}_r \approx 0$ であるから，送電線を流れる電流 $\dot{I}$ は静電容

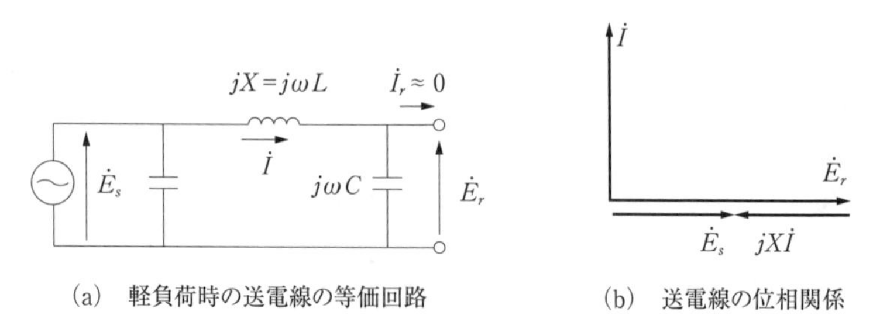

(a) 軽負荷時の送電線の等価回路　　(b) 送電線の位相関係

図 14.1 フェランチ現象

量への充電電流になるので，電流 $\dot{I}$ は電圧 $\dot{E}_r$ より $\pi/2$ 進んでいる．以上から，この回路の位相関係は**図 14.1(b)** のようになり，受電端の電圧 $\dot{E}_r$ は送電端の電圧 $\dot{E}_s$ より高くなる．これを**フェランチ現象**という．

フェランチ現象は，7.1 節で求めた一般的な送電線の等価回路から導出することもできる．**図 14.1(a)** の送電線の長さを l とすると，送受電端における電圧と電流との関係は式(7.15)から，

$$\dot{E}_s = \dot{E}_r \cosh \dot{\gamma} l + \dot{I}_r \dot{Z}_w \sinh \dot{\gamma} l \tag{14.1}$$

である．$\dot{I}_r \approx 0$ なので上式は，

$$\dot{E}_s \approx \dot{E}_r \cosh \dot{\gamma} l \tag{14.2}$$

となる．送電線がリアクタンス成分 $j\omega L$，$j\omega C$ のみとすると，伝搬定数 $\dot{\gamma} = \sqrt{\dot{z}\dot{y}}$ は，$\dot{\gamma} = j\omega\sqrt{LC}$ となるので上式から受電端の電圧は，

$$\dot{E}_r \approx \frac{\dot{E}_s}{\cos\omega(\sqrt{LC}l)} \tag{14.3}$$

である．このとき $|\cos\omega(\sqrt{LC}l)| \leqq 1$ であるので，$E_r > E_s$ となって受電端の電圧は送電端よりも上昇する．

フェランチ現象が生じないようにするために，設置されている**電力用コンデンサ**を開放する，あるいは受電端に**分路リアクトル**を設置する，などの対策を講じる．

14.1.2 その他の短時間交流過電圧

送電線の一相で地絡事故が生じたとき，式(11.6)，(11.7)のように事故が起きていない他の二つの健全相の電圧が，定常の運転時より上昇する．これを**健全相**

の電圧上昇という．また，変電所母線の事故などで送電線の遮断器が動作して，負荷が突然なくなる**負荷遮断**では，発電機と送電線は無負荷運転となり，回転速度の増加による内部誘起電圧の上昇やフェランチ現象などにより電圧が上昇する．

長距離の無負荷送電線に発電機を接続した場合や，発電機に容量性負荷を接続した場合には，発電機の電機子に進相電流が流れ，無励磁でも残留磁気と電機子反作用により界磁磁束が増加する．これにより内部誘起電圧が上昇すると発電機の端子電圧も上昇して，さらに進相電流が増加する．**図 14.2** のように発電機の飽和特性によりこの上昇率はしだいに小さくなり，発電機の特性と送電線や負荷の特性との交点で上昇が止まる．この現象は**自己励磁現象**と呼ばれ，**図 14.2** から明らかなように，進相電流が大きいほど端子電圧は高くなる．

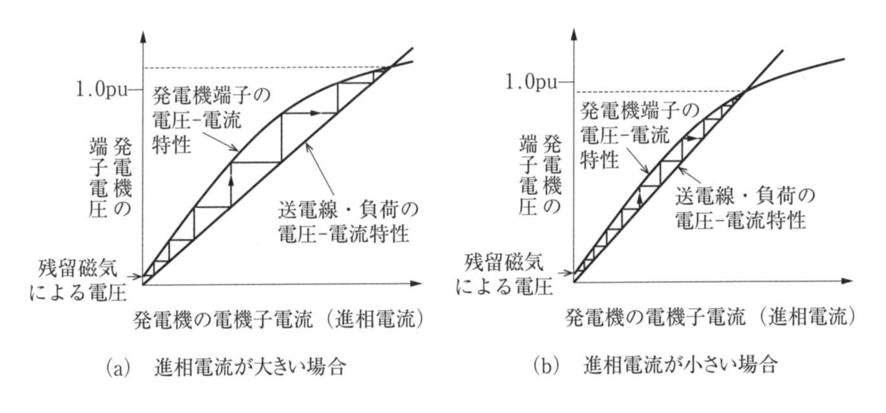

(a)　進相電流が大きい場合　　(b)　進相電流が小さい場合

図 14.2　発電機の自己励磁現象

異なる電圧階級の送電線が同じ鉄塔に併架されていると，両者の間には静電容量があるので，一方の回線で事故が発生して過電圧が生じたとき，静電誘導により他の回線の送電線も電圧が上昇する場合がある．

14.2　過渡的な過電圧

サージと呼ばれる次のようなパルス状の過電圧が，送電線，発電所，変電所を伝搬する．この場合，過電圧により電力系統に設置された機器の絶縁が破壊されないようにする必要がある．

14.2.1　開閉サージ

遮断器には**図14.3**のように，事故発生時に事故電流を遮断して事故区間を系統から切り離す役割，および送電線などの系統切替時のスイッチとしての役割，の二つがある．どちらの動作時においても過渡的な過電圧である**開閉サージ**が生じる．開閉サージは継続時間が約100 μsから数msである．

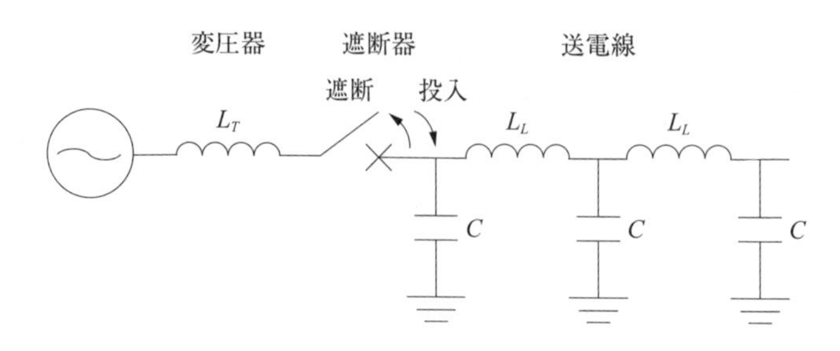

図14.3　開閉サージの発生

1.　投入サージ

変圧器などの電源側を遮断器で無負荷の送電線に接続したとき，投入時の電圧位相によっては送電線の残留電圧との差により，過渡的な過電圧が発生するとともに，系統のインダクタンスと静電容量で定まる高い共振周波数の電圧が加わる．これが**投入サージ**と呼ばれる過渡的な過電圧で，運転電圧の3倍程度になることがある．投入サージを低減する方法として，遮断器の抵抗投入方式，送電線直付分路リアクトル，変電所出口の避雷器などの適用が有効である．

2.　遮断サージ

送電線に流れている電流を，地絡事故などで遮断するとき，過渡的に高い電圧が発生する．系統のインダクタンス成分Lを含む回路に流れている電流iを遮断するとき，**遮断サージ**と呼ばれる高い電圧$v = L\,\mathrm{d}i/\mathrm{d}t$が生じる．このように電流遮断時において遮断器の電極間に発生する電圧を過渡回復電圧という．この電圧により再点弧が起こらないようにするために，遮断時に抵抗を投入する場合がある．また，遮断時に誘導などにより事故のない健全相に発生するサージも，遮断サージと呼ばれる．

3. その他の開閉サージ

断路器は，送電線や変電所母線の開閉のみを行い，負荷電流を遮断しないが，充電電流は遮断する．このため，開閉操作中にアークが一定時間にわたって断続する可能性があり，高周波のサージが発生する．これを**断路器サージ**という。

なお，送電線に地絡事故が発生すると，電圧の変化に伴う誘導により事故のない健全相にサージが発生する．これを**地絡サージ**という．

14.2.2 雷 サ ー ジ

わが国では，雷雲が発生する仕組みが季節により異なる二種類の落雷がみられる．夏に全国で多発する夏季雷と，冬に日本海側で発生する冬季雷である．夏季雷は地上から雷雲底部までの高さが3 000〜5 000 m で，頂上部の高さは 10 km に達するものもある．冬季雷は雷雲底部までの高さが 300〜500 m と低く，頂上部は夏季雷ほどの高さはないが，雷雲は水平方向に広がり，落雷のエネルギーが夏季雷にくらべ約 10〜100 倍となるものもある．落雷により送電線，配電線，変電所，発電所などの電力設備に被害が生じる恐れがある．

落雷の進展過程は次のようになっている．落雷で**図 14.4(a)**のように稲妻が観測されたとき，この時間的進展は**図 14.4(b)**のモデル図で説明される．落雷では，まず雷雲から**ステップトリーダ**(stepped leader)と呼ばれる小電流の放電路が形成される．これが大地の方向へ進みながら落雷箇所まで到着すると，雷雲に向かって大電流の**帰還雷撃**(return stroke)が生じる．これが稲妻として観測される．最初の雷撃のあと，ふたたび雷雲から放電路に沿って**ダートリーダ**(dart leader)と呼ばれる**雷撃**が落雷箇所に向かって進展し，複数回の落雷現象が発生する．落雷時の雷撃電流はおおむね，波高値が 1〜200 kA，波頭長が 1〜数 μs，波尾長が数 10 μs〜数 100 μs のパルス状の波形をしている．なお，日本海側の冬季雷では，地上からステップトリーダが複数発生することにより，多数の鉄塔などへの同時雷撃となる現象がみられる．

送電線に落雷した雷撃点で瞬時に電位が上昇するとともに，高い振幅の電圧が波動となって送電線上を伝搬する．これが**雷サージ**である．雷サージは開閉サージにくらべて，立ち上がりが急峻で時間が短い電圧パルスである．変電所や発電所では，避雷器を適切に配置することにより，雷サージによる過電圧を機器の耐電圧以下に抑制している．

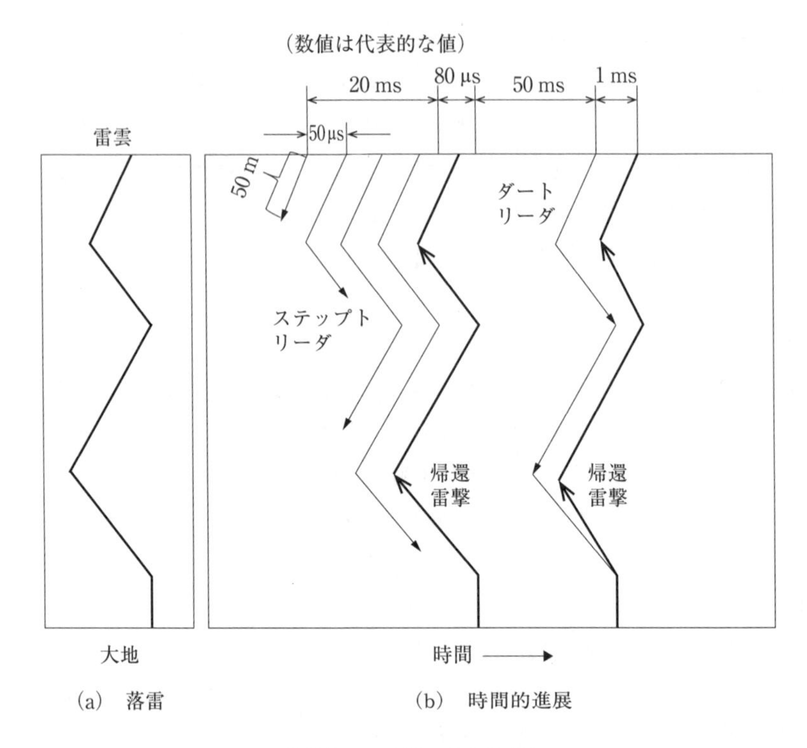

図 14.4　落雷のモデル図

1.　送電線への雷事故

落雷事故が発生し，送電線を支持しているがいしの表面に沿ってアークが進展すると，がいしが破損する恐れがある．この被害を防止するため，**図 5.4** のようにアーク放電が，がいしから離れて生じるように，がいしの両端に取りつける装置が**アークホーン**である．また，酸化亜鉛素子を用いた避雷器を鉄塔アーム先端に取りつけ，放電したときの過電圧を抑制するとともに，続流を遮断する機能を持つ**図 5.5** のような**送電用避雷装置**もある．送電線の装置に関しては第 5 章も参照されたい．

送電線への落雷事故は以下の二種類に分けられる．まず，送電鉄塔の最上部には雷遮へい用の架空地線が張られ，導体への落雷を防いでいる．しかし，**遮へい失敗**により導体に落雷する場合があり，これを**直撃雷**という．直撃雷の雷電流は導体を伝搬して，がいし連の脇のアークホーンで**フラッシオーバ**を起こす．一方，架空地線による遮へいが成功して架空地線に落雷する場合や，鉄塔頂部に落雷する場合には，雷電流は鉄塔を介して大地に流入する．この際，接地抵抗によりアークホーンの鉄塔側の電位が上昇し，アークホーンでアーク放電が発生する．このとき，直撃雷の場合とは逆に，鉄塔の電位のほうが送電線の電位より高くなるので，これを**鉄塔逆フラッシオーバ**と呼ぶ．

2. 配電線への雷事故

配電線でも落雷による事故が発生する．落雷は**図 14.5** に示すように，二種類に分けられる．ひとつは，配電線あるいは架空地線へ直接，落雷する**直撃雷**である．もうひとつは，樹木や建造物への落雷で流れる雷放電電流による電磁誘導で，配電線に過渡的な過電圧が誘起される**誘導雷**である．いずれも高電圧の波動である雷サージとなって配電線を伝搬する．直撃雷と誘導雷による雷サージは，配電

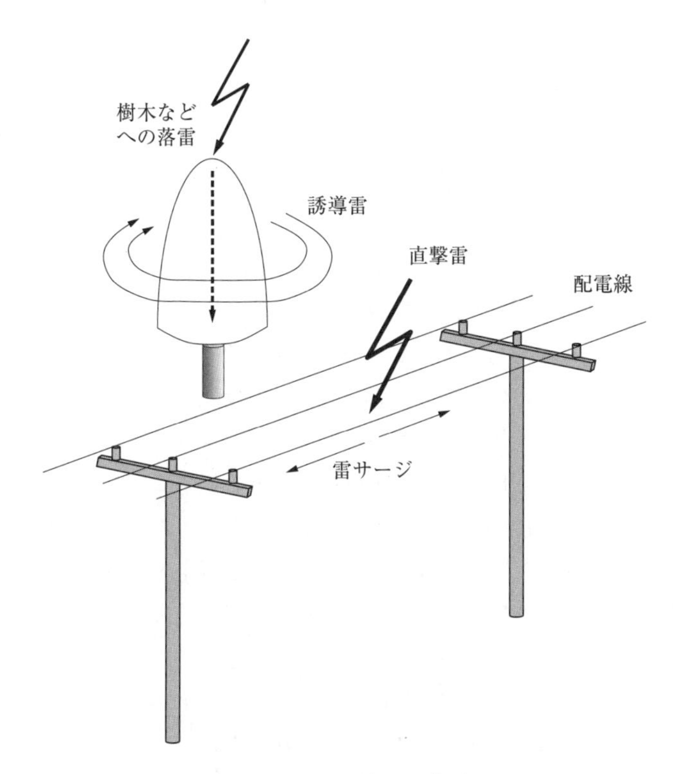

図 14.5　配電線への落雷

柱に装備される酸化亜鉛素子を用いた避雷器などにより抑制される.

14.3 絶縁協調

短時間交流過電圧と過渡的な過電圧に対して，送電線および発変電所の各機器には，それぞれに耐えうる絶縁強度が必要である．送電線では，架空地線が配置され，雷事故が多発する地域では送電用避雷装置が設置される場合もある．発変電所では**避雷器**が設置される．しかし，雷サージや開閉サージなどの過電圧は電力系統内を伝搬するので，送電線や機器に対して異なる絶縁強度で別々に設計すると，絶縁強度の低い箇所に事故の影響が集中してしまう．また，絶縁を強化すると必要となる絶縁材料の量が増えるので，機器の重量や製造コストが増加する．電力系統において，送電線，発変電所における各機器の絶縁強度について，技術上，経済上もっとも合理的な状態になるように協調を図ることを**絶縁協調**という．

例えば，雷に対する送電線の絶縁強度を高くとりすぎると，高い雷サージが変圧器に到達し，変圧器側では高い絶縁強度が必要となる．送電線の雷絶縁強度を雷事故が多発しない頻度に設定できれば，変圧器の絶縁強度も軽減される．避雷器を適正に設置すれば，変圧器の絶縁強度をさらに軽減できる．

絶縁協調は**図 14.6** に示した考え方で行われる．275 kV や 500 kV 系統では，後述する直接接地系の採用や，高性能の酸化亜鉛形避雷器による過電圧の抑制などが前提となる．まず，送電線では，がいし連結数，アークホーン間隔，鉄塔構造などを仮設定する．がいし装置の設計については，第5章を参照されたい．発変電所では，各機器の配置や避雷器の特性を仮設定する．次に，これらの設定条件をもとに雷過電圧・開閉過電圧・負荷遮断などの短時間交流過電圧などについて，送電線や各機器に印加される過電圧の予測値を，解析手法を用いて求める．

この解析結果を用いて，送電線では，雷事故率が所定の範囲内にあるか，あるいは短時間交流過電圧や開閉サージなど常時発生する過電圧でアークホーンがフラッシオーバしないか，について評価する．発変電所では，各機器へ流れ込む過電圧が耐電圧以下であるか，ならびにエネルギーが避雷器の耐量以下であるか，を解析・評価する．これらを解析する手法の代表例が **EMTP**（Electro Magnetic Transients Program）で，進行波の解析手法である **Schnyder-Bergeron 法**を基礎

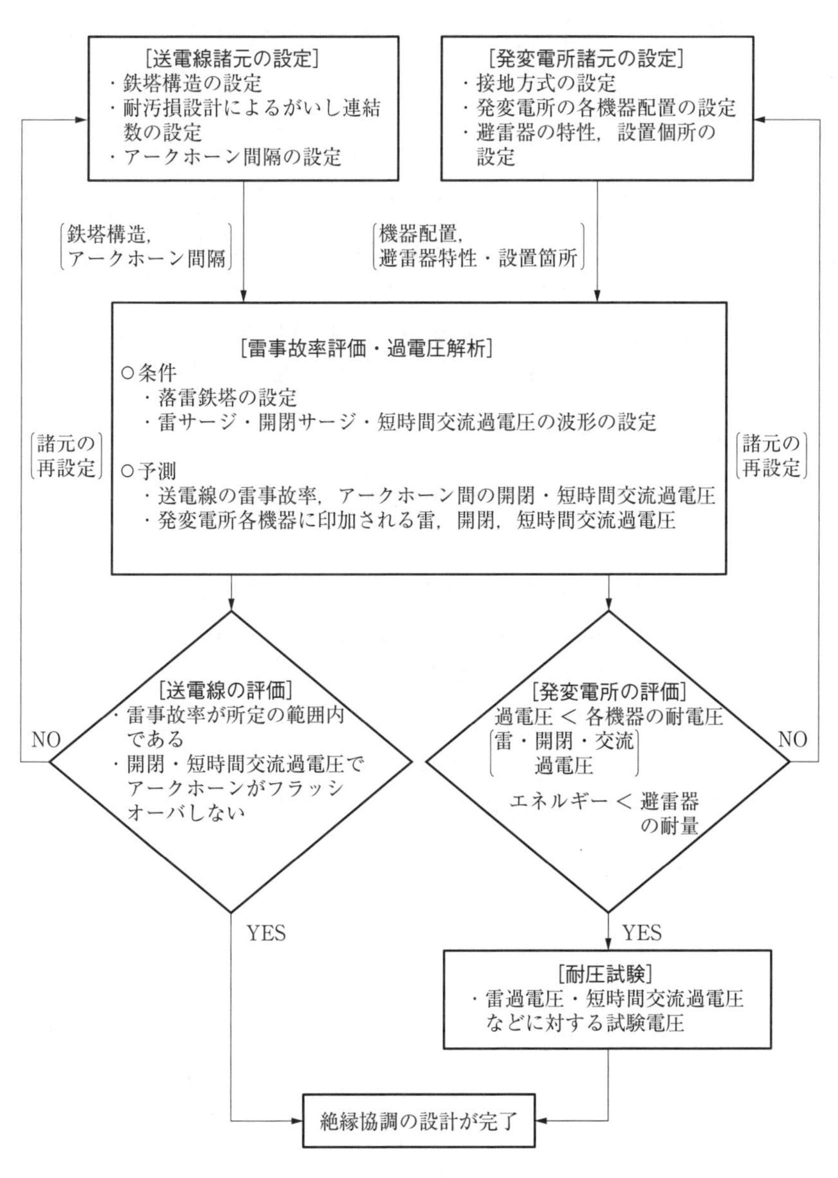

図 14.6 絶縁協調の考え方

として米国**ボンネビル電力庁**を中心に開発された，瞬時値をあつかう高精度の汎用過渡現象解析プログラムである．

以上の条件が満足されない場合には，アークホーン間隔や避雷器設置箇所などの諸元を再設定して再検討を行う．すべての条件が満足されれば，発変電所の各機器については，**雷インパルス**と**商用周波過電圧**に対して決められた各種の**試験電圧**で耐圧試験を行う．各過電圧の発生頻度を考慮しつつ，このような考え方により，設備の絶縁強度と経済性が適正となるような絶縁協調をとることができ，送電線や発変電所における各機器の小型・軽量化，製造・設置コストの削減が実現できる．

14.4　中性点接地方式

発変電所では，**図 14.7** のように変圧器の Y 結線の中性点において接地をとることが多い．Y-Y 結線の変圧器では，両側の電圧階級の違いにより接地方式が異なる場合が多い．中性点の接地方式は，事故により生じる過電圧・事故電流の抑制や，通信線の誘導障害の対策などに関して，優先順位をつけて選択される．保護リレーの確実な動作に対しても配慮が必要である．

特に，送電線における事故は地絡事故が多い．第 11 章で説明したように，一線地絡事故などでは中性点に零相電流が流れるので，このような事故電流に対する電圧上昇を考慮する．

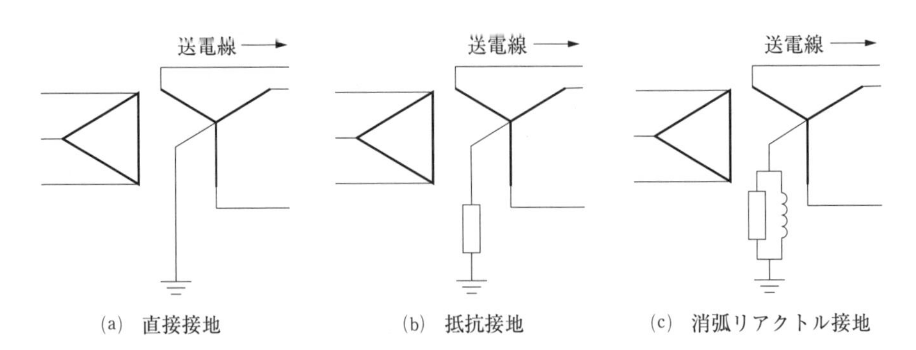

図 14.7　中性点接地方式

1.　直接接地方式

電圧階級の高い 500，275 kV 送電線などでは，**図 14.7(a)**のように変圧器の中性点を直接接地する．この方式は，第 11 章で説明したように，一線地絡事故が生じたときに健全相の相電圧は平常時と同程度となり，送電線や変圧器の絶縁レベルを低くとれる利点がある．また，事故相の一相短絡となり地絡電流が大きくなることから，地絡電流を検出する保護装置の動作が確実になる一方，一線地絡電流が三相短絡電流より大きくなる可能性もあるので，遮断器の遮断容量設定の際には注意を要する．近接する通信線への誘導障害の対策も必要となる．

直接接地系統のように，一線地絡時の健全相の電圧上昇が 1.3 倍程度以下に抑制される接地系統を**有効接地系統**と呼んでおり，275 kV，500 kV 系統などを含む 187 kV 以上の系統がこれに該当する．**図 11.4** において，おおむね $0 \leq R_0/X_1 < 1$，かつ $0 \leq X_0/X_1 < 3$ の範囲が有効接地系統に相当する．有効接地系統以外を**非有効接地系統**という．

2.　抵抗接地方式

抵抗を介して**図 14.7(b)**のように中性点を接地する．抵抗値が低いものを用いる低抵抗接地と，抵抗値が高いものを用いる高抵抗接地がある．電圧が 66～154 kV の送電線では，地絡電流の抑制のために広く採用されている．抵抗により地絡電流が抑制され，通信線への障害も少なくなる．なお，地中送電などケーブルの静電容量が大きい系統では，充電電流を補償するために抵抗と並列にリアクトルを設置する場合があり，これを**補償リアクトル接地**方式と呼んでいる．

3.　消弧リアクトル接地方式

落雷が多い地域の送電線では，中性点を**図 14.7(c)**で示すように抵抗と並列にリアクトルを設置して接地する．リアクトルのインダクタンスを送電線の大地との静電容量と並列共振するように設定すると，地絡電流がほぼ零となってアークが自然消弧するので，送電線は運転を継続することができる．この方式は送電線の相配置を入れかえる撚架が必要であり，66 kV 系統などで上記の消弧動作が有効である場合に使われる．

4. 非 接 地 方 式

電圧が6.6 kV などの高圧配電線では，過電圧に対する絶縁余裕が比較的大きく，通信線への誘導障害の低減などの観点から中性点は接地しない．

14.5 瞬時電圧低下

電力系統で事故が発生すると，事故回線は遮断器により系統から遮断される．その後，アーク放電が消滅して絶縁が回復した後に再閉路を行い，事故回線は正常な状態に復帰する．事故発生から遮断までは最短でも 70 ms 程度となり，事故期間中，健全回線や近傍の系統に接続された需要家は，**図 14.8**(a)のように電圧が低下する．電圧低下率は，事故点から電気的に近く電源から遠いほど大きくなる．これが**瞬時電圧低下**で，略して**瞬低**と呼ばれている．事故回線に接続されている需要家は，事故遮断後再閉路までの間，**図 14.8**(b)のように**瞬時の停電**(**瞬停**)となる．

瞬時の電圧低下でも，産業の製造プロセス装置，医用電子機器，情報機器などでは障害が生じる．これを避けるための主な対策として次のように，機器電源の高速切替と電圧低下の補償という二つの方式がある．

（1） **機器電源の高速切替**　通常，機器の電源は系統の電力を用いているが，瞬低時には別系統の電力，あるいは蓄電池やフライホイールなどの電力貯蔵装置で発生する交流電力，に高速スイッチを用いて切り替える方式である．

（2） **低下電圧の補償**　別系統から低下電圧分を補償する方式である．補償のための電源には，別系統の電圧を整流しインバータで交流に変換するものと，電力貯蔵装置からの直流をインバータで交流に変換するものとがある．

14.6 高　調　波

系統周波数(50 あるいは 60 Hz)を基本波とすると，基本波の n 倍の周波数を持つ成分を n 次の**高調波**と呼び，上下対称な周期波の特性から n は奇数となる．3 次高調波は変圧器 3 次側の Δ 巻線を還流するので，系統では 5 次以上の高調波

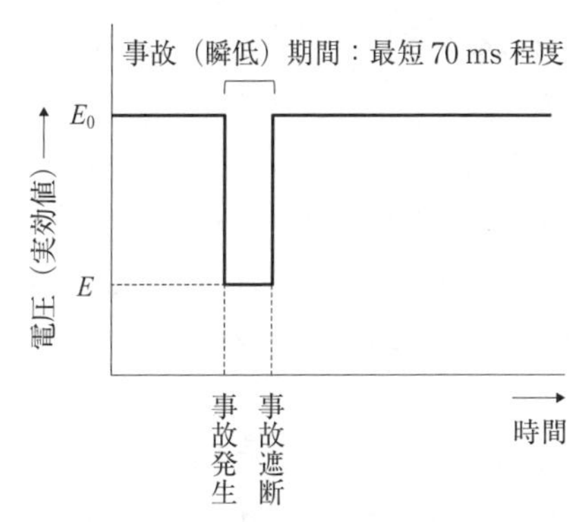

(a)　健全回線や近傍の系統に接続された需要家の瞬時電圧低下(瞬低)

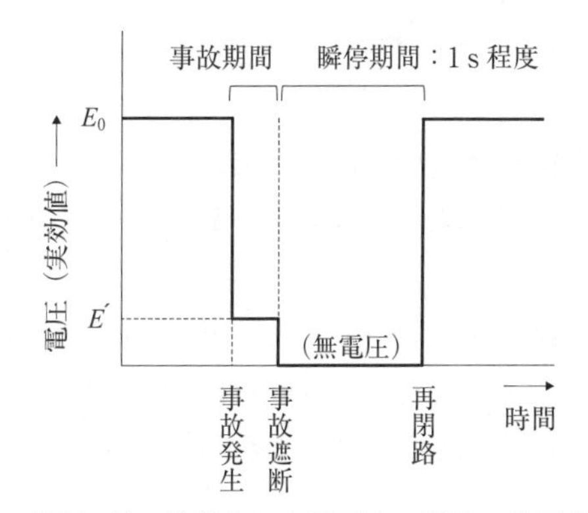

(b)　事故回線に接続された需要家の瞬時の停電(瞬停)

図 14.8　系統事故時の各部の電圧

の含有率が多くなる．高調波を含む電圧・電流の交流波形には**波形ひずみ**が生じている．

14.6.1　高調波の発生と障害

電力系統で使用される周波数変換装置，直流送電用交直変換装置ではスイッチング回路が使われ，高調波電流が生じる．この場合は，高調波対策用のフィルタが設置されているので，外部に高調波は流出しない．

一方，需要家側では，さまざまな電力変換装置が使用されており，これらにより高調波電流が発生し系統に流入する．産業用から家庭用までエレベータやエアコンなどを駆動する電動機などのために，可変周波数の交流をつくる**インバータ**と呼ばれる電力変換装置が使われている．再生可能エネルギー電源をはじめとした分散形電源では，直流を交流に変換するためにインバータが使われる．また，産業用・業務用機器や家庭電気製品などの電気機器には交流を直流に変換する整流器と呼ばれる電力変換装置が用いられている．このようにさまざまな装置や機器から高調波電流が発生する．高調波電流が系統に流入すると，系統に接続されている機器には，さまざまな障害が発生する．

主な障害は，以下のとおりである．高調波電流の流入により需要家の力率改善用コンデンサや直列リアクトルなどに，振動，騒音，加熱，焼損，寿命低下などが発生する．また，高調波電流と系統のインピーダンスによる高調波電圧が生じて，モータ，事業用機器，家電機器などで誤動作・誤制御が発生する．

14.6.2　高調波の抑制と系統・機器の自衛策

資源エネルギー庁が制定した高調波抑制対策ガイドラインでは，系統周波数の電圧に対する高調波電圧の比率を総合電圧ひずみ率と定義し，6.6 kV 配電系統で5％以下，送電線(特別高圧系統)で3％以下に維持するとしている．高調波対策は，発生源での発生・流出の抑制対策が基本であるが，発生源の特定が難しい場合が多く，必要に応じて系統や，系統に接続されている機器の自衛策も必要になる．

高調波発生源での発生・流出の抑制対策は，以下のとおりである．

（1）　**電力変換装置の多相化など**　　電力変換装置は三相全波整流を基本としている．変換装置内に位相の異なる複数の変圧器を用意して12相以上に多相化すると，高調波の発生を抑制できる．インバータに**パルス幅変調方式**(PWM 方式)を適用すると，高調波の発生が抑制される．また，電力変換装置や力率改善用コンデンサに直列リアクトルを設置して，高調波の流出を抑制する．

（2）　***LC* フィルタ**　　周波数フィルタをインダクタ L とキャパシタ C の直列共振回路で構成し，その共振周波数と高調波の周波数を一致させて，高調波成分を吸収させる．

（3）　**アクティブフィルタ**　　出力の電流と波形を任意に制御できる電力変換器と電流制御装置で構成した**アクティブフィルタ**により，高調波と逆位相の電流を発生させ，高調波電流成分を打ち消す．

また，自衛策として系統側では，系統の切替を行ったり，変圧器など一部機器を停止し，系統の高調波特性を変化させることにより，高調波の流入抑制が可能となる場合がある．系統に接続される機器に関しては，力率改善用コンデンサや直列リアクトルなど機器の高調波耐量を上げることによる焼損などの防止，必要のないときの力率改善用コンデンサの停止なども有効である．機器の製造段階で高調波耐量を規格化することも有効である．

なお，アーク炉など無効電力が大きく変化が大きい負荷の近傍で，**電圧フリッカ**が発生する場合がある．これにより照明やテレビにちらつきが発生するので，無効電力を補償する**静止型無効電力補償装置**(SVC)を設置するなどの対策がとられる．

14.7 誘 導 障 害

送電線や配電線は，近接する通信線に**誘導障害**を及ぼす．誘導障害には，送電線に流れる電流による磁界を介した**電磁誘導**と，送電線の電圧による電界を介した**静電誘導**の二種類がある．

14.7.1 電磁誘導で生じる電圧と対策

送電線と通信線が隣接しており両者の間に，**図 14.9** のように単位長さ当りの相互インダクタンス M があるとき，送電線に流れる電流 $\dot{I}_a, \dot{I}_b, \dot{I}_c$ により通信線に電磁誘導で電圧が誘起されることがある．

送電線と通信線を長さ l の範囲で考えると，誘起される電圧 $\dot{E}$ は，

$$\dot{E} = -j\omega Ml \cdot (\dot{I}_a + \dot{I}_b + \dot{I}_c) \qquad (14.4)$$

である．健全時で対称三相電流が流れている場合には，$\dot{I}_a + \dot{I}_b + \dot{I}_c = 0$ であるので $\dot{E} = 0$ となり，電圧は誘起されない．一方，地絡事故の発生で零相電流 $\dot{I}_0$ が流れると，式(14.4)は，

$$\dot{E} = -j\omega Ml \cdot 3\dot{I}_0 \qquad (14.5)$$

となり，通信線に電圧が誘起され誘導障害を受ける．$3\dot{I}_0$ は**起誘導電流**と呼ばれ，大地に流れる電流に相当する．

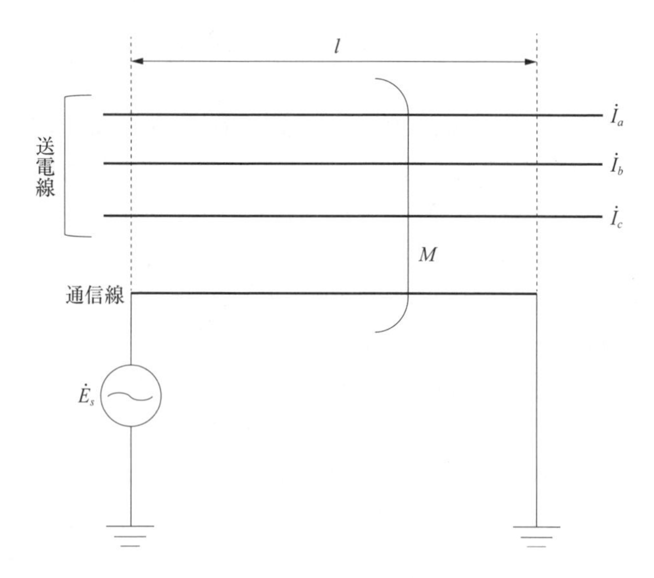

図 14.9　通信線への電磁誘導障害

電磁誘導には，以下のような発生する磁界の，遮へい・短時間化・低減対策がある．

- 送電線の架空地線を多条化するととともに，導電率の高いアルミで被覆した鋼線を用いる．
- 送電線，通信線とは別に，両端を接地した遮へい線を設ける．
- 保護リレーと遮断器により，100 ms 以下の高速で送電線の事故を遮断する．
- 送電線と通信線との距離をできるだけ大きくとる．
- 送電線の接地方式として，高抵抗接地や消弧リアクトル接地方式を採用する．
- 送電線の各相の配置を入れ替える撚架を行う．
- 通信線に，遮へい効果の高いケーブルを用いる．
- 通信線に，電磁誘導電圧を抑制・分割する避雷器・絶縁変圧器を設置する．

14.7.2　静電誘導で生じる電圧と対策

相電圧 $\dot{E}$ の送電線と通信線が**図 14.10** のように近接しており，両者の間の線間容量は C_m で，通信線の対地容量は C_0 である．このとき，送電線の電圧による静電誘導で通信線に誘起される電圧 $\dot{E}_s$ は，

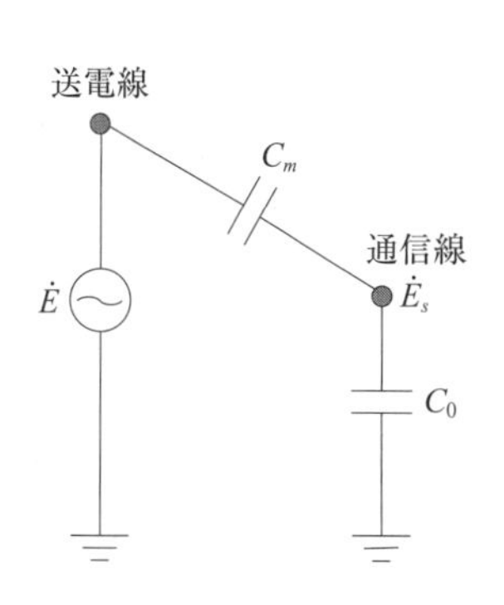

図 14.10 静電誘導による誘起電圧

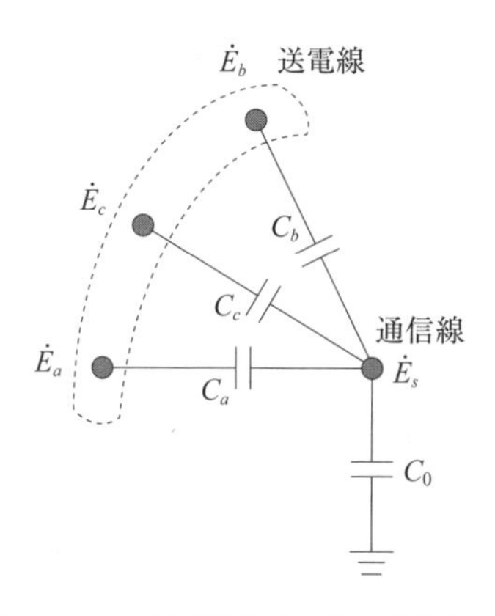

図 14.11 三相送電線による静電誘導

$$\dot{E}_s = \frac{C_m}{C_0 + C_m} \cdot \dot{E} \tag{14.6}$$

である.

図 14.11 に示すような三相送電線の場合，各相と通信線との間の静電容量を C_a, C_b, C_c とおき，送電線の電圧は $\dot{E}_a, \dot{E}_b, \dot{E}_c$ であるとすると，通信線に誘起される電圧 $\dot{E}_s$ は次のようになる．各相の送電線から静電容量を介して通信線に流れる電流 $\dot{i}_a, \dot{i}_b, \dot{i}_c$ は

$$\dot{i}_a = j\omega C_a(\dot{E}_a - \dot{E}_s)$$
$$\dot{i}_b = j\omega C_b(\dot{E}_b - \dot{E}_s)$$
$$\dot{i}_c = j\omega C_c(\dot{E}_c - \dot{E}_s)$$

であるので，通信線から大地に流れる電流 $\dot{i}_0$ は,

$$\dot{i}_0 = \dot{i}_a + \dot{i}_b + \dot{i}_c = j\omega C_0 \dot{E}_s$$

となる．以上から静電誘導で誘起される電圧 $\dot{E}_s$ は,

$$\dot{E}_s = \frac{C_a\dot{E}_a + C_b\dot{E}_b + C_c\dot{E}_c}{C_a + C_b + C_c + C_0} \tag{14.7}$$

となる.

通信線と各相の送電線との距離を平均して同じにするために，送電線の配置を入れ替える撚架を行うと，各相と通信線との静電容量は $C_a = C_b = C_c$ で等しくなる．このとき上式の分子は,

$$C_a\dot{E}_a + C_b\dot{E}_b + C_c\dot{E}_c = C_a(\dot{E}_a + \dot{E}_b + \dot{E}_c) \tag{14.8}$$

である．健全時で対称三相交流電圧の場合は $\dot{E}_a+\dot{E}_b+\dot{E}_c=0$ であるので，式(14.7)は $\dot{E}_s=0$ となり，通信線には電圧が誘起されない．

一方，各相との静電容量が等しくても，送電線に地絡事故が発生すると零相電圧 $\dot{E}_0$ が生じるため，式(14.7)は，

$$\dot{E}_s = \frac{3C_a}{3C_a+C_0}\cdot\dot{E}_0 \tag{14.9}$$

となり，平常時より高い電圧 $\dot{E}_s$ が通信線に誘起される．

通信線への静電誘導は，おおむね電磁誘導と同様の遮へい対策を施すことにより低減される．なお，第5章で説明したように，地上付近の電界は人体への影響が生じるレベルより大幅に小さい．

電力系統の保護

電力系統を安定に運転・維持するために，系統の状態ならびに発電機などの機器の運転状態は常に測定・監視されている．系統事故や，これに伴う周波数の大きな変化などの異常が発生したとき，速やかに検出し，その状況を判断して対処し，影響を最小限にとどめる機能が，電力系統の保護である．このために**保護リレー**が使われる[注1,2]．

最近では，マイクロプロセッサを用いて，電力系統に生じる諸現象をディジタル情報化して，これを演算処理する**ディジタルリレー**が主流となり，保護リレーの高機能化が図られている．架空送電線では，保護リレーの指令により事故区間を遮断して一定時間が経ったのち，再び遮断器を投入することにより，速やかに事故前の状態に自動復旧する再閉路方式が用いられている．

15.1 保護リレー

15.1.1 保護リレーが具備すべき機能

保護リレーの役割は，異常を検出して当該区間を切り離し，異常の影響が系統全体に波及しないようにすることである．**図 15.1** は，発電所，送電線，変電所，母線などから構成された電力系統において，保護リレーが保護する範囲を破線で示している．保護リレーには次の機能が要求される．

a．保護する区間を重なり合わせて動作を確実にするとともに，異常が区間の

注1） 堀，松島，三浦；「保護リレー 100 年」電気学会誌，127 巻，6 号，pp. 356(2007)
2） 佐藤；「電力系統用保護リレー装置のディジタル化と技術の変遷」電気学会誌，131 巻，5 号，pp. 300(2011)

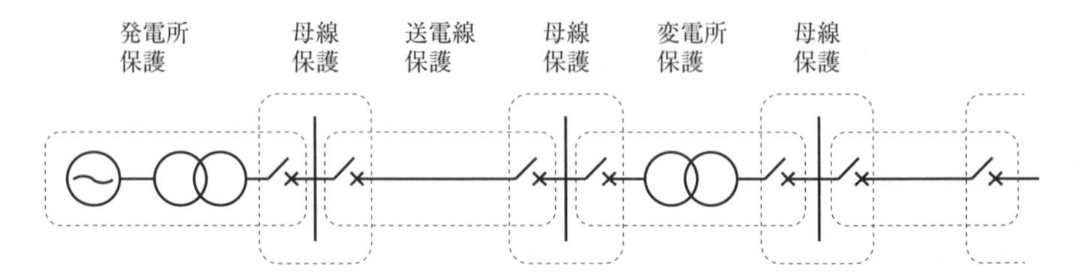

図 15.1　電力系統における保護リレーの構成

内部か外部かを確実に選択・判定すること．

b．常時流れている負荷電流に重畳される異常な電流を迅速に捉え，異常の検出感度はできる限り高いこと．

c．異常の拡大を極力抑制し，復旧を迅速に行い電力の供給信頼度を確保するために，保護リレーの動作時間は高速であること．

d．保護リレーが確実に動作し信頼性の高いものとするために，重要度の高い場合には保護リレーを二系列とすること．

e．主たる保護リレー(**主保護**)の誤動作・誤不動作や遮断器の遮断失敗に備えて，**後備保護**を設けること．これには，自端でのバックアップのリレーや，遠方の遮断器を動作させるためのリレーがある．後者は分離する区間は拡がるものの，事故点を確実に分離するために使われる．なお，自端とは主保護が設置されている箇所であり，遠方とは設置箇所以外の箇所を示している．

15.1.2　保護リレーの基本形

保護リレーにはさまざまな種類と役割があるが，基本的動作の概念は**図 15.2** のように電流や電圧を測定し，それらを処理して判定するものである．保護リレーを送電線や機器の各箇所に設置し，目的に合った保護リレー方式を構築する．電流は**変流器**で，電圧は**計器用変圧器**でそれぞれ測定し，ディジタル信号に変換され保護リレーに入力される．ディジタル化により多様な演算処理が可能となり，電流波形やインピーダンスなど各種の物理量が正確に求められる．これにより，保護リレーの高度な動作を可能としている．

異常が検出されたとき保護リレーからの信号により，異常な区間を切り離すための遮断器を動作させる．

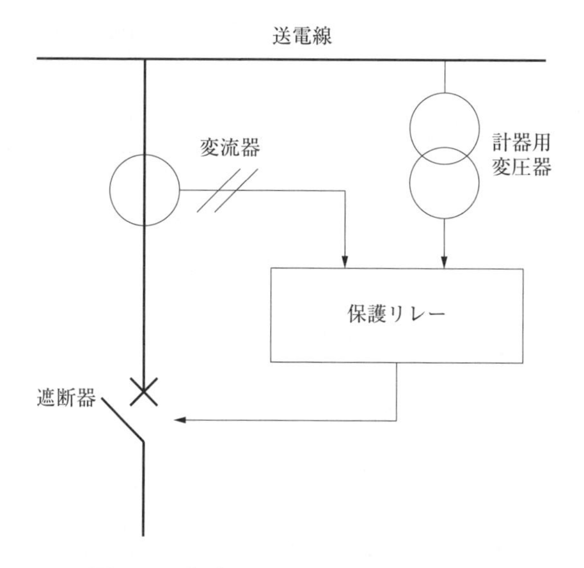

図 15.2　保護リレーの基本的動作の概念

15.2　保護リレーの種類

保護リレーには以下のような種類がある.

（1）**差動リレー**　　**差動リレー**は，**図 15.2** に示した構成要素を**図 15.3** のように送電線や変圧器など機器の両側に設置し，電流を測定する．機器の事故では，両側の電流の方向が逆となり差動電流が発生することを差動回路で検出し，この電流が送電電流に対して一定以上となったとき内部事故が発生したと判定する．正常な状態や機器の外側での事故では，両側の電流は大きさと方向ともに同一であるので差動電流は零である．送電線の場合には両端に差動リレーを配置し，通信系を介して判定する.

（2）**位相比較リレー**　　通信系を介して送電線の両端における電流位相を比較することにより，外部事故か内部事故かを判定する．保護区間の内側に流入する電流を正とすると，両端の電流位相がほぼ同相であれば内部事故と判定しリレーを動作させる．両端の電流がほぼ逆位相であれば外部事故と判定する．なお，送電線が途中で分岐している場合には，正確な判定は

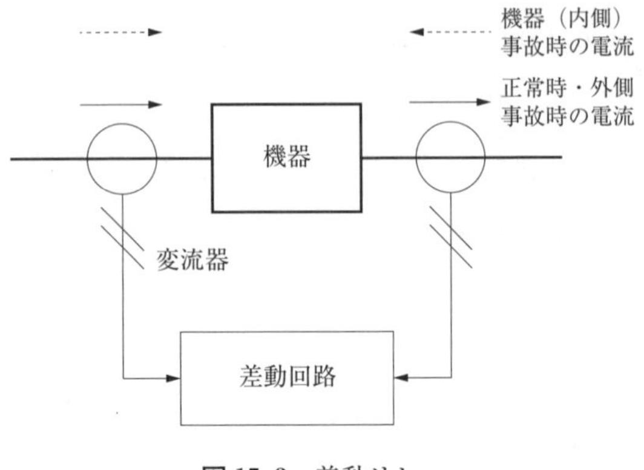

図 15.3　差動リレー

困難である．

（3）　**パイロットワイヤリレー**　　送電線の両端をパイロットワイヤ（表示線ともいう）と呼ばれる2本の通信線で結び，差動回路を形成している．外部事故のときは電流をパイロットワイヤに循環させ，内部事故のときは電流を両端のリレーに流して動作させる．送電線が長くなると，事故検出の感度は低下する．

（4）　**距離リレー**　　自端の電圧と電流を**図 15.2** のように測定して，送電線のインピーダンスを計算する．インピーダンスが正常なときの値から変化したとき，事故の発生と事故点までの距離を判定する．インピーダンスは距離に比例するので，**距離リレー**と呼ばれる．方向も判定する**方向距離リレー**などがある．

（5）　**方向リレー**　　自端の電圧と電流それぞれの位相を監視し，事故点の方向を検出するリレーである．抵抗接地系の地絡事故判定には，**地絡方向リレー**が使われる．

（6）　**電圧リレー**　　自端の電圧を測定し，所定の電圧よりも高くなったときに動作する**過電圧リレー**と，低くなったときに動作する**不足電圧リレー**の二種類がある．

（7）　**電流リレー**　　自端の電流を測定し，所定の電流よりも大きくなったときに動作する**過電流リレー**である．

（8）　**同期検出リレー**　　遮断した送電線を再閉路して系統に接続しようとす

るとき，母線と送電線の電圧が同じ位相となって同期がとれているかを検出するリレーである．

（9） **周波数リレー** 系統周波数が所定の値に維持されているか，およびその変化を検出するリレーである．周波数低下リレーと周波数上昇リレーがある．

15.3 保護リレー方式の役割

保護する送電線や機器などの特徴に応じて，上記の保護リレーと通信系を組み合わせて保護リレー方式を構成する場合と，自端の保護リレーのみを使用する場合がある．その役割から**事故除去リレー**と**事故波及防止リレー**の二つに大別される．

15.3.1 事故除去リレー

送電線，変圧器などの機器，母線それぞれに対して，**事故除去リレー**の種類と特性は異なる．事故除去リレーは事故が発生したとき最初に動作するので，事故の種類や箇所を的確に判定すること，高速に動作すること，除去区間を最小限にすること，などの特性が要求される．

1. 送電線保護リレー

送電線は長距離にわたる設備なので，雷，雪などの自然災害を受け事故の発生するリスクが高い．そこで，信頼度の高い保護リレー方式が必要であり，情報・通信技術の進歩に伴い，送電線の両端における電流の測定値を**図 15.4** のように通信系により相互に伝送して，それぞれにおける測定値を比較・判断する送電線保護方式が使われるようになった．これら通信系を利用する方式は，パイロットリレー方式と分類されることもある．中でも，500 kV までのほとんどの主要な送電線には，電流差動リレー方式が使用されている．

（1） **電流差動リレー方式** PCM（Pulse Code Modulation）変調により両端の電流波形をサンプリングしてディジタル化することにより，通信系を介して差動リレーで判定を行う．通信系としては，周波数帯域が広い光通信，マイクロ波通信が使われる．判定の確実性が高く事故相の選別を的確にで

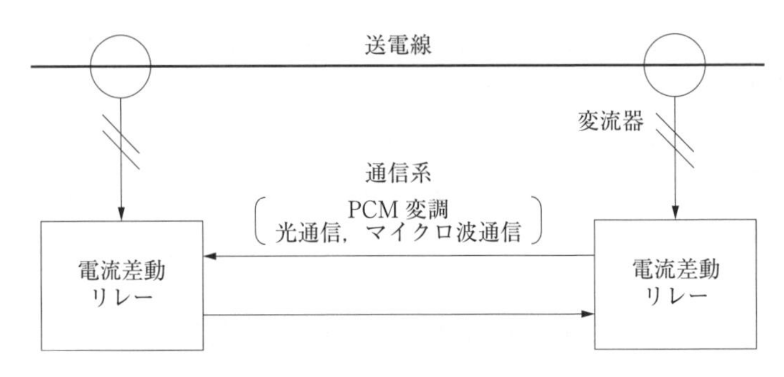

図 15.4　通信系を使用した送電線保護(電流差動リレー方式の場合)

きる．途中で分岐のある送電線でも正確な判定が可能である．

（2）**位相比較リレー方式**　通信系で送電線両端を結び，位相比較リレーで両端の電流の位相を比較して，内部事故か外部事故かを判定する．通信系としてマイクロ波通信が使われることが多い．

（3）**パイロットワイヤリレー方式**　送電線両端をパイロットワイヤで結び，内部事故のときのみリレーを動作させる方式である．比較的短距離の送電線に使用可能である．

（4）**方向比較リレー方式**　送電線両端の距離リレーや方向リレーが判定した事故の発生方向を比較し，両方向とも保護区間の内部に向いていれば，内部事故と判定する．方向の情報を伝送するだけでよいので，通信系として電力線に信号を重畳して伝送する電力線搬送が使用されている．

電圧階級が低い送電線においては，上記のように通信系を使用した保護リレー方式でなく，自端における測定のみにより判定する次のような保護リレーも使われている．

（5）**回線選択リレー方式**　平行二回線の送電線において，二つの回線間の差動電流を方向リレーで検出して，どちらの回線で事故が生じたかを判定する．

（6）**地絡方向リレー方式**　抵抗接地系では，送電線のインダクタンスに比べて中性点の抵抗値が大きいため，距離リレーでは一線地絡事故などの正確な判定ができない．そこで，地絡方向リレーで零相電圧と零相電流を測定し，それらの位相関係から事故点の方向を判定する．

（7） **その他のリレー方式**　**距離リレー**や**過電流リレー**などが使われる場合もある．これらは，送電線や変圧器など機器の後備保護としても使用されている．

2. 機器保護リレー

電力系統を構成する変圧器，発電機などの機器を事故から保護するのが**機器保護リレー**である．他の事故と比べて発生頻度が高い巻線における短絡・地絡などに対応するために，差動リレーを改良した**比率電流差動リレー**が主として使われる．

機器はタップ切替器の動作など内部事故でなくても，両端の電流に差が出て差動電流が零ではなくなる場合がある．そこで比率電流差動リレーでは，外部の事故時や常時の電流が大きいときに，動作する差動電流の下限値も大きくして誤動作を回避する機能を付加している．後備保護としては，過電流リレー，距離リレーなどが使用される．

また，以上のような電気式保護リレーでは検知しにくい，巻線の局部発熱など変圧器内部の微細な事象については，分解ガスの量，油流や圧力の変化などを検知する機械式リレーも併用されている．

3. 母線保護リレー

発電所や変電所において複数の送電線が接続される母線は，電力系統の中で重要な役割を果たしており，事故による停止は大きな影響を与えかねない．特に，多数の送電線が接続される母線では，外部の送電線事故によって電流の集中が発生し，変流器が飽和し誤動作となる可能性がある．これを回避する必要から，保護リレーには工夫が施されている．

その一つが**比率電流差動リレー**である．このリレーでは，機器保護リレーと同様に，外部事故により変流器が飽和して差動電流が大きくなるような場合には，動作する差動電流の下限値を大きくして誤動作を回避する．このリレーは**低インピーダンス形差動リレー**とも呼ばれる．もう一つが，**高インピーダンス形差動リレー**である．このリレーでは，差動回路のインピーダンスを高い値にして，過電圧リレーで電圧として差動電流を測定することにより誤動作を回避するので，**電**

圧差動リレーと呼ばれることもある.

4. 配電線保護リレー

配電線では，過電流リレー，**地絡方向リレー**などが使用されている.

15.3.2 事故波及防止リレー

放置すると大規模停電となるような周波数，電流，電圧などの過酷な異常を阻止するために，一部の負荷や電源を遮断して残された系統で電力を供給するためのリレーを**事故波及防止リレー**と呼ぶ．周波数などを検出して転送遮断する方式と，重要な送電線の事故時の周波数変化などを抑えるために必要な遮断量を事前に予測し，これをもとに遮断する方式とがある.

事故波及防止リレーには，**周波数異常防止リレーシステム**，**脱調未然防止リレーシステム**，**脱調分離リレーシステム**，**過負荷防止リレーシステム**，**電圧不安定防止リレーシステム**などがある.

15.4 再閉路方式

架空送電線では，落雷などの一時的な事故が多い．このため，停電時間の短縮化，安定度の向上などの観点から，遮断器で遮断してから事故点でのアークが消滅した後に，送電線両端の遮断器を再投入して自動的に事故復旧が行われる．これは第12章で説明したように**再閉路**と呼ばれ，主として下記のような方式が用いられる．なお，14.5節でも述べたように，遮断器で遮断してからおおむね1秒以下で再閉路する方式を，**高速再閉路**と呼ぶ．当該事故で系統が二つに分離している場合には，互いの同期を確認してから再閉路する．なお，地中送電線では永久事故となるため，再閉路は行わない.

（1） **三相再閉路方式**　一線地絡や三線地絡など事故の様相にかかわらず，三相を一括して事故回線の遮断器を遮断し，一定時間後に再閉路する方式である.

（2） **単相再閉路方式**　頻度の高い一線地絡時に，事故相のみを遮断・高速再閉路する方式である．健全相である他の二相は事故中も電気的に接続されており，三相再閉路方式に比較して事故の影響を小さくできる．二回線送電線の場合には，各回線同相一線地絡事故であれば，単相再閉路を行う．

（3） **多相再閉路方式**　**図5.3**のような二回線合計で6導体から構成される送電線において，事故相のみ遮断・高速再閉路する方式である．これは，500 kV や 275 kV など主要な送電線に用いられており，一線事故から三線事故，および四線事故の一部まで系統事故による電気的切断を回避できる優れた再閉路方式である．

この方式では，一回線ずつ鉄塔の両側にある三相の各相導体（*a* 相，*b* 相，*c* 相），計6導体のうち，最低でも異なる二つの相の2本の導体が健全相として残っていれば，事故中・遮断後も送電線は電気的に接続されている．したがって，遮断から一定時間後に事故導体を再閉路すると，系統事故による電気的な切断は回避できることになる．例えば，**表15.1**の左欄のような四線事故では，左側の *a* 相と右側の *b* 相の異なる2相・2導体が健全に残っているので再閉路可となる．一方，表の右欄の四線事故では，左右の同じ *c* 相の1相・2導体しか健全相として残っていないので，再閉路否となる．

表15.1　多相再閉路方式の動作パターン（四線事故の場合）

	再閉路可の場合	再閉路否の場合
送電線の事故様相	*a* 相 ○ ─ ⊗ *c* 相 *b* 相 ⊗ ─ ○ *b* 相 *c* 相 ⊗ ─ ⊗ *a* 相	*a* 相 ⊗ ─ ○ *c* 相 *b* 相 ⊗ ─ ⊗ *b* 相 *c* 相 ○ ─ ⊗ *a* 相
事故導体数	4導体	4導体
健全導体数	2導体	2導体
健全相数	2相（*a* 相，*b* 相）	1相（*c* 相）

（注）○：健全導体，⊗：事故導体

15.5 電力用保安通信

電力保安通信は，電力系統の運用・保守を支える重要な基盤であり，電力系統の保護，電力系統の運用や需給調整，変電所など電力設備の保全のための情報伝送・制御に使用されている．近年は，スマートメータやVPPの統合制御など新しい用途も生まれている．

1. マイクロ波無線通信

発電所や変電所の運転状況の監視と制御のための信号や，保護リレーシステムに必要な送電線の電圧，電流などの情報は，GHz帯のマイクロ波による多重化されたディジタル無線通信を中心として伝送されている．**マイクロ波無線通信**は自然災害が生じても運用できるので信頼性が高く，通信設備自体に障害が発生しても迅速な復旧が可能である．

2. 光ファイバ通信

光ファイバは，個別の伝送路に設置されるほか，送電線，配電線に設置されている架空地線の中に装備されている．光ファイバ通信は高速・大容量の通信が可能である．マイクロ波無線通信と同様に，電力設備の監視と制御，保護リレーシステムの情報・データ通信などに使われている．

3. その他の通信回線

ケーブルを用いた有線通信あるいは人工衛星を用いた衛星通信も使われている．また，一部の電圧階級においてはパイロットワイヤや**電力線搬送**も使用されてきた．

スマートメータの通信には，小電力無線，携帯電話無線，**電力線通信**(PLC)などが使われている．VPPやDRなど需要側の情報・通信ネットワークには，PLC，無線LANなどを含めたさまざまな通信方式が活用される．

さらに専門的な学習を続ける方へ

電力工学の分野では，これまで多くの諸先輩方が，高度で専門的な書籍等を著わしている．以下にそれらを例示した．その一部は入手困難なものもあるが，図書館等で閲覧可能なものもある．

・新田目倖造　電力系統技術計算の基礎　電気書院(1980)
・新田目倖造　電力系統技術計算の応用　電気書院(1981)
・関根泰次　電力系統過渡解析論　オーム社(1984)
・大浦好文監修　保護リレーシステム工学　電気学会(2002)
・道上勉　送配電工学[改訂版]　電気学会(2003)
・高橋一弘編　エネルギーシステム工学概論　電気学会(2007)
・財満英一編著　発変電工学総論　電気学会(2007)
・日高邦彦　高電圧工学　数理工学社(2009)
・谷口治人編著　電力システム解析　オーム社(2009)
・横山明彦・太田宏次監修　電力系統安定化システム工学　電気学会(2014)
・前田隆文　電力系統　オーム社(2018)
・電気学会調査専門委員会編　高電圧絶縁技術　オーム社(2019)

・電力自由化に関しては，経済産業省，同資源エネルギー庁，同**電力・ガス取引監視等委員会**，**電力広域的運営推進機関**等，ならびにこれらの付置委員会の公開資料に詳しい．
・電気学会技術報告，電気協同研究会刊行物，火力原子力発電技術協会刊行物等は，電力の実務に有効である．

索　引

あ

い

え

お

か

き

く

さ

し

す

せ

そ

た

ち

と

な

に

ね

の

は

ひ

ふ

へ

ほ

ま

み

む

め

も

や

ゆ

よ

ら

り

る

れ

ろ

記号

数字

アルファベット

A

B

C

D

E

F

G

H

I

J

L

M

N

O

P

Q

R

S

T

U

V

Y

石井彰三

東京工業大学大学院 理工学研究科電気工学専攻博士課程修了
東京工業大学大学院 理工学研究科教授
東京工業大学名誉教授
電気学会名誉員，工学博士

原　築志

東京工業大学大学院 理工学研究科電気工学専攻修士課程修了
東京電力（株）技術開発研究所長，フェロー
（公財）東電記念財団常務理事
電気学会フェロー，工学博士

電気学会大学講座
電力工学総論

2023年5月25日　初　版　1刷発行

発行者　本　吉　高　行

発行所　一般社団法人 **電　気　学　会**
〒102-0076　東京都千代田区五番町 6-2
電話(03)3221-7275
https://www.iee.or.jp

発売元　株式会社 オーム社
〒101-8460　東京都千代田区神田錦町 3-1
電話(03)3233-0641

印刷所
製本所　株式会社 太平印刷社

落丁・乱丁の際はお取替いたします
ISBN978-4-88686-319-5　C3054

電気学会の出版事業について

電気学会は，1888 年に「電気に関する研究と進歩とその成果の普及を図り，もって学術の発展と文化の向上に寄与する」ことを目的に創立され，教育関係者，研究者，技術者および関係諸機関・法人などにより組織され運営される公益法人です．電気学会の出版事業は，1950 年に大学講座シリーズとして発行した電気工学の教科書をはじめとし半世紀以上を経た今日まで電子工学を包含した数多くの図書の企画，出版を行っています．

電気学会の扱う分野は電気工学に留まらず，エネルギー，システム，コンピュータ，通信，制御，機械，医療，材料，輸送，計測など多くの工学分野に密接に関係し，工学全般にとって必要不可欠の領域となっています．しかも年々学術，技術の進歩が加速的に速くなっているため，大学，高専などの教育現場においては，教育科目，内容，授業形態などが急激に様変わりしており，カリキュラムも多様化しています．

電気学会では，そのような実情，社会ニーズなどを調査，分析して時代に即応した教科書の出版を行っていますが，さらに，学問や技術の進歩に一早く応えた研究者，エンジニア向けの専門工学書，また，難解な専門工学を分かりやすく解説した一般の読者向けの技術啓発書などの出版にも鋭意，力を注いでいます．こうしたことは，本学会が各界の一線で活躍する教育関係者，研究者，技術者などで組織する学術団体だからこそ出来ることです．電気学会では，これらの特徴を活かして，これからも知識向上，自己啓発，生涯教育などに貢献できる図書を出版していきたいと考えています．

会員入会のご案内

電気学会では，世代を超えて多くの方々の入会をお待ちしておりますが，特に，次の世代を担う若い学生，研究者，エンジニアの方々の入会を歓迎いたします．電気電子工学を幅広く捉え将来の活躍の場を見出すため入会され，最新の学術や技術を身につけ一層磨きをかけてキャリアアップを目指してはいかがでしょうか．すべての会員には，毎月発行する電気学会誌の配布や，当会発行図書の特価購読など，いろいろな特典がございますので，是非一度下記までお問合せ下さい．

〒102-0076　東京都千代田区五番町 6-2　一般社団法人　電気学会
https://www.iee.jp　Fax：03(3221)3704
▽入会案内：総務課　Tel：03(3221)7312
▽出版案内：編修出版課　Tel：03(3221)7275